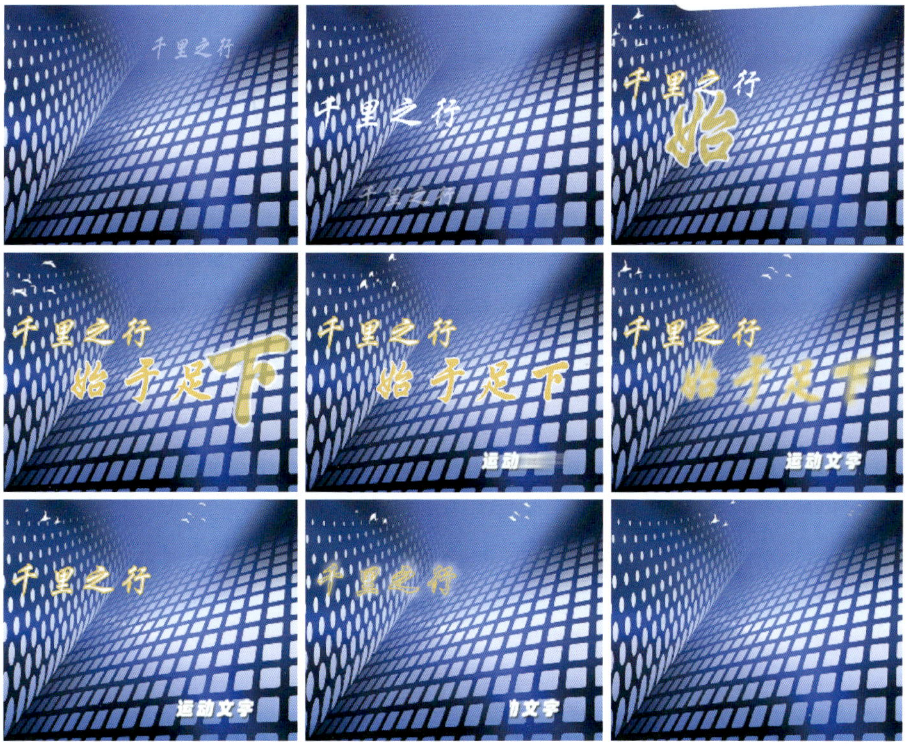

项目一效果图

项目二效果图

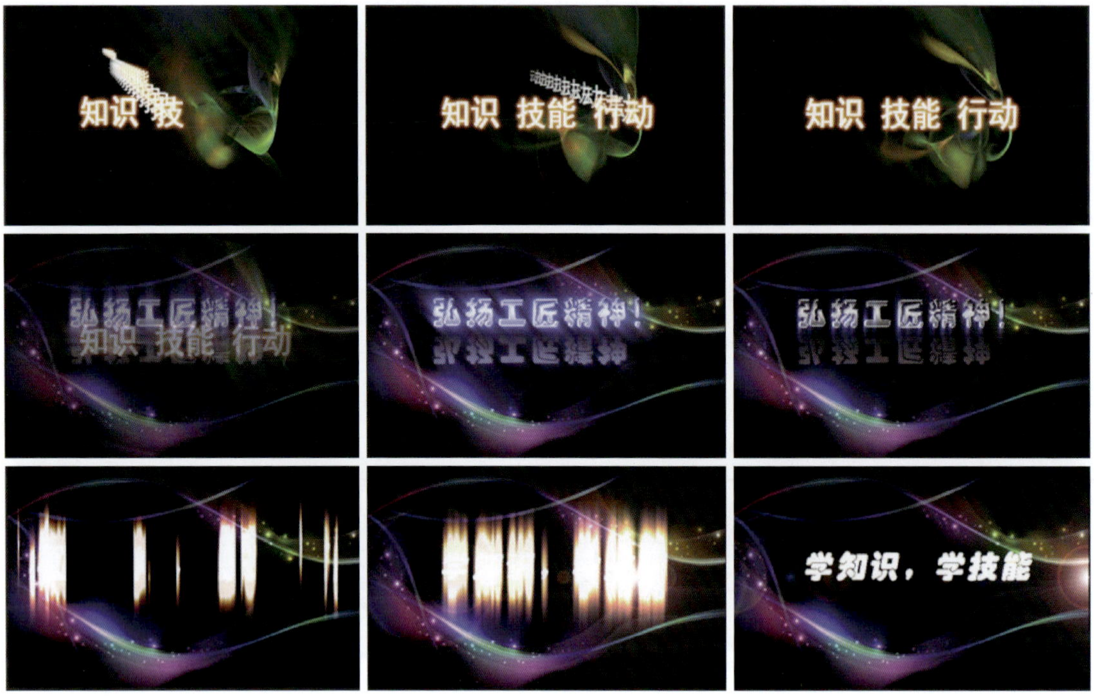

项目三效果图

项目四效果图

项目五效果图

项目六效果图

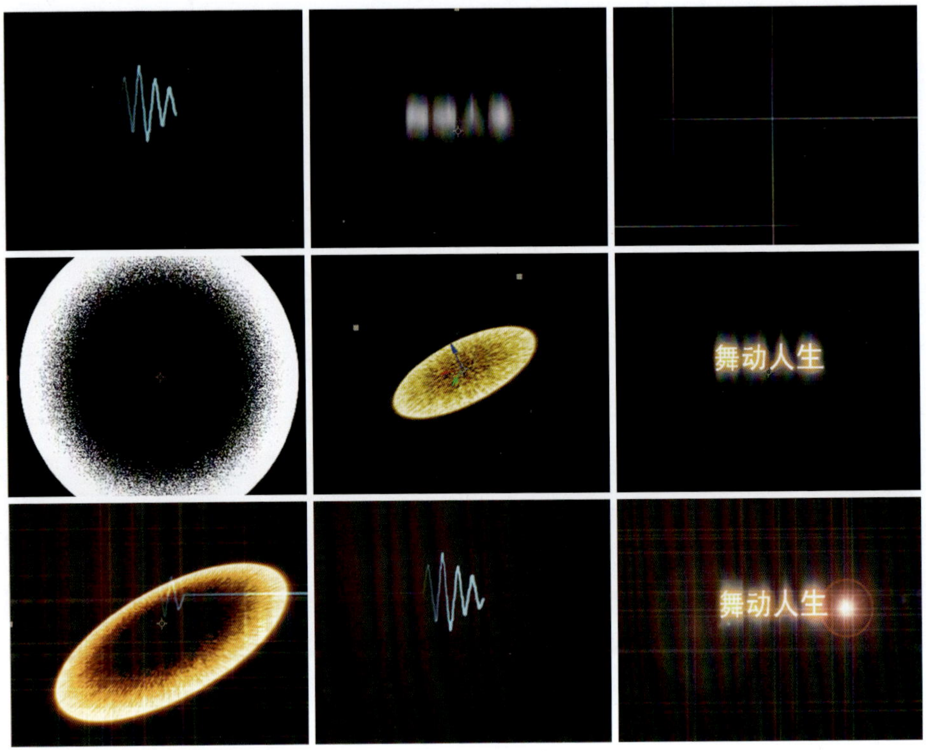

项目七效果图

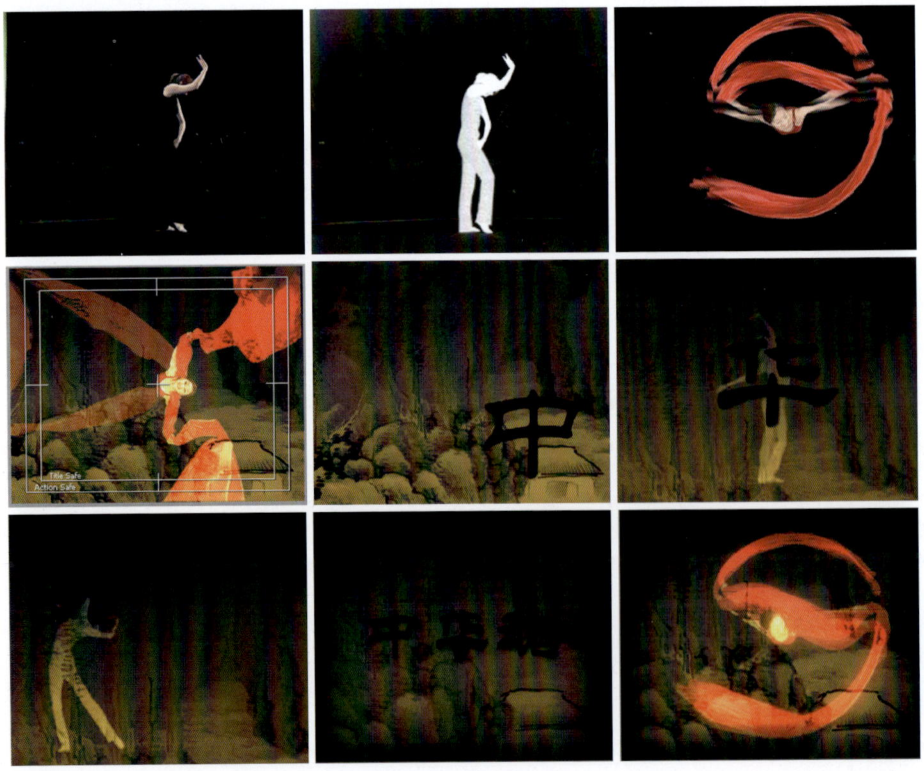

项目八效果图

动漫与游戏制作专业

影视特效制作——After Effects 2020 应用

Yingshi Texiao Zhizuo——After Effects 2020 Yingyong

（第 3 版）

主　编　钱　锋　朱米娜

副主编　刘元宏

中国教育出版传媒集团

高等教育出版社·北京

内容简介

本书是中等职业学校动漫与游戏制作专业核心课程教材，根据《中等职业教育专业简介（2022 年）》编写，基于“做中学，做中教”职业教育特色组织教学内容，通过完成教学项目来掌握 After Effects 2020 影视特效制作的基础知识与基本技能。

本书导论对影视特效制作现状、平台及文件格式等基础知识进行简要介绍，为教学项目的制作与学习提供知识铺垫。项目一至项目三以文字特效为主要制作对象，通过文字特效的制作实践，掌握 After Effects 2020 的基本操作，为后续深入学习打基础。项目四、项目五介绍图片特效的制作，并注重文字特效与图片特效的有机结合。项目六、项目七、项目八为综合项目，有一定的难度梯度，通过综合项目进一步提高各类特效制作水平，并加强各类特效的综合应用能力。

本书配套素材、源文件等辅教辅学资源，请登录高等教育出版社 Abook 新形态教材网（http://abook.hep.com.cn）获取相关资源。详细使用方法见本书最后一页“郑重声明”下方的“学习卡账号使用说明”。

本书适合作为中等职业学校计算机动漫与游戏制作、数字媒体技术应用、计算机平面设计等专业的教材，也可供影视后期制作爱好者自学参考。

图书在版编目（C I P）数据

影视特效制作 ：After Effects 2020 应用 / 钱锋，朱米娜主编 .-- 3 版 . -- 北京 ：高等教育出版社，2023.9（2024.8重印）

动漫与游戏制作专业

ISBN 978-7-04-060514-3

Ⅰ. ①影… Ⅱ. ①钱… ②朱… Ⅲ. ①图像处理软件－中等专业学校－教材 Ⅳ. ①TP391.413

中国国家版本馆CIP数据核字（2023）第089377号

策划编辑 赵美琪　　责任编辑 赵美琪　　特约编辑 张乐涛　　封面设计 王 琰
版式设计 马 云　　责任绘图 马天驰　　责任校对 刘娟娟　　责任印制 刘弘远

出版发行 高等教育出版社
社　　址 北京市西城区德外大街 4 号
邮政编码 100120
印　　刷 北京宏伟双华印刷有限公司
开　　本 889 mm×1194 mm 1/16
印　　张 11.25
字　　数 230 千字
插　　页 2
购书热线 010-58581118
咨询电话 400-810-0598

网　　址 http://www.hep.edu.cn
　　　　 http://www.hep.com.cn
网上订购 http://www.hepmall.com.cn
　　　　 http://www.hepmall.com
　　　　 http://www.hepmall.cn

版　　次 2010 年 7 月第 1 版
　　　　 2023 年 9 月第 3 版
印　　次 2024 年 8 月第 2 次印刷
定　　价 29.60 元

物 料 号　60514-00

第 3 版前言

本书是中等职业学校动漫与游戏制作专业核心课程教材，根据《中等职业教育专业简介（2022 年）》编写，具有鲜明的“做中学，做中教”职业教育特色。本次修订紧扣教学标准，根据广大一线教师在使用第 2 版教材过程中的反馈意见，顺应软件发展的新趋势，以及计算机及软件应用相关的新知识、新技术、新方法，调整、完善、补充了教学内容，修订后的教材更适用当前的实际使用环境，满足师生要求。

本次修订工作在教学内容上主要做了以下几方面的工作。

(1) 软件版本升级。操作系统由原来的 Windows 7 升级为 Windows 10 64 位操作系统。软件由原来的 After Effects CC 中文版升级为 After Effects 2020 中文版。

(2) 内容更新。本书所有项目的操作步骤均按照 After Effects 2020 版本进行了更新。

(3) 内容调整。学习贯彻二十大精神，项目三的文本内容和项目四、项目五的素材进行了更新，旨在引导学生学习和弘扬工匠精神，增强民族文化自信。

本书的第 2 版内容实用，原创性强，获得广大一线教师的认可和好评，因此修订过程沿用了原有的体例。本教材注重循序渐进的学习过程，注重培养学生的综合应用能力，教学内容虽然采用较大项目的形式组织，但每个项目被分为多个任务，在进行跨课时教学时也容易实施。如何在教学中更加有效地使用本书可参考“教材使用建议”，也希望能和广大一线教师继续研讨和交流。

教材编写特点

(1) 突出“做中学，做中教”的职业教育教学特色。教材共选取 8 个教学项目，每个教学项目的选取均紧密联系学生的学习与软件应用的特点，通过教学项目的“做”及知识与技能的“提示”，完成各类特效制作的“学”。

(2) 体现以学生为本的教学原则。在设计教学项目时注重素材生活化、结构简单化、作品鲜活性等特点，充分考虑学生的实际情况，将 After Effects 的主要基础知识与基本技能融入较易让学生接受的教学项目之中。

(3) 注重 After Effects 软件的学习特点。本教材以教学项目为主线,以任务作为教学项目的表现形式,每个任务包含一种基本特效技能,有利于学生对特效的理解。每个任务均有完整的教学素材;在技能点组织上,既考虑该软件学习的连贯性,又考虑特效制作的并行性特点。

(4) 强调学习过程的行动化特点。教学项目的制作让学生亲身经历实践学习和解决问题的全过程,遵循学生学习、工作过程系统化的原则。每个学生在制作教学项目过程中学习知识与技能的同时,通过教材中的“提示”来加深理解。在项目七和项目八的教学内容设计过程中,为学生尝试新行动提供了空间,注重学生学习拓展能力的培养。

教材使用建议

(1) 师生关系定位。根据本教材的特点,以教学项目为单元组织教学内容,在学生“做”的过程中,教师要起到“教练”“组织者”的作用。在组织教学实施过程中,要关注学生的专业基础、软件学习能力及认知特点,采用多种组织方式,激发学生的学习兴趣,达到学习目标。教师在组织教学过程中,要对知识技能进行综合梳理,在学生学习过程中及时引导,使学生在“做”与“学”的过程中既完成教学项目,又真正掌握特效制作技能。

(2) 教学时间安排。在教学时间安排上,可根据学生实际学习情况进行分配。建议总授课时间为 64 课时,其中:导论 2 课时,每个项目 8 课时;剩余 6 课时可根据学生掌握情况进行调整,让学生有充分的时间在“做”中掌握 After Effects 软件应用的基本技能及理解特效制作的基础知识。

本书配套素材、源文件等辅教辅学资源,请登录高等教育出版社 Abook 新形态教材网(http://abook.hep.com.cn)获取相关资源。详细使用方法见本书最后一页“郑重声明”下方的“学习卡账号使用说明”。

本书由钱锋、朱米娜和刘元宏完成升级修订工作。由于编者水平有限,书中难免存在一些疏漏和不足之处,恳请广大师生批评指正,以便我们修改完善。读者意见反馈邮箱:zz_dzyj@pub.hep.cn。

编　者

2023 年 3 月

目录

导论　影视特效制作基础

利用计算机数字技术制作提升或处理影视作品原始画面的视觉效果，已成为影视作品制作中的重要手段。在影视作品中，人工制造出来的环境效果被称为影视特效，影视摄制者利用它们来避免让演员处于危险的境地，降低影视的制作成本，并能达到更扣人心弦的现场气氛。中国科幻电影《流浪地球》中的特效镜头超过 2 000 个；战争片《长津湖》特效镜头达到 4 000 多个，海战所有舰艇、飞机均是特效制作。

计算机技术的发展是影视特效技能发展的基础，影视特效制作是一种非线性编辑，在学习影视特效技能之前，先要了解非线性编辑概念。现代“非线性”的概念与“数字化”的概念紧密相联。“非线性”的概念来源于视音频信息存储的方式，是指用数字硬盘、光盘等介质存储数字化视音频信息的方式，信息存储的位置与接受信息的先后顺序无关，其优势就是对存储的素材可进行随意排列组合，并能很方便地修改。随着计算机硬件技术的发展，非线性编辑软件的选用对影视特效制作也至关重要。在本导论中对影视特效的一些基础知识及 After Effects 2020 软件特性进行简单介绍，为后续学习奠定基础。

一、影视特效制作软件简介

目前非线性编辑软件至少有几十种，其中在市场上占有较大份额的软件主要有以下几种。After Effects（简称 AE）是功能强大的个人计算机平台图像合成、特效制作软件，本书将主要针对该软件的使用进行介绍；Premiere Pro 是适用于电影、电视和 Web 的非线性视频编辑软件，它可以提升艺术家的创作能力和创作自由度，是易学、高效、精确的视频剪辑软件；合成系统软件 Inferno（主要用于高档电影特技制作）、Flame（主要用于制作 35 mm 电影特技制作）、Flint（主要用于电视节目制作）、Combustion（主要用于计算机上的制作）软件系统功能非常强大，是当前影视特效制作的主流软件之一。

二、影视特效技术基础知识和概念

1. 视频标准

目前,世界上主要有三种电视广播视频标准制式,分别是 NTSC、PAL 和 SECAM 制式。

(1) NTSC 制式

NTSC 制式是 1953 年制定的,并以美国国家电视委员会(National Television System Committee 的缩写)命名,主要参数:场频为每秒 60 场,帧频为每秒 30 帧,扫描线为 525 行。NTSC 电视标准目前主要用于美国、日本等国家和地区。

(2) PAL 制式

PAL 制式是 1962 年制定的,采用逐行倒相正交平衡调幅的技术方法,克服了 NTSC 制相位敏感造成色彩失真的缺点。PAL 制式电视的供电频率为 50 Hz,场频为每秒 50 场,帧频为每秒 25 帧,扫描线为 625 行。中国、英国、新加坡、澳大利亚、新西兰等国家采用这种制式。本书的项目制作过程中,均采用 PAL 制式标准。

(3) SECAM 制式

SECAM 是 1966 年制定的,它克服了 NTSC 制式的彩色失真问题,采用时间分隔法来传输两路色差信号。主要参数:帧频为每秒 25 帧,扫描线为 625 行,隔行扫描,画面比例为 4∶3,分辨率为 720 像素 ×576 像素,主要是法国和一些东欧国家使用。

2. 常用的视频相关术语

(1) 像素

像素(Pixel,缩写 px)是显示设备屏幕上“图像成像”的最小单位。图像包含的像素越多,其拥有的色彩也就越丰富,越能表达颜色的真实感。

(2) 图像分辨率

图像分辨率是指图像中包含像素的数量。常常以水平和垂直方向上像素的具体数值来表示。分辨率越高,图像就越清晰,但是处理及存储耗费的资源也越多。PAL 制式视频是 720 像素 ×576 像素,表示屏幕水平方向有 720 个像素点,垂直方向有 576 个像素点。

(3) 帧和帧频

动态视频是一系列静态图片连续播放而形成,每张静态图片是一幅画面,每幅画面称为一帧,每秒钟播放的画面数就是帧频(fps),一个动画只能采用一种帧频。PAL 制式的帧频为 25 fps,高清晰度视频常用帧频为 59.94 fps。

(4) 压缩

压缩在数字视频中是一个很重要的概念。视频压缩,通过牺牲部分清晰度而得到计算机更高效地处理,并减少视频文件占用的存储空间,对于视频在网络上传播尤为关键。压缩情况通过压缩比来衡量，压缩比是指经压缩后图像文件大小和图像原始文件大小的比例。

3. 色彩模式

(1) 色光三原色（RGB 三原色）——加色法原理

RGB 模式多用于计算机屏幕色彩显示。人的眼睛是根据所看见的光的波长来识别颜色的。光谱中的大部分颜色可以由红（Red）、绿（Green）、蓝（Blue）三种基本色光按不同的比例混合而成，如图 0–1 所示。这三种光以相同的比例混合且达到一定的强度，就呈现白色（白光）；若三种光的强度均为零，就是黑色（黑暗）。这就是加色法原理，加色法原理被广泛应用于电视机、显示器等主动发光的产品中。因此，在影视特效制作过程中采用色光三原色进行色彩管理。

图 0–1　色光三原色

(2) 颜料三原色（CMYK 三原色）——减色法原理

CMYK 模式多用于印刷业。在打印、印刷、油漆、绘画等靠介质表面的反射被动发光的场合，物体所呈现的颜色是光源中被颜料吸收后所剩余的部分，所以其成色的原理称为减色法原理。减色法原理被广泛应用于各种被动发光的场合。如图 0–2 所示，在减色法原理中的三原色颜料分别是青（Cyan）、品红（Magenta）和黄（Yellow）。

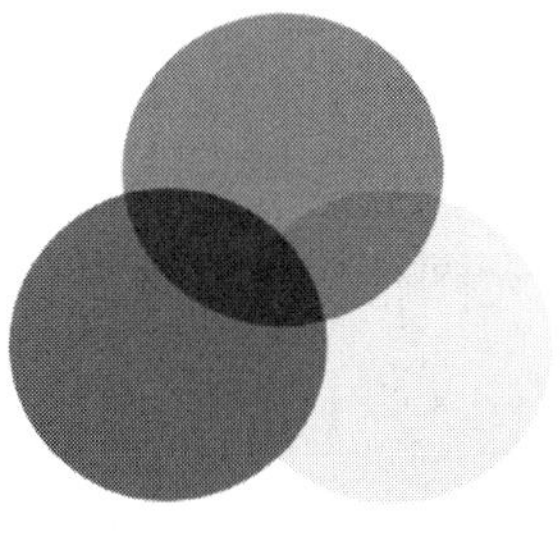

图 0–2　颜料三原色

4. 各类素材文件格式

(1) 常用图像文件格式

① PSD 格式。PSD 是 Adobe 公司的图像处理软件 Photoshop 的专用格式，在 Photoshop 所支持的各种图像格式中，PSD 的存取速度比其他格式快很多，功能也很强大。

② BMP 格式。BMP 是 Windows 操作系统中的标准图像文件格式，能够被多种 Windows 应用程序所支持。这种格式的特点是包含的图像信息较丰富，几乎不进行压缩，因此占用磁盘空间很大。

③ GIF 格式。GIF 格式的特点是压缩比高，占用磁盘空间较少，后来随着技术发展，可以同时存储若干幅静止图像进而形成连续的动画，使之成为当时支持 2D 动画为数不多的格式之一（称为 GIF89a），而在 GIF89a 图像中可指定透明区域，目前互联网上大量采用的彩色动画文件多为这种格式的文件。

④ JPEG 格式。JPEG 是一种常见的压缩图像格式，由联合图像专家组（Joint Photographic Experts Group）开发。用有损压缩方式去除冗余的图像和彩色数据，在获得极高压缩率的同时，展现丰富生动的图像。在网络上，应用广泛。

⑤ TIFF 格式。TIFF 由 Aldus 和微软联合开发。它的特点是图像格式复杂、存储信息多。因为它存储的图像细微层次的信息非常多，图像的质量也得以提高，故而非常有利于原稿的复制。目前在不同操作系统中传递 TIFF 文件也十分便捷，因而 TIFF 现在也是计算机上使用最广泛的图像文件格式之一。

⑥ PNG 格式。PNG 是一种采用无损压缩方式的图片格式，它汲取了 GIF 和 JPEG 二者的优点，存储形式丰富，兼有 GIF 和 JPEG 的色彩模式。PNG 格式压缩率很高，便于网络传输，同时又能保留所有与图像品质有关的信息，这一点与 JPEG 有所不同。PNG 格式只需下载 1/64 的图像信息就可以显示出低分辨率的预览图像，所以显示速度很快。PNG 同样支持把图像背景设为透明，这在制作网页的时候非常实用，用网页本身的颜色信息来代替设为透明的色彩，就可让图像和网页背景很和谐地融合在一起。

⑦ SVG 格式。SVG 是一种开放标准的矢量图形语言，用户可以直接用代码来描绘图像，可以用文字处理工具打开 SVG 图像，通过改变部分代码使图像具有互交功能，并可以插入到 HTML 中通过浏览器来观看。它提供了 GIF 和 JPEG 格式无法具备的优势：可以任意放大图像显示，但不会牺牲图像质量；文字在 SVG 图像中保留可编辑和可搜索的状态；通常 SVG 文件比 JPEG 和 GIF 格式的文件要小很多，因此下载也很快。

⑧ TGA 格式。TGA 是由 Truevision 公司开发的一种图像文件格式，结构比较简单，属于一种图形图像数据的通用格式，在多媒体领域有着较大影响，是计算机生成图像向电视节目转换的一种首选格式。

(2) 常用视频文件格式

① AVI 格式。中文称为音频视频交错格式，它可以将音频和视频交织在一起同步播放。这种视频格式的优点是图像质量好，可以跨多个平台使用，缺点是容量过大，而且压缩标准不统一。AVI 格式是 After Effect 常用的输出格式。

② MOV 格式。MOV 是苹果公司开发的一种视频格式，默认的播放器为 QuickTime Player。该格式具有较高的压缩率和较完美的视频清晰度，封装的影片体积较小但画面质量很高。

③ ASF 格式。ASF 称为高级流格式，采用 MPEG-4 的压缩算法，压缩率和图像质量都不错，可以直接使用 Windows 自带的 Windows Media Player 进行播放。

④ MPEG 格式。MPEG 即运动图像专家组格式，VCD、SVCD、DVD 等 CD 光盘就采用这种格式。MPEG 是运动图像压缩算法的国际标准，它采用的压缩方法的依据是相邻两幅画面绝大多数是相同的，把后续图像和前面图像重复的部分去除，从而达到压缩的目的（其最大压缩比可达到 200 : 1）。

(3) 常用声音文件格式

① WAV 格式。WAV 是微软公司开发的一种无损声音文件格式,用于保存 Windows 平台的音频信息资源,被 Windows 平台及其应用程序所支持。是目前较流行的声音文件格式,几乎所有的音频编辑软件都支持 WAV 格式。

② MP3 格式。MP3 格式指的是 MPEG 标准中的音频部分的格式,也就是 MPEG 音频层,是一种有损压缩,其文件尺寸小、音质好,应用非常广泛。

③ AAC 格式。AAC 是由苹果公司认证并推广的一种音频压缩格式,比 WAV 格式文件小,并且对便携数字播放器进行了很好地优化,可以让并不专业的小设备达到准专业播放效果。

④ MID 格式。MID 允许数字合成器和其他设备交换数据。MID 格式文件并不是一段录制好的声音,而是记录声音的信息,然后再告诉声卡如何再现音乐的一组指令。

⑤ WMA 格式。WMA 是微软公司推出的一种音频格式,即使在较低的采样频率下也能产生较好的音质,它支持音频流技术,适合在线播放。

三、After Effects 2020 软件简介

After Effects(简称 AE)是由 Adobe 公司开发的专业非线性特效编辑软件。该软件应用范围广泛,涵盖电视、电影、广告、多媒体及网页等领域。

After Effects 是一个灵活的基于层的 2D 和 3D 后期合成软件,包含了上百种特效及预置动画效果,可以与同为 Adobe 公司出品的 Premiere、Photoshop、Illustrator 等软件无缝结合,创建各式各样的特效效果。在影像合成、动画、视觉效果、非线性编辑、设计动画样稿、多媒体和网页动画方面都有其发挥余地。与主流 3D 软件也可良好结合,如 Softimage XSI、Maya、CINEMA 4D、3ds Max 等。

本书所有项目均基于 After Effects 2020 中文版进行介绍。

1. After Effects 2020 系统要求

After Effects 2020 对硬件配置有一定的要求,计算机配置的高低决定了其运行速度,特别是在渲染环节。因此,用户在 CPU、内存和显示卡的配选上要达到一定的要求。CPU 要选用 64 位的 Intel 多核处理器,内存 16 GB 及以上(推荐 32 GB 及以上),可用磁盘安装空间不少于 5 GB,因为安装时需要额外的磁盘空间(不能安装在可移除设备上),建议 10 GB 以上的缓存空间;1280 像素 ×1080 像素或更高分辨率的显示器,并要选用支持 2 GB GPU VRAM 的显卡,将 NVIDIA 驱动程序更新到 451.77 或更高版本,保证在制作项目的过程中不会因硬件资源不足而影响制作效率。

After Effects 2020 需要 Microsoft Windows 10 (64 位) 及以上操作系统支持。在软件系

统中要注意预先安装好 QuickTime 等相关视频播放和素材编辑的辅助软件，提高项目制作速度。

2. After Effects 2020 特性

After Effects 2020 新版本发布引入了一些新特性和改变，这些特性和改变可以增强视觉特效和运动图形工作流程。

① 预览和播放性能提升。部分情况下，图层的变换和混合可以利用 GPU（图形处理器）替代 CPU 进行运算，从而提升渲染性能。

② 下拉菜单控件效果。利用下拉菜单控件，可以将图层的属性与某个下拉菜单关联起来。

③ 使用表达式对文本属性进行全局更改。可以在 After Effects 的动态图形模板中使多个文本图层保持字体、大小和样式的同步。

④ 提升了形状处理速度。可更加快捷地创建和编辑形状。提升了包含形状图层项目的总体性能。

⑤ 控件分组和时间延迟。控件分组可以使控件分布更有条理，用户访问控件更加便捷，而使用“中继器”中新的“时间延迟”选项可使动画更加生动。

⑥ 增强了 EXR 工作流程。将多通道 EXR 文件作为分层合成导入，用户可以将多种效果应用于合成，使渲染看起来更加自然。

⑦ Roto 笔刷工具升级到 2.0。能够更快、更准确地动态抠像，可将前景对象与其背景分离；可逐帧自动判断对象边缘。

⑧ 3D 设计空间使用新模式。可在 After Effects 中设计和合成 3D 内容。用户不必为了一个动画场景而不断在 After Effects 和 3D 应用程序之间来回跳转，可更快、更轻松地工作。

⑨ 3D 变换小工具。可旋转、缩放和定位摄像机，查看摄像机重新定位的距离、应用的旋转量及缩放的程度；可以使用键盘快捷键来控制摄像机，从而更轻松地切换。

⑩ 改进了用于 3D 导航的摄像机工具。可以更灵活地控制场景中的对象，可以选择焦点并环绕、平移和推拉视角，从各个角度进行查看。

3. After Effects 2020 特效制作的一般流程

After Effects 2020 特效制作的一般流程如图 0–3 所示。在正式制作之前，根据制作项目的要求，对特效进行有效规划，能够达到事半功倍的效果。规划内容包括：素材的准备、制作步骤设计、特效选用等。根据规划进行制作，在制作过程中进行调整，减少修改与调整步骤，有助于提高制作效率与质量。

在 After Effects 2020 制作过程开始之前，首先要进行项目的初始设置，主要是根据项目特点进行显示样式、色彩模式及音频设置。

After Effects 2020 的素材导入与管理非常方便。After Effects 2020 支持前面提到的各种图像、视频及声音文件格式。素材的导入方式也灵活、多样，可以一次导入一个素材，或多种素材一次导入，既可以通过菜单方式导入素材，也可以通过鼠标拖曳方式导入素材。在“项目”面板中可以方便地对导入的素材进行分类管理，还可以采用代理素材的功能，提高创作效率的同时保证特效的质量。

素材导入后，通过创建的合成可以将素材分层放置到时间轴上，就可以进行合成、动画处理和规划的特效制作，并预览制作结果。通过不断修改与调整，完善特效制作，最终渲染输出，即完成整个特效制作。

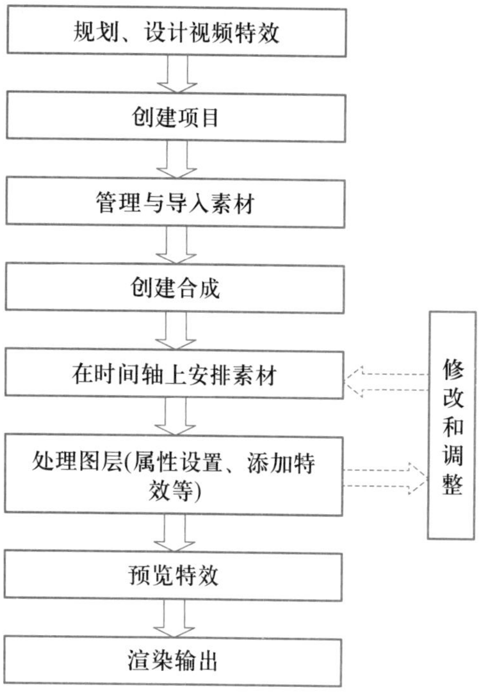

图 0-3　制作流程

小结与训练

小结

本导论简要介绍了影视特效制作的基础知识、常用软件及一些基本概念，如视频标准、色彩模式、支持的图像和视频文件格式等，并着重介绍了 After Effects 2020 软件的软硬件要求、新功能及特效制作的一般流程等，为后面教学项目制作与学习做好准备。

思考题

1. 常用特效制作软件有哪些？
2. After Effects 2020 输出的动画文件格式主要有哪些？有什么特点？
3. After Effects 2020 特效制作一般流程有哪些步骤？

项目一 “千里之行　始于足下”
——运动文字特效

项目简介

日常生活中，在各类电视节目、电影、广告等视频作品中会发现文字无处不在。文字在视频制作中有着重要的作用，它不仅负担着标题、说明的任务，同时在不同的语言环境中扮演着交流的中介角色。若能够让文字运动起来，将为视频节目增色许多。

通过本项目的制作，熟悉 After Effects 2020 的基本工作界面，了解各个窗口和面板的组成与作用；掌握制作运动文字特效的基本流程，学会导入、组织素材，学会创建文字图层、输入文字、设置字符格式，应用文字预设特效，添加、设置关键帧，通过更改文字图层属性参数的基本处理方式使文字产生动画效果，渲染输出影片等操作技能；掌握移动、缩放、旋转、淡入淡出等常用运动文字特效的制作；对项目、合成、图层、关键帧、遮罩、 Alpha 通道等基本概念有较深的理解，为后续学习打好基础。

效果截图

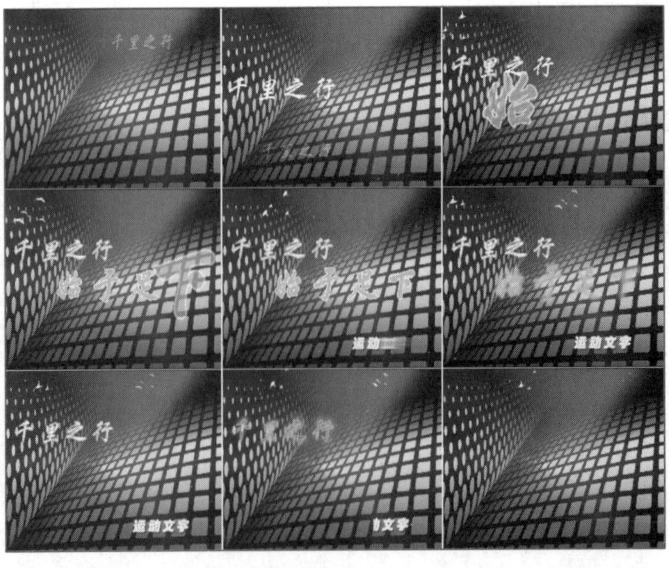

任务一　新建项目

步骤 1:认识基本界面

启动 After Effects 2020,在启动过程中按 Ctrl+Alt+Shift 组合键恢复默认参数设置。启动后弹出“主页”窗口,显示用户最近使用的项目链接,用户可以快速打开或新建项目,如图 1–1 所示。

关闭“主页”窗口,进入 After Effects 2020 的主界面。After Effects 拥有灵活且可自定义的工作区。主界面称为“应用程序窗口”,其中排列着各种面板,形成“工作区”,在默认工作区中既有堆叠面板也有独立面板,如图 1–2 所示。

菜单栏:包含软件所有操作命令。

工具栏:显示工具按钮。

“合成”面板:进行 After Effects 创作的工作区,预览动画效果。

堆叠面板:堆叠显示包含“效果和预设”“预览”“字符”“对齐”等功能面板,通过“窗口”菜单下的命令显示或隐藏。

“项目”面板:管理、查看素材和合成图像的基本信息。

时间轴面板:以图层形式从上至下排列素材,上层图层的透明区域显示下层图层的内容。

时间轨编辑区:时间轴面板的一部分,在时间轨上制作各种关键帧动画,可以设置每个图层的出入点、图层间的叠加模式等。

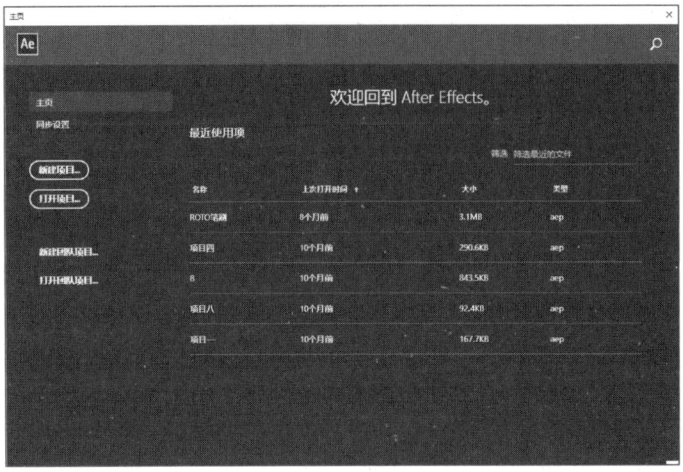

图 1–1　“主页”窗口

提示

默认参数包括常规、预览、显示、导入、输出、网格和辅助线、标签、媒体和磁盘缓存、视频预览、外观、新建项目、自动保存、内存、音频硬件、音频输出映射、同步设置、类型、脚本和表达式。

可以通过“编辑”→“首选项”菜单命令打开系统参数,根据需求进行设置。

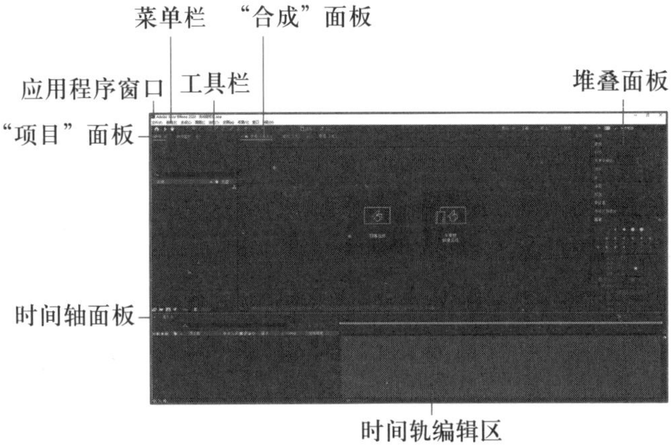

图 1–2　应用程序窗口

提示

单击面板,在英文输入法下按~键将使面板最大化,再次按该键可以恢复原来尺寸。

步骤 2:熟悉工具栏、面板组成

工具栏各按钮介绍如图 1–3 所示。

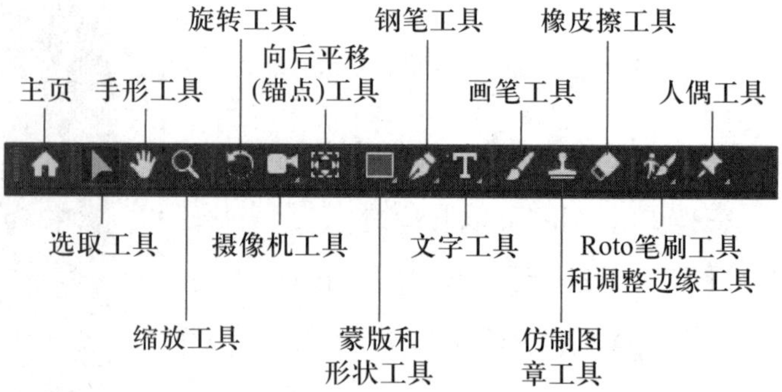

图 1–3 工具栏

选取工具:用于选取对象、合成、图层等。

手形工具:用于移动合成在“合成”面板中的位置。

缩放工具:缩小和放大“合成”面板中的预览视图。

旋转工具:旋转所选对象。

摄像机工具:调整摄像机的视角,专门为操纵三维视觉而设计,只对三维图层有用。

向后平移(锚点)工具:调整对象中心轴点的位置。

蒙版和形状工具:创建蒙版或绘制遮罩形状。

钢笔工具:绘制、编辑、调整路径。

文字工具:输入文字,创建文字图层。

画笔工具:绘制图形。

仿制图章工具:将指定区域的像素复制并应用到另外位置。

橡皮擦工具:擦除图像或笔触。

Roto 笔刷工具和调整边缘工具:实现动态抠像。

人偶工具:制作各种模拟动画,包括人体的各种动作效果。

下面以一个完成的项目为例,介绍时间轴面板,如图 1–4 所示。

提示

将光标定位到任何工具上,会显示工具名及其对应的快捷键,按钮右下角的小三角表示该工具隐藏了一个或多个其他工具,在该按钮上按住左键,将显示隐藏的工具。

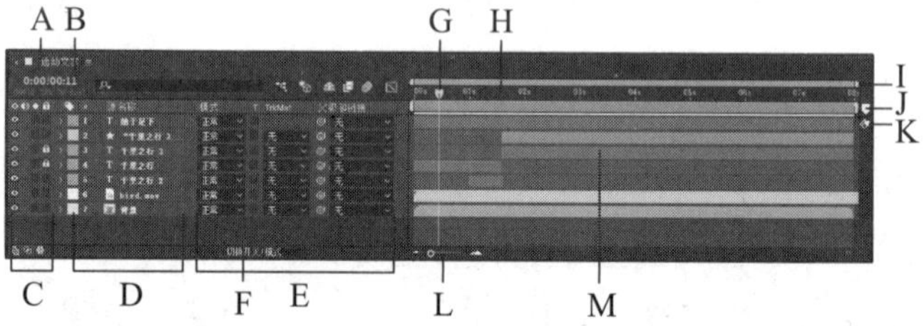

A. 合成名称
B. 当前时间
C. 音、视频开关栏
D. 源文件/图层名称栏
E. 图层开关
F. 开关/转换控制按钮
G. 当前时间指针
H. 时间标尺
I. 时间导航器结束
J. 合成标记素材箱
K. 合成按钮
L. 时间缩放滑块
M. 图层时间轨

图 1–4 时间轴面板

步骤 3:新建、保存项目

选择“文件”→“新建”→“新建项目”命令,或按 Ctrl+Alt+N 组合键,如图 1-5 所示,可新建一个项目。

After Effects 在运行后自动创建了一个空的无标题项目。项目是单个文件,文件存储项目中所有素材项的引用、组合素材的合成、应用的特效及最终产生的输出,文件扩展名为“.aep”。

选择“文件”→“另存为”命令,打开“另存为”对话框,如图 1-6 所示,可保存项目。

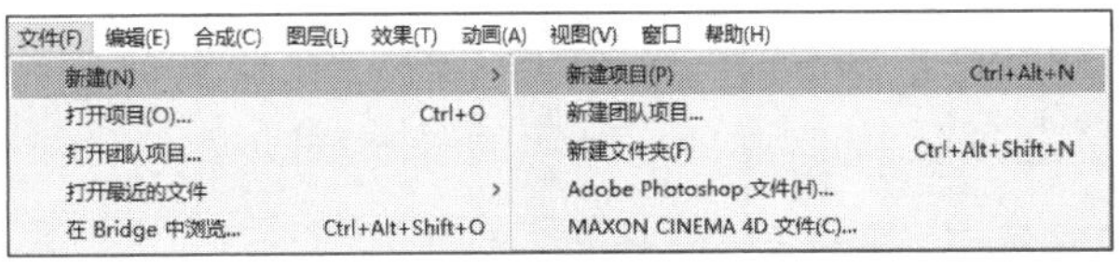

图 1-5　新建项目

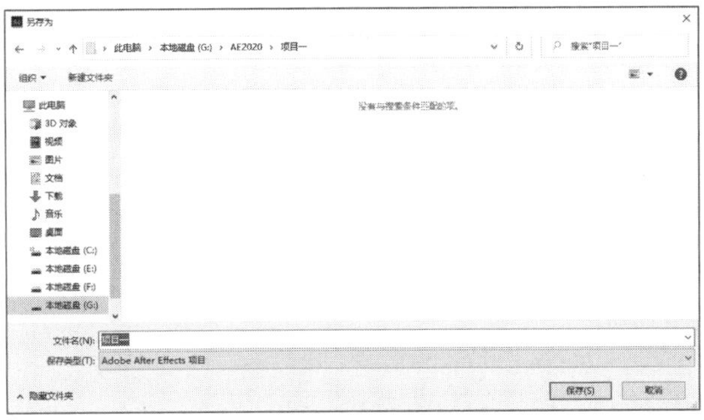

图 1-6　保存项目

步骤 4:导入素材

导入素材,选择“文件”→“导入”→“文件…”命令,在“导入文件”对话框中选择配套资源中“项目一素材”文件夹中的“bird.mov”和“背景.psd”文件,在“导入为”下拉列表内选择“合成-保持图层大小”,如图 1-7 所示。

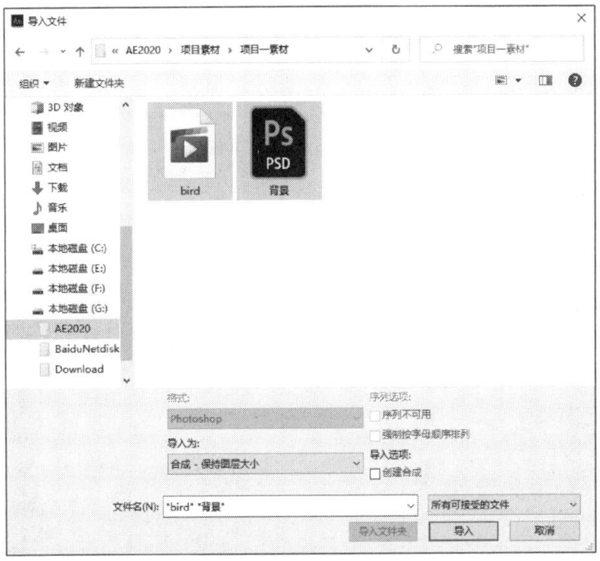

图 1-7　导入素材

当导入含有图层的文件时,如 Photoshop 的 .psd 文件和 Illustrator 的 .ai 文件,采用合成方式,After Effects 将整个素材作为一个合成导入,最大限度地保留原素材的图层信息,而且可以在原有图层基础上制作特效和动画。

由于 MOV 视频文件包含了一个无标记的 Alpha 通道,需要用户选择“直接-无遮罩”,如图 1-8 所示。

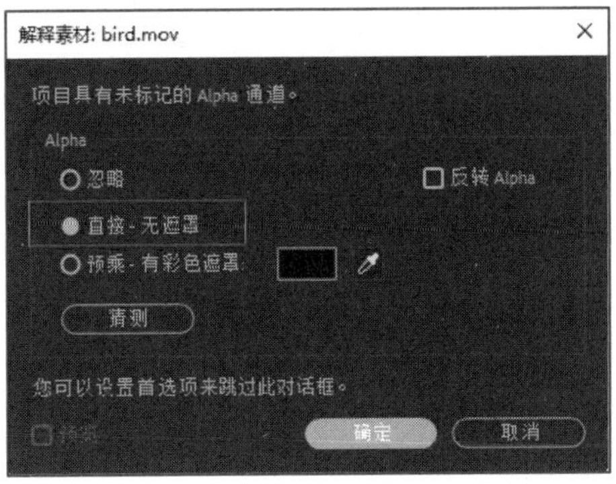

图 1-8　素材导入设置

Alpha 通道是用来保存图像显示/隐藏区域信息的，白色的像素用以定义不透明的彩色像素，黑色像素用以定义透明像素，黑白之间的灰阶用以定义半透明像素。

此时在“项目”面板中显示导入的素材，选择其中一个素材项后，将看到上方显示素材缩略图，“项目”面板组成如图 1-9 所示。

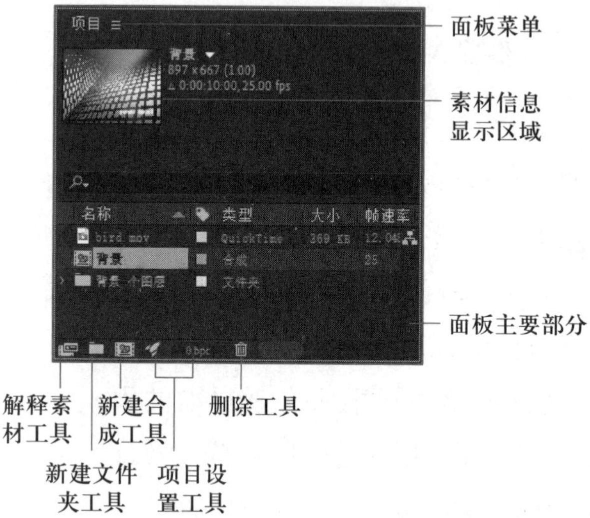

图 1-9 “项目”面板

步骤 5:创建合成

选择“合成”→“新建合成”命令，在弹出的“合成设置”对话框中进行参数设置。合成名称为“运动文字”，取消勾选“锁定长宽比为:5∶4(1.25)”复选框，大小为“600 px×480 px”，像素长宽比为“D1/DVPAL(1.09)”，持续时间为“8 s”，其他设置为默认，如图 1-10 所示。

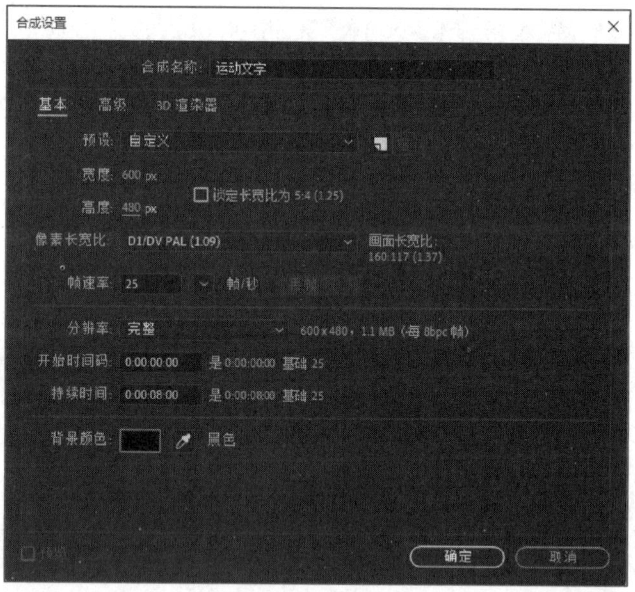

图 1-10 创建合成

合成是用来创建所有动画、图层和特效的地方，它同时具有空间尺度和时间尺度(称为持续时间)。在 After Effects 的一个项目中可以创建多个合成，每个合成都可以作为一段素材应用到其他合成中。合成包含一个或多个图层，它们排列在时间轴面板中。

提示

导入文件时，After Effects 并不将素材项本身复制到项目中，而只是在“项目”面板创建一个到该素材项的链接，这样可以节省磁盘空间。

提示

创建合成图像的方法还有：一是在“项目”面板中单击“创建合成”按钮；二是按 Ctrl+N 组合键。

我国 PAL 电视制式的标准分辨率是 720 px×567 px，像素宽高比是 1.09，屏幕标准比例是 4∶3。

“运动文字”合成出现在“项目”面板和“合成”面板中，如图 1–11 所示。

选择“文件”→“保存”命令，保存该项目文件。

任务二　文字录入及格式设置

步骤：创建文字图层

选择“窗口”→“工作区”→“文本”命令，将当前工作界面切换成文字和段落工作界面，显示处理文字时所需的“字符”面板和“段落”面板，如图 1–12 所示。

在“工具”面板中选择横排文字工具。

提示

可以通过双击“项目”面板中的合成，在“合成”面板中进行切换，以查看各个合成。

对素材进行归类是非常有必要的，可以通过单击“项目”面板底部的新建文件夹按钮在面板中创建文件夹来存放同类素材，以便归类。

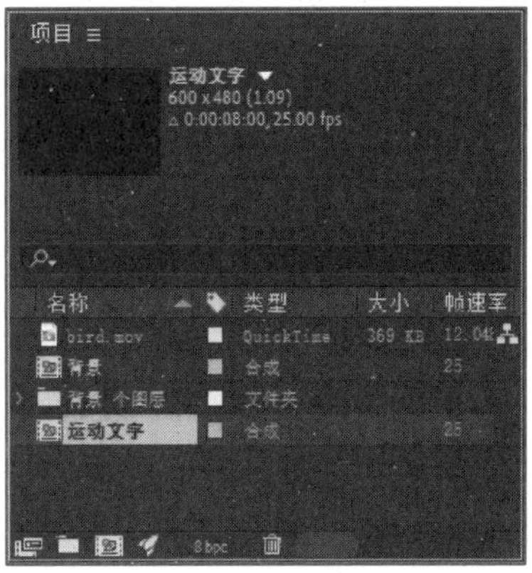

图 1–11　查看合成图像

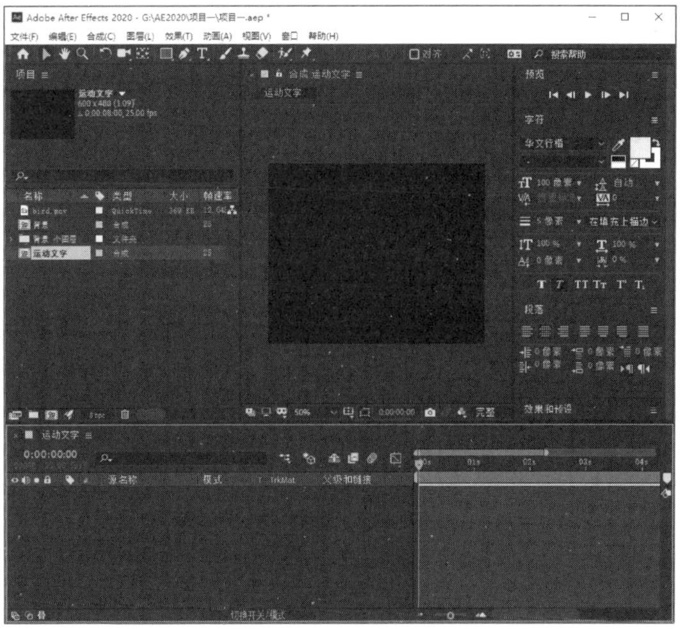

图 1–12　文字和段落工作界面

在“字符”面板中，设置文本字体为“华文行楷”，大小为“80 px”，字体填充颜色为“白色”，无描边色，字体倾斜，如图 1–13 所示。

在图 1–14 所示“段落”面板中，将对齐方式设置为“居中对齐文本”。

在合成编辑区内任一位置单击，输入“千里之行”，如图 1–15 所示。

再按小键盘上的 Enter 键退出编辑模式，此时时间轴面板出现文字图层，如图 1–16 所示。

图层是构成合成的基本要素，添加到合成中的所有素材——静态图像文件、动态图像文件、音频文件、摄像层或另一个合成等都将成为新图层，没有图层的合成将仅包含一个空帧。使用图层，在合成中处理某个素材时就不会影响其他素材。文字图层有 T 图标，表示可编辑、添加文字。

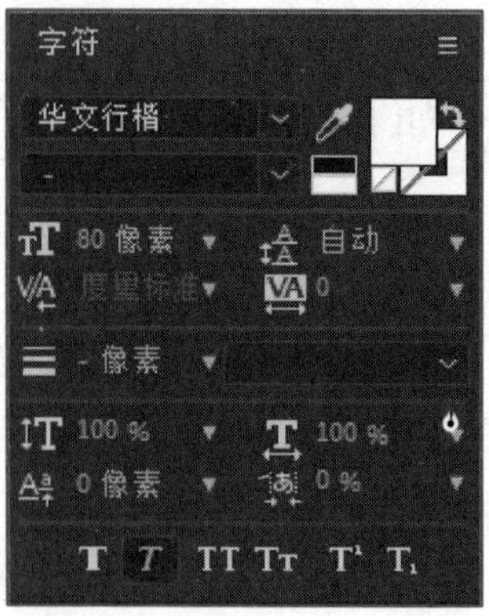

图 1–13　设置字符格式

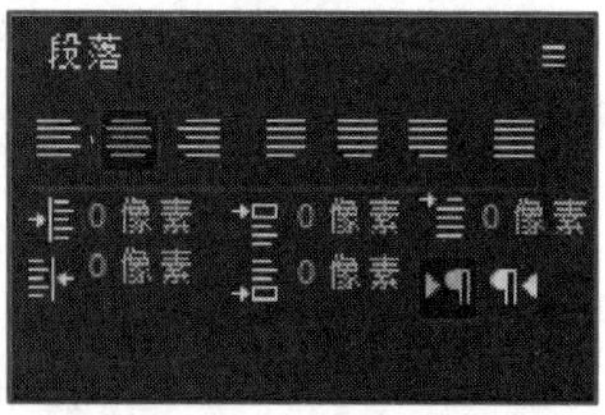

图 1–14　设置对齐方式

图 1–15　输入文字

图 1–16　文字图层

提示

选择文字工具后可以按住左键拖曳出一个矩形框，输入的文字称为“段落文本”，单击输入的文字称为“点文本”。

在“合成”面板使用选取工具选中文字图层，再选择文字工具，在“合成”面板中右击，选择“转换为段落文本”或“转换为点文本”命令可以实现二者切换。

提示

如果按普通键盘而不是数字键盘上的 Enter 键，将开始一个新的段落。

也可以通过选用其他工具（如选取工具）退出文字编辑模式。

任务三　设置文字动画

步骤 1：固定文字位置

选择“视图”→“显示网格”命令，使用工具栏上的选取工具选中“合成”面板中的文字并移动，位置如图 1–17 所示。

图 1–17　移动文字

单击时间轴面板中的“千里之行”文字图层层号左边的按钮，展开该图层，然后展开该图层的变换属性，其中包括锚点、位置、缩放、旋转和不透明度，如图 1-18 所示。

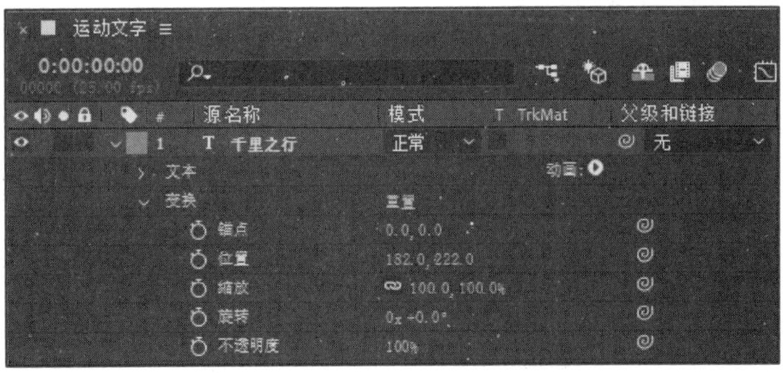

图 1-18　变换属性

提示

除了移动“合成”面板中的文字图层进行定位外，还可以通过更改位置参数来精确定位，该参数表示文字图层轴心在合成中的坐标位置。

将光标停留于各参数上方，当出现提示时，按住左键左右拖动，可以更改参数；或者单击参数区域，输入参数值进行更改。更改锚点的 Y 轴参数，此时文字下移，锚点不动，这样锚点便位于文字中心，如图 1-19 所示。参数设置如图 1-20 所示。

图 1-19　将轴心点定位到中心

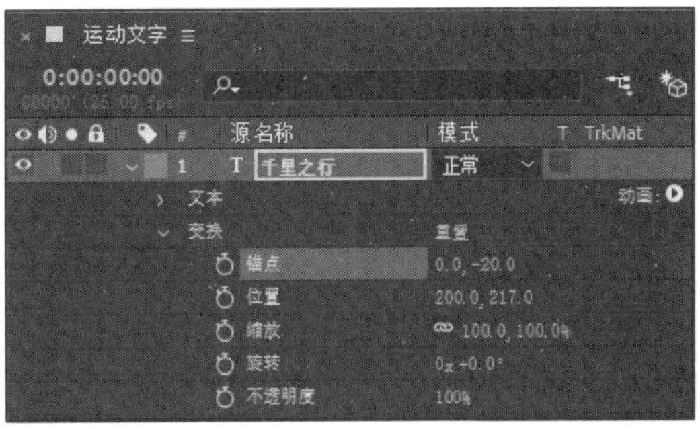

图 1-20　参数设置

要快速查看变换的某一个属性，则选择该图层，按 A 键显示“锚点”属性，按 P 键显示“位置”属性，按 S 键显示“缩放”属性，按 T 键显示“不透明度”属性，按 R 键显示“旋转”属性；若要同时显示多个属性，则在显示前一属性的基础上，按住 Shift 键同时按其他属性的快捷键。

选择“千里之行”图层，按 Ctrl+D 组合键复制该图层。单击复制得到的“千里之行 2”图层前的和标记，锁定和隐藏该层，以备后用，如图 1-21 所示。

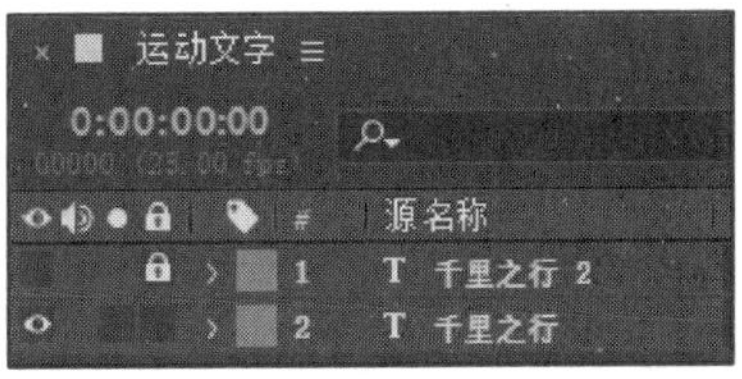

图 1-21　复制图层

步骤 2:添加文字动画

选择“千里之行”图层,按 P 键显示“位置”属性,单击“位置”属性名称前的时间变化秒表按钮,在 0 s 处添加一个关键帧,如图 1–22 所示。

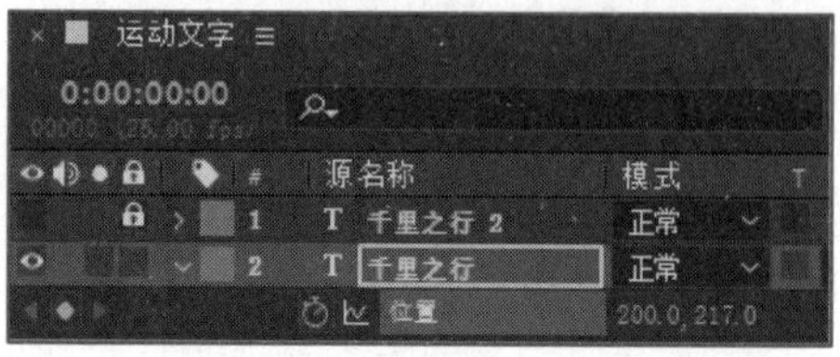

图 1–22 创建位置关键帧

单击“合成”面板底部的当前时间 0:00:00:00,在弹出的“转到时间”对话框中输入 100,这样可以将当前时间指针精确定位到 1 s 处,如图 1–23 所示。

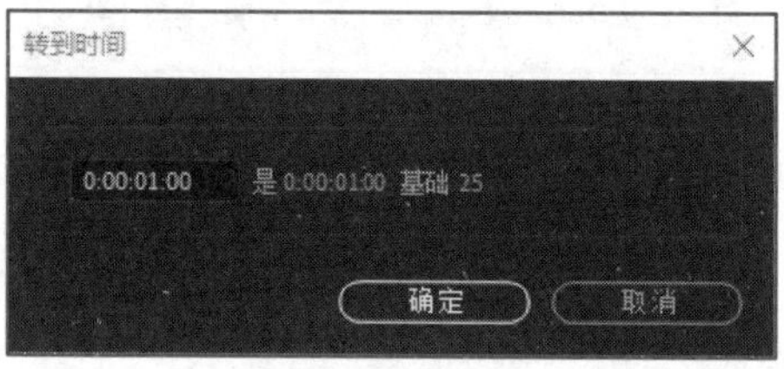

图 1–23 更改当前时间

单击图层前的添加关键帧按钮,在 1 s 处添加一个关键帧。以同样的方式在 1 s 15 帧的地方添加一个关键帧,最后的效果如图 1–24 所示。

图 1–24 创建关键帧

提示

一旦某个图层参数的时间变化秒表按钮被激活,在任意时间对该参数进行改变,都将生成新的关键帧。若再次单击秒表按钮取消激活,则该属性的所有关键帧都将被删除。

关键帧是用来创建和控制动画、特效、音效属性和其他很多随时间改变的属性。关键帧标记一个定义了特定值(如位置、大小、不透明度或音量等)的时间点。用关键帧产生随时间变化的动画时,至少需要两个关键帧:一个作为动画开始状态,另一个作为动画结束状态。

关键帧导航按钮位于各图层属性名称之前,按钮功能如图 1–25 所示。

A. 跳转到上一个关键帧位置,快捷键为K
B. 在当前时间添加或移除关键帧按钮
C. 跳转到下一个关键帧位置,快捷键为J

图 1–25 关键帧导航按钮

提示

如果时间标记没有对准相应的时间点,可以按住 Page Up 或 Page Down 键移动到准确的时间位置。每按一次会移动 1 帧,如果同时按住 Shift 键则会移动 10 帧。

按住 Shift 键的同时按下 S 键和 T 键,显示“缩放”与“不透明度”属性,在“缩放”属性的 0 s、1 s、1 s 15 帧处分别添加 3 个关键帧,“不透明度”属性的 0 s、1 s 添加两个关键帧,完成后如图 1–26 所示。

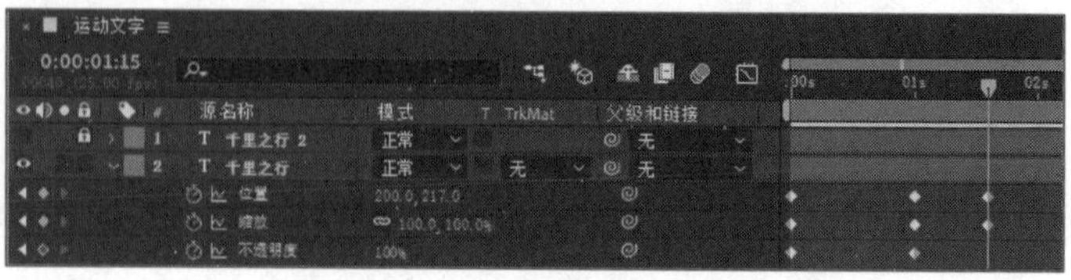

图 1–26 各属性关键帧

将当前时间定位至 0 s，将“合成”面板中的文字向右上移动到编辑区外，位置参数为(548.5，-37.0)，更改文字的缩放比例为(10.0，10.0%)，不透明度为“0%”，如图 1-27 所示。

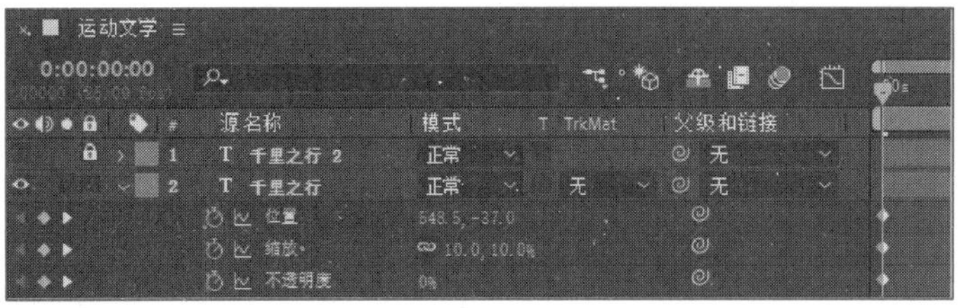

图 1-27　0 s 处动画设置

1 s 处参数如图 1-28 所示。

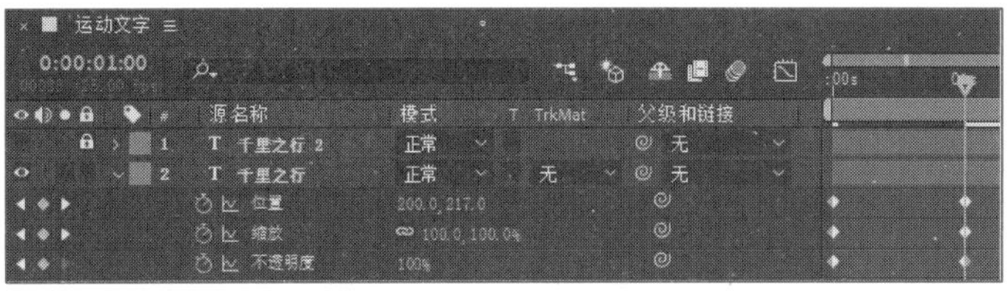

图 1-28　1 s 处动画设置

将时间指针定位至 1 s 15 帧处，向上方移动文字，位置参数为(160.0，160.0)，缩放参数为(90.0，90.0%)，如图 1-29 所示。

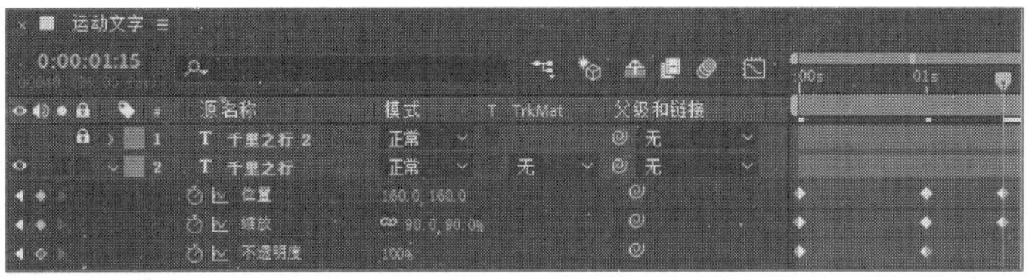

图 1-29　1 s 15 帧处动画设置

拖动时间指针在时间轨的 0~1 s 15 帧移动，可以预览文字由远及近逐渐放大显示然后上移缩小的效果。

选择“千里之行”图层，定位至 1 s 15 帧处，选择“编辑”→“拆分图层”命令，创建“千里之行 3”图层，此时可见时间轨上“千里之行”图层在 1 s 15 帧处被拆分成两个图层，如图 1-30 所示。

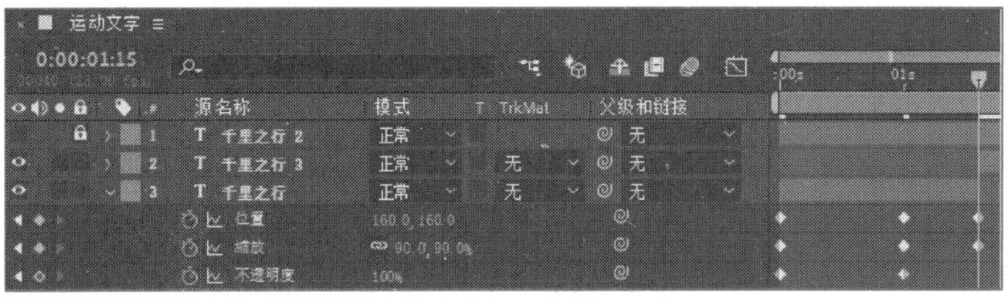

图 1-30　拆分图层

选择“千里之行 3”图层，选择“图层”→“创建”→“从文字创建形状”命令创建轮廓，这时在时间轴面板中会自动生成一个名为“‘千里之行 3’轮廓”的形状图层；单击“千里之行 2”图层前的 🔒 图标，将该图层解锁，选择该图层，按住左键拖曳至时间轴面板底部，如图 1-31 所示。

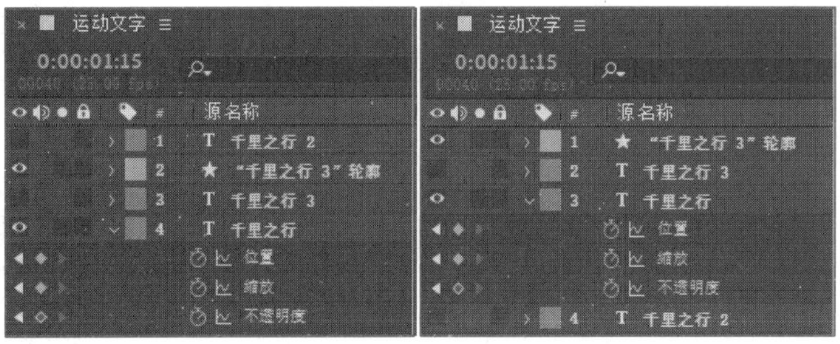

图 1-31　创建轮廓图层，调整图层顺序

展开形状图层“千里之行 3”的“内容”属性，可查看每个字的轮廓，选择“‘千里之行 3’轮廓”图层，单击工具栏上 填充 描边 中的“填充”和“描边”按钮，将其填充颜色和描边颜色全部设置为“无”，只剩下文字轮廓，如图 1-32 所示。

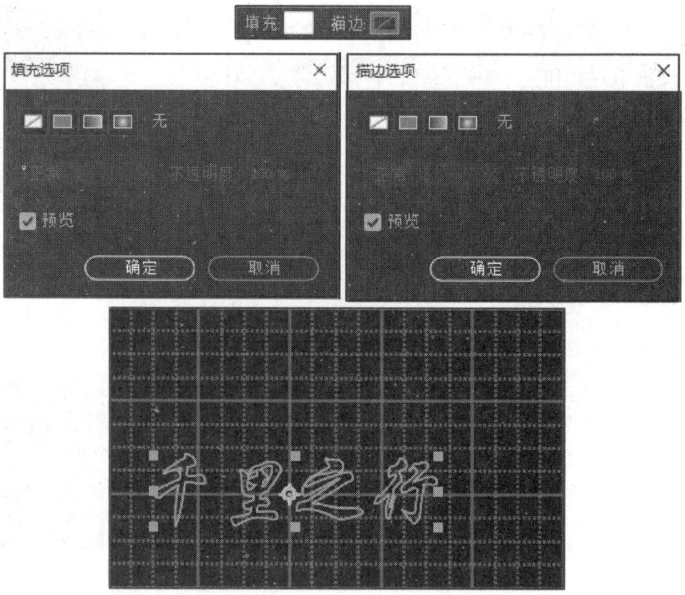

图 1-32　取消填充和描边

单击“内容”属性右边的三角形按钮 添加: ，在弹出的快捷菜单中选择“描边”命令，为其添加一个“描边动画”属性。展开该属性，将颜色设置为橙色（R255，G205，B69），将描边宽度设置为“3.0”，如图 1-33 所示。

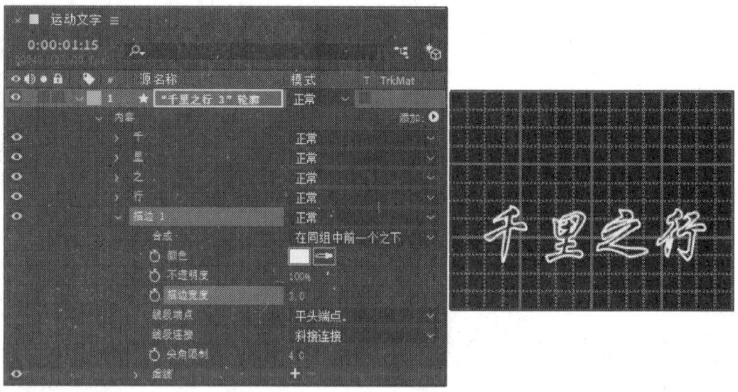

图 1-33　添加描边动画颜色和描边宽度

继续单击 添加: 按钮，选择“修剪路径”命令。将时间定位在 1 s 15 帧处，为修剪路径动画属性中的“结束”属性添加关键帧，将参数改为“0.0%”，设置修剪多重形状为单独，如图 1-34 所示。

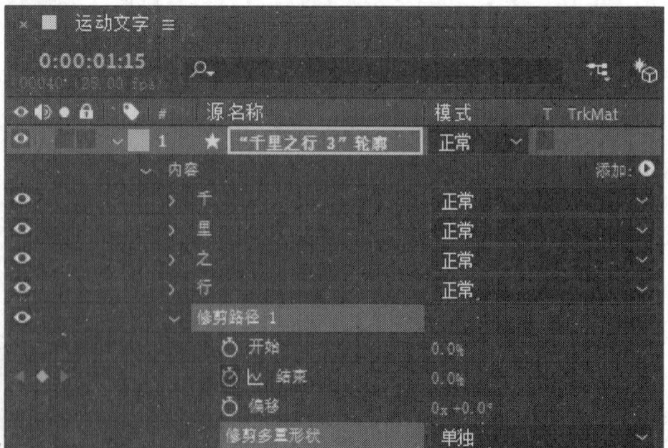

图 1-34　添加修剪路径动画，设置参数

将时间指针定位在 2 s 15 帧处，将“结束”属性的参数改为“100.0%”，如图 1–35 所示。

如此可以实现自左向右文字描边的动画效果。

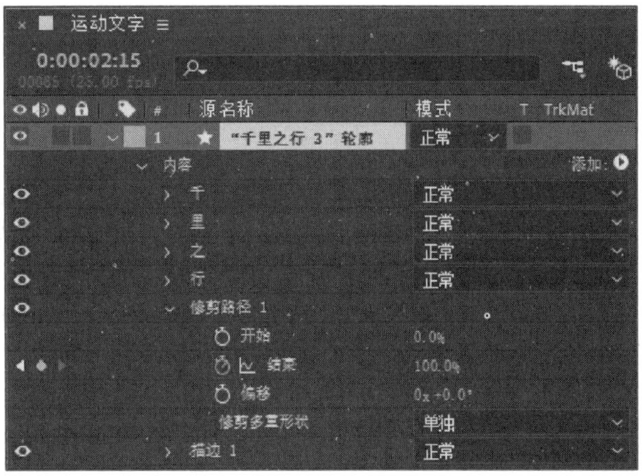

图 1–35　2 s 15 帧设置结束属性的参数为 100%

单击各图层前的■按钮，隐藏其属性。将前 3 个图层锁定，如图 1–36 所示。

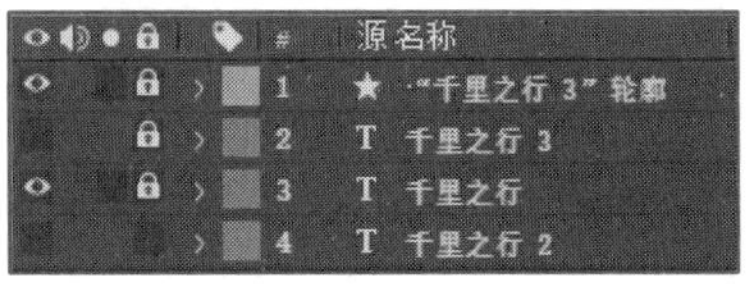

图 1–36　锁定图层

将时间指针定位至 1 s 处，选择“千里之行 2”图层，按 Alt+[组合键将图层入点设置到此处，再将时间定位至 1 s 15 帧，按 Alt+]键将图层出点设置到此处，如图 1–37 所示。这样可以使该图层的内容仅在 1~1 s 15 帧显示。

图 1–37　设置图层出入点

提示

在时间轨上用鼠标拖曳图层的入点和出点，可以改变图层的出入点时间。

通过鼠标拖曳移动图层的时间轨，可以改变图层在时间线上的位置。

按 P 键显示“位置”属性，按 Shift+T 组合键显示“不透明度”属性，按 Shift+S 组合键显示“缩放”属性，在 1 s 和 1 s 15 帧处分别添加 3 个属性的关键帧，设置 1 s 15 帧处的各个参数，位置为(200，520)，缩放为(30.0，30.0%)，不透明度为“0%”，如图 1–38 所示。实现文字由上而下变小消失。

图 1–38　1 s 15 帧设置参数

提示

按一次 U 键显示该图层设置过的所有关键帧，连续按两次 U 键显示该图层所有更改过的属性，再次按 U 键隐藏所有属性。

隐藏“千里之行 2”图层的所有属性，并且锁定该图层。

将时间指针定位至 1 s 处，在“工具”面板中选择横排文字工具，在“合成”面板内输入“始于足下”，文本大小为“100 px”，填充色为橙色（R255，G205，B69），描边颜色为“白色”，宽度为“5 px”，如图 1-39 所示。

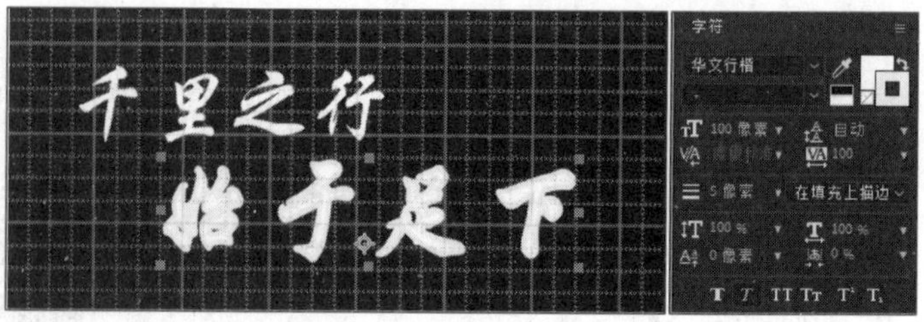

图 1-39 文本设置

将时间定位至 3 s，选择“始于足下”图层，按 Alt+［组合键设置图层入点。展开图层属性，单击“文本”属性右侧的 动画: 按钮，在弹出的快捷菜单中选择“不透明度”命令，将该属性的值设置为“0%”，此时文字变为透明，如图 1-40 所示。

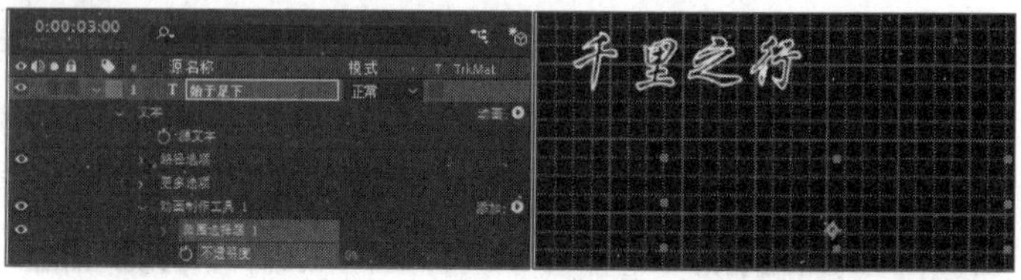

图 1-40 设置不透明度属性

展开范围选择器 1 中的属性，将时间指针定位到 3 s 处，单击“起始”属性前的时间变化秒表按钮，添加一个关键帧，“起始”属性设置为“0%”，将时间定位至 3 s 15 帧处，“起始”属性设置为“100%”。实现 4 个字从左向右逐一从透明变为不透明显示，如图 1-41 所示。

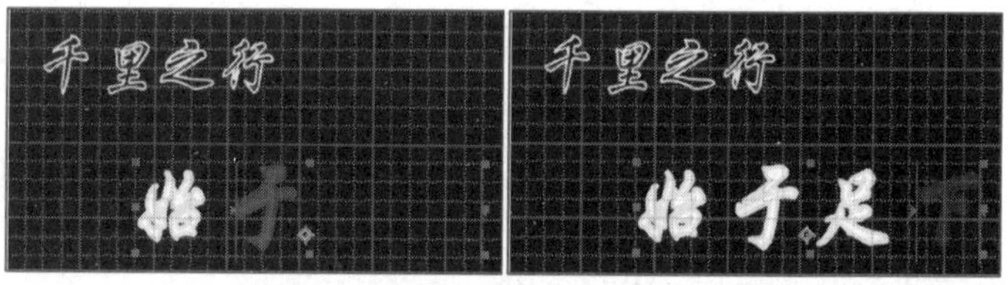

图 1-41 不透明度动画效果

单击“动画制作工具 1”右边的 添加: 按钮，在弹出的快捷菜单中选择“属性”→“缩放”命令，添加一个“缩放动画”属性，将其参数设置为“600%”，实现与不透明度动画同步的缩放效果，如图 1-42 所示。

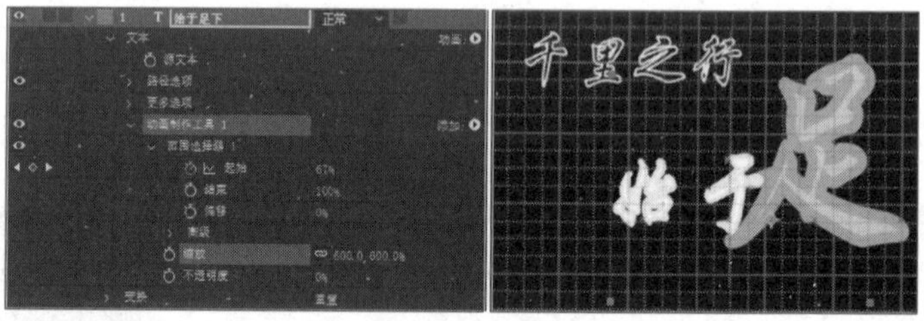

图 1-42 缩放动画效果

步骤 3：预览文字动画

将时间轨上方的工作区结束点从时间标尺 8 s 拖曳至 4 s，如图 1-43 所

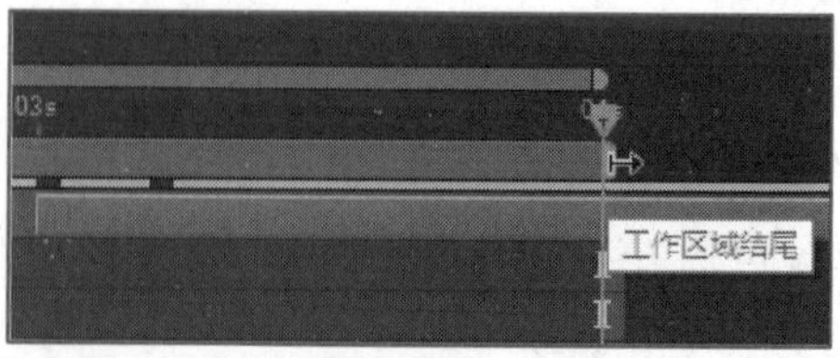

图 1-43 设定工作区结束点时间

示，英文输入法下按小键盘上的 0 键或者空格键，可以预览前 4 s 的内容。

通过“预览”面板实现预览，“预览”面板如图 1-44 所示。

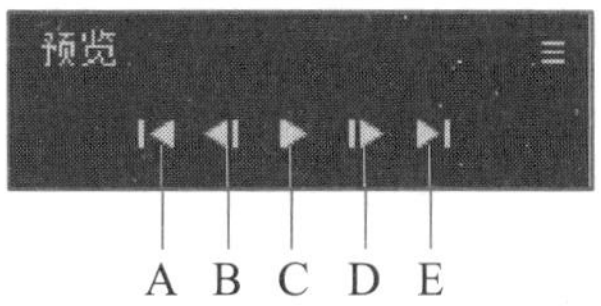

A. 第一帧　B. 上一帧
C. 播放/暂停　D. 下一帧
E. 最后一帧

图 1-44　“预览”面板

预览是为了让制作者观察制作效果，以确认是否达到要求。在预览时，可以通过改变播放的帧速率或画面的分辨率来改变预览的质量和生成预览的速度。

标准预览又称为空格键预览，单击“预览”面板中的播放/暂停按钮 ▶，从当前时间标志点开始播放合成至结束点，播放速度比实际播放慢，用于不需要额外内存来显示的简单动画，如文字动画，如图 1-45 所示。

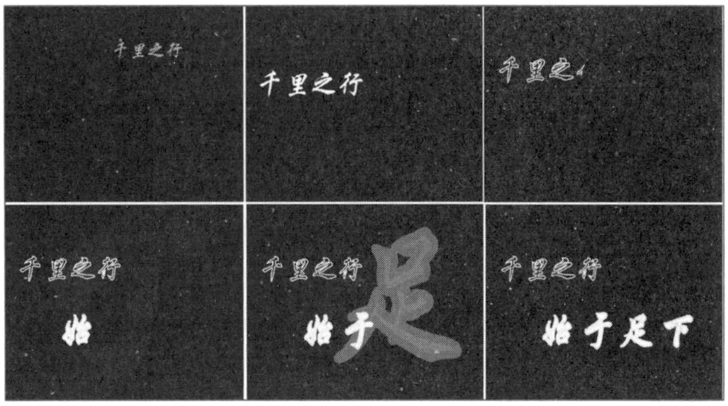

图 1-45　文字动画效果图

保存项目文件。

任务四　制作背景

步骤 1：添加背景图层

将时间轨上方的工作区结束点从 4 s 拖曳至 8 s 处。拖动“项目”面板中的“背景”合成素材到时间轴面板中，放置在图层堆栈的最底部，如图 1-46 所示。

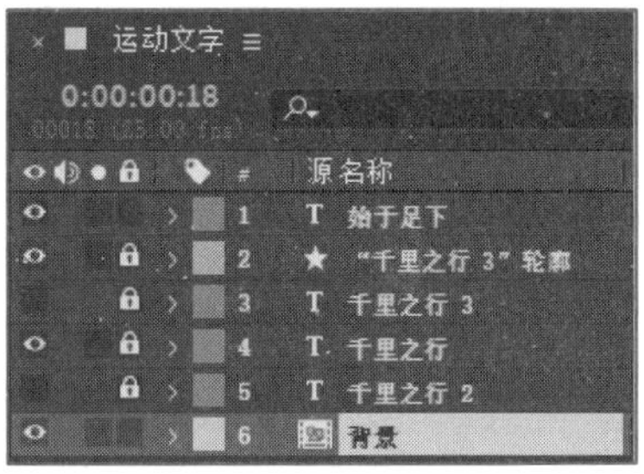

图 1-46　添加背景图层

选择“图层”→“变换”→“适合复合”命令，调整“背景”图像大小适合于“合成”面板，如图 1-47 所示。

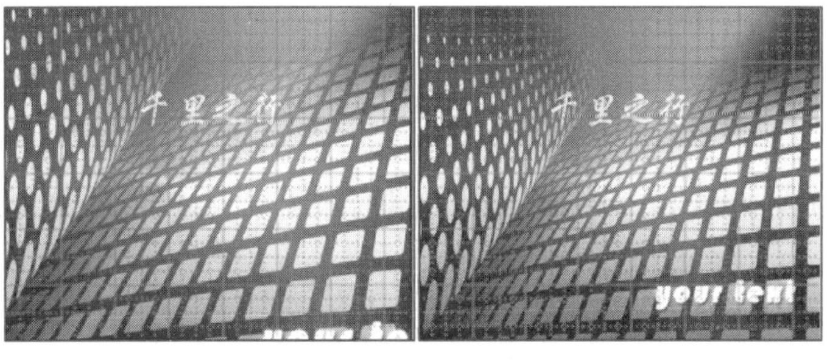

图 1-47　调整背景大小

步骤 2:制作文字预置特效

双击“项目”面板中的“背景”合成,在时间轴面板中打开它,如图 1–48 所示。

图 1–48 打开“背景”合成

选择“your text”图层,选择“图层”→“创建”→“转换为可编辑文字”命令,将 PSD 图层转换成可编辑的文本图层。选择该图层,按 Enter 键,将图层重命名为“t”,如图 1–49 所示。

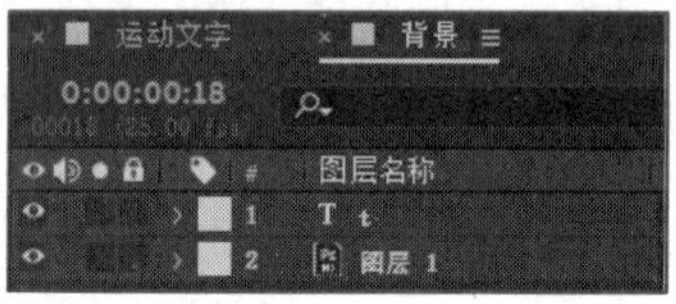

图 1–49 转换并重命名图层

双击“合成”面板中的“your text”文字,将文字内容更改为“运动文字”,在“字符”面板中设置文字大小为“50 px”,字体为“华文琥珀”,字符间距为“200”,如图 1–50 所示。

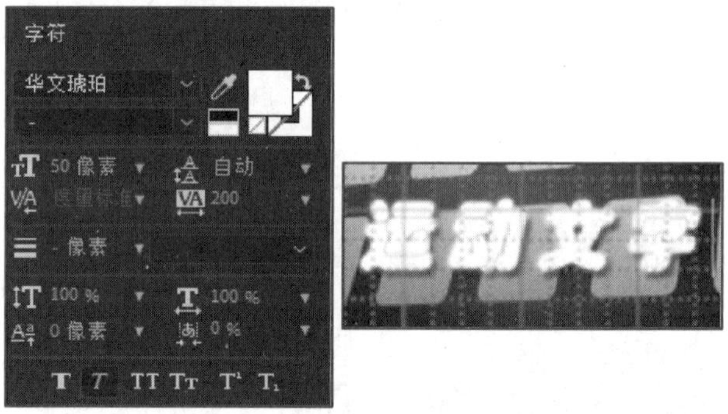

图 1–50 文字设置

将时间指针定位至 3 s 处,在“效果和预设”面板,依次展开“动画预设”→“Text”→“Blurs”,找到“子弹头列车”预置特效,然后用左键拖动该特效名称到文字上,将其应用到当前文字图层,使该层从 3 s 处起出现特效,3 s 之前为隐藏状态,如图 1–51 所示。

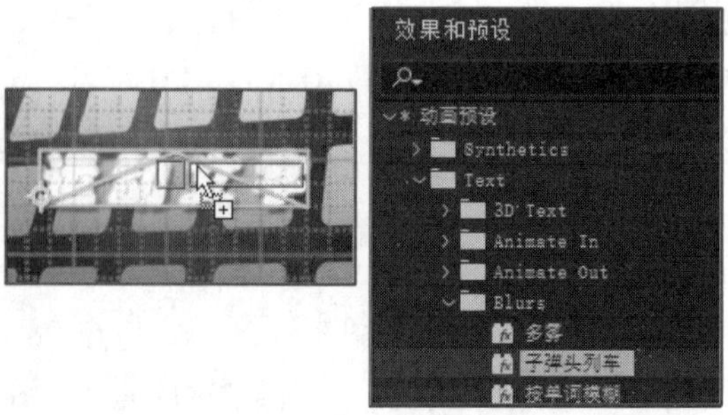

图 1–51 应用特效

按小键盘上的 0 键预览效果，如图 1–52 所示。

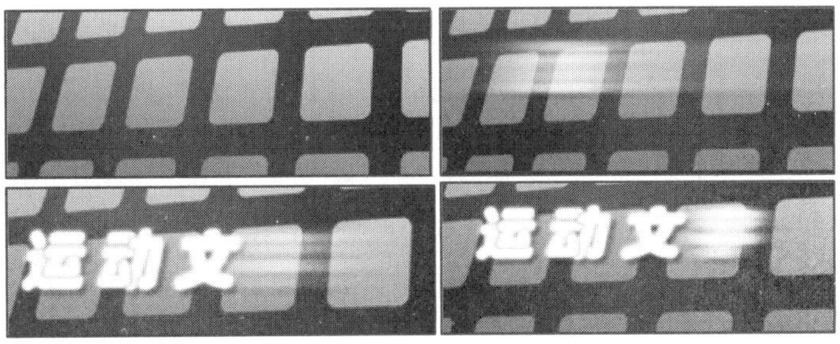

图 1–52　动画预览效果

步骤 3：添加文字遮罩

将时间指针定位至 6 s 处，单击“t”图层，选择工具栏上的矩形工具，在文字上方画一个高度、宽度都稍大于文字的矩形，添加一个遮罩，此过程中可以看见文字随矩形范围的增大而完全显示，此时，发现“t”图层的“蒙版”属性下增加了“蒙版 1”属性，如图 1–53 所示。

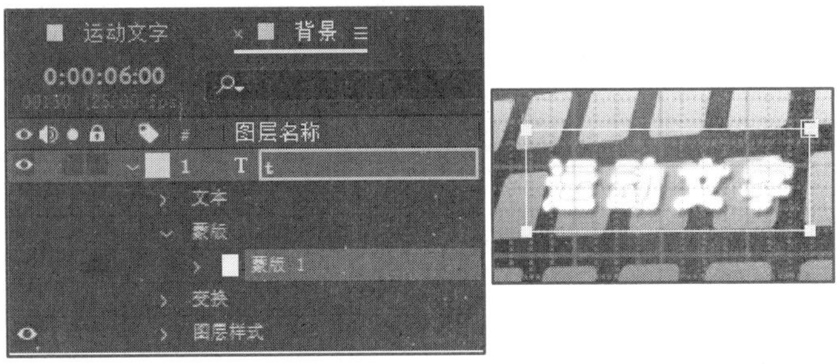

图 1–53　添加文字遮罩

展开文字图层中“蒙版”属性下的“蒙版 1”属性，单击“蒙版路径”前的时间变化秒表按钮，添加关键帧，如图 1–54 所示。

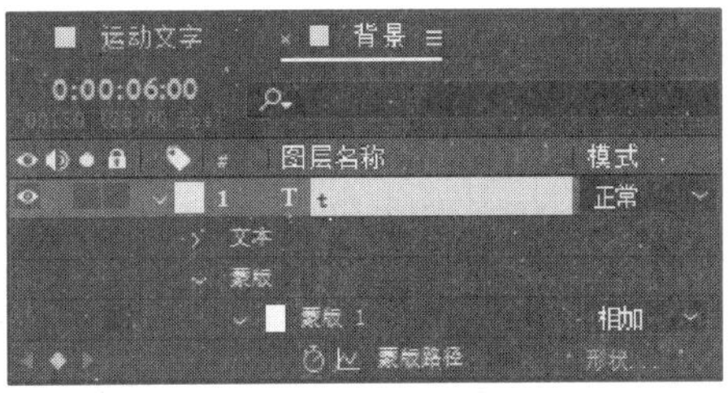

图 1–54　蒙版路径关键帧

将时间定位至 7 s 处，使用选取工具选择该矩形，用方向键控制矩形向右移动直至文字消失，如图 1–55 所示。

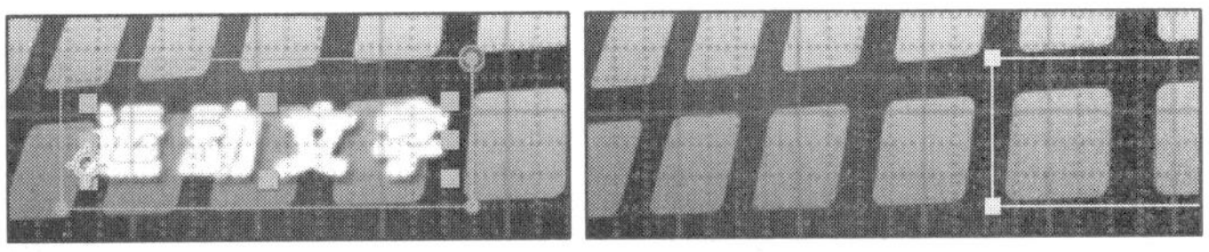

图 1–55　文字的显示与消失

在 6~7 s 拖动时间指针，浏览文字的遮罩效果。

遮罩在 After Effects 中其实就是一个封闭的路径区域，用于控制图层的透明区域和不透明区域，轮廓之内的图层内容显示，而轮廓之外的图层内容隐藏。以上创建的矩形遮罩是属于文字图层“t”的蒙版属性，只对该图层有效。

在时间轴面板上单击“运动文字”选项卡，显示该合成。将“项目”面板中的“bird.mov”素材拖动到图层堆栈中，放置在“背景”图层之上，调整素材位置，如图 1-56 所示。

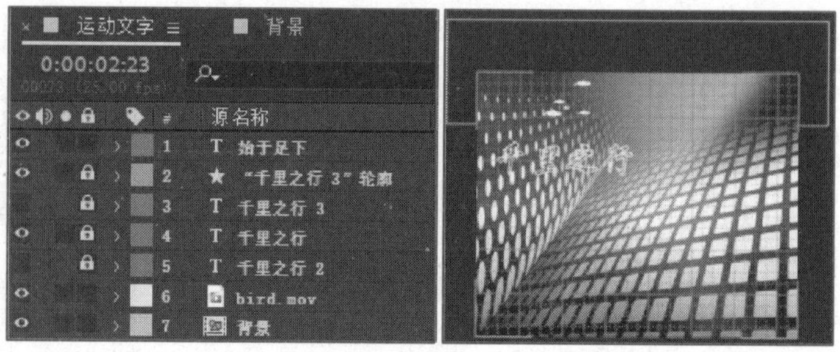

图 1-56 添加 bird.mov 素材

任务五 制作文字退场效果

步骤 1：浏览预设动画

选择“动画”→“浏览预设…”命令，Adobe Bridge 软件将打开显示“Presets”文件夹中的内容，如图 1-57 所示。

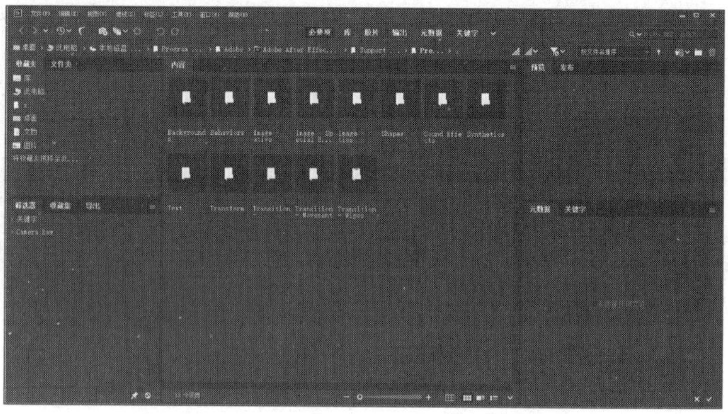

图 1-57 “Presets”文件夹

在“内容”面板中双击“Text”文件夹，再双击“Blurs”文件夹，打开文字类别中的模糊特效，如图 1-58 所示。

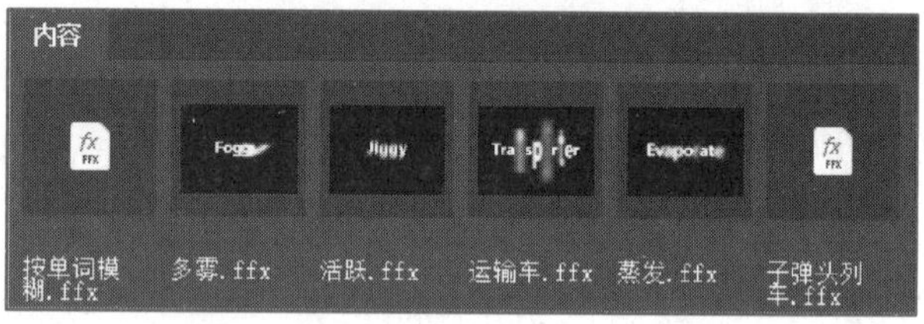

图 1-58 打开“Blues”文件夹

选择一个特效，便可以在右边的“预览”面板中预览效果，如图 1-59 所示。

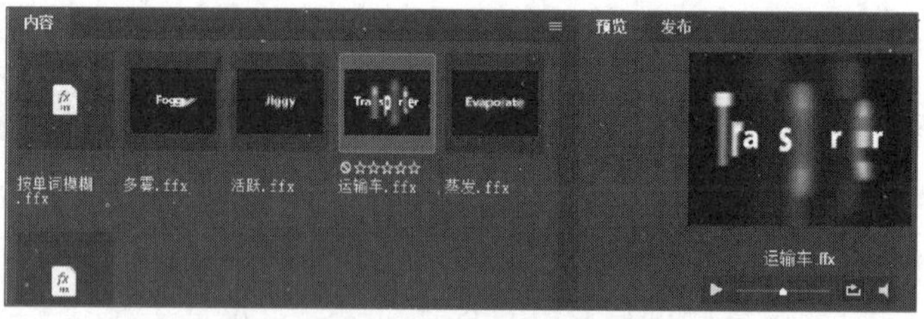

图 1-59 预览效果

步骤 2：应用预设动画

在任务栏上单击 After Effects 窗口按钮，回到 After Effects 程序，选择文字图层“始于足下”，将时间指针定位至 4 s 20 帧处。在 Adobe Bridge 窗口中双击“蒸发 .ffx”特效，将其应用到“始于足下”文字图层。拖动时间指针进行预览，可以看到文字模糊变大后消失，效果如图 1-60 所示。

图 1-60 文字的“蒸发”特效

选择“千里之行 3”文字图层，单击按钮，解除图层锁定，单击按钮，显示图层。将当前时间定位至 5 s 20 帧处。在 Adobe Bridge 窗口双击“蒸发 .ffx”特效，将其应用到该文字图层，效果同上。

将时间定位至 6 s 10 帧处，选择“千里之行 3”轮廓形状图层，单击按钮，解除图层锁定。在 Adobe Bridge 窗口中单击路径栏中的 Presets 按钮返回至文件夹“Presets”下，双击“Transitions–Dissolves”文件夹，再双击“溶解–蒸汽 .ffx”效果，将该预设动画应用于形状图层，如图 1–61 所示。

退出 Adobe Bridge 程序。

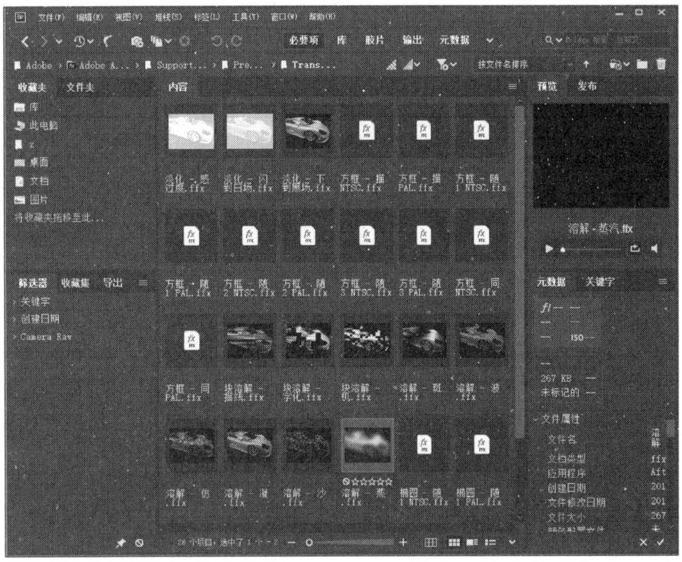

图 1–61　“溶解–蒸汽”效果

提示

“Text”文件夹中的特效只对文字图层有效，其他图层无法应用。

普通图层可以应用其他类型的特效。

此时浏览动画会发现文字轮廓是从无到有，需要把动画过程反转过来。选择“千里之行 3”轮廓形状图层，按 U 键显示各属性关键帧，单击“溶解主控”下的“过渡完成”属性，如图 1–62 所示。

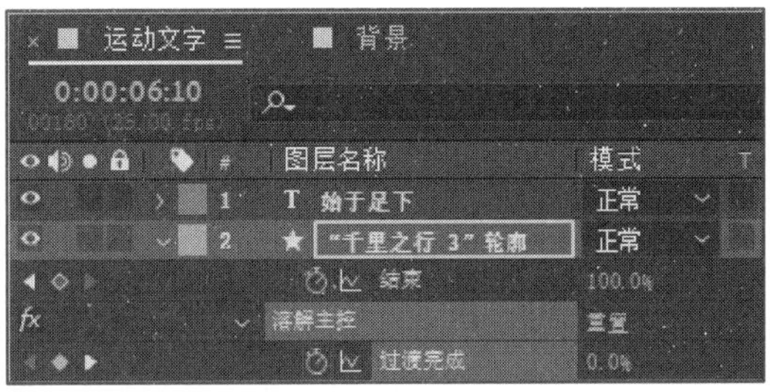

图 1–62　选择“过渡完成”属性关键帧

选择“动画”→“关键帧辅助”→“时间反向关键帧”命令，对调两个关键帧的顺序，预览效果如图 1–63。

图 1–63　文字预览效果

任务六 渲染输出

步骤 1:添加渲染队列

当合成制作完成以后,最后的步骤就是渲染。

渲染是合成制作的最后一道工序,将素材融合到影片中并压缩成为影片最终输出格式。

选择“项目”面板中的“运动文字”合成,选择“合成”→“添加到渲染队列”命令,打开“渲染队列”面板。

右击该面板标签,选择“面板组设置”→“最大化面板组”命令,使面板充满应用程序窗口,可以看到队列中已经添加了合成“运动文字”,如图 1-64 所示。

步骤 2:设置渲染参数

单击队列“运动文字”旁的折叠按钮,展开渲染选项,如图 1-65 所示。默认情况下,渲染设置为“最佳设置”,输出模块为“无损”,即可符合渲染要求。单击“无损”文字,可弹出“输出模块设置”对话框,从中选择渲染输出格式,如图 1-66 所示。

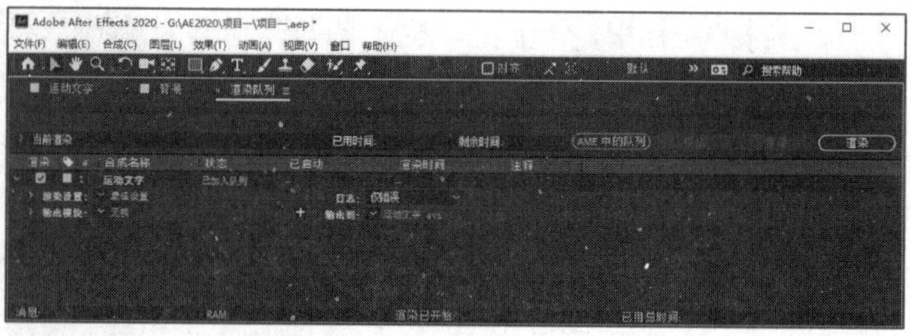

图 1-64 “渲染队列”面板

图 1-65 渲染选项参数

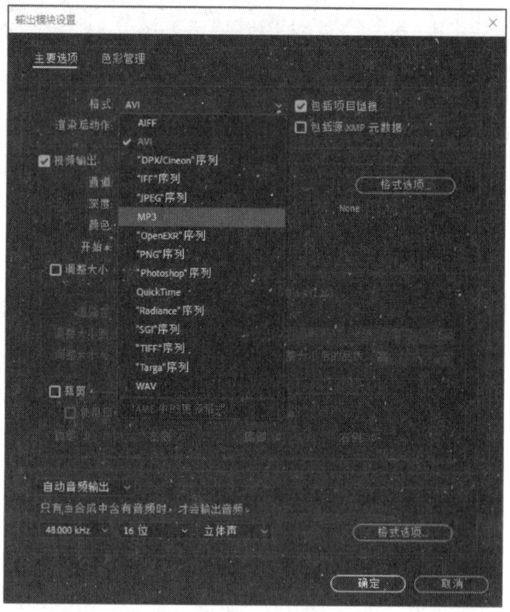

图 1-66 “输出模块设置”对话框

提示

AVI 格式所渲染的影片文件是可以用 Windows 操作系统自带的播放器播放。文件无压缩,播放的品质高,但是文件比较大。

提示

After Effects 提供了多种渲染输出格式,如符合播出质量的无损压缩 AVI 格式,通过 QuickTimer 播放器播放的 MOV 格式,用于网页浏览的动画文件 SWF 格式等,用户可以根据实际需要选择。

单击“输出到”旁的文字，在弹出的对话框中选择影片的存储路径和名称，然后单击“保存”按钮，如图 1-67 所示。

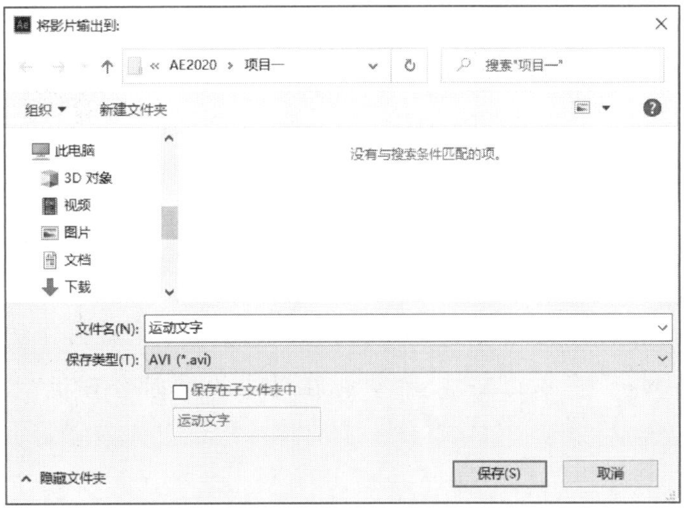

图 1-67　输出影片设置

步骤 3:渲染输出

回到“渲染队列”面板，单击“渲染”按钮，开始渲染。

提示

保存文件时，文件保存类型由输出的格式决定。

文件渲染期间，After Effects 在“渲染队列”面板中显示进度条，如图 1-68 所示。

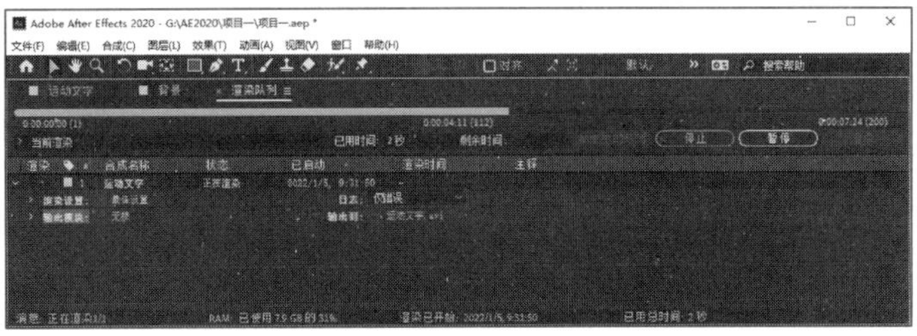
图 1-68　渲染

当 After Effects 渲染项目时，不能在 After Effects 中进行任何的其他操作，完成渲染后，会发出提示音。

渲染完成以后，在“渲染队列”面板中选择“恢复面板组大小”命令，恢复工作区。

小结与训练

小结

通过本项目的制作，熟悉 After Effects 2020 的基本界面，了解制作特效的基本工作流程，掌握制作运动文字特效的方法。掌握文字的预设特效和关键帧的缩放、位置移动、旋转等叠加使用的基本技能。初学者在刚开始制作动画时往往只关注文字动画效果本身，而忽略了整体的安排，希望能在动画设计时合理运用组合各种属性的变化，控制好特效展示的节奏。

思考题

1. 制作运动文字特效主要包括哪几个步骤？
2. 文字图层与其他类型的图层有何区别？
3. 对文字图层应用预设动画特效的方法有哪些？

训练题

1. 参考配套资源中“项目一训练”文件夹中的“练习 1”成品文件，完成一个运动文字的作品。

2. 参考配套资源中“项目一训练”文件夹中的“练习 2”成品文件，完成一个特效文字的作品。

3. 以“项目一素材”文件夹中提供的素材文件和训练题 1、2 完成的文件为基础，参考配套资源中“项目一训练”文件夹中的“练习 3”成品文件，完成“练习 3”。

项目二 “我青春，我能行”
——路径文字特效

项目简介

运动文字特效通过改变文字的起始位置使文字发生直线的位移。这样单一的移动效果显然不能满足多变的动画需求，如果可以使文字按照不同的轨迹运动，影片将会更加活泼，富有动感。

通过本项目的制作，将学到很多路径文字特效的制作技巧。学会通过 After Effects 2020 的路径文字命令创建、制作贝赛尔曲线、直线、圆、环等不同类型的路径文字特效；学会根据需要绘制特殊路径，应用到指定文字图层，实现自由路径特效；理解滤镜的概念；学会滤镜应用和参数设置；掌握合成嵌套、钢笔工具的使用方法，制作转场特效，设置关键帧缓入缓出特效等操作技能。

效果截图

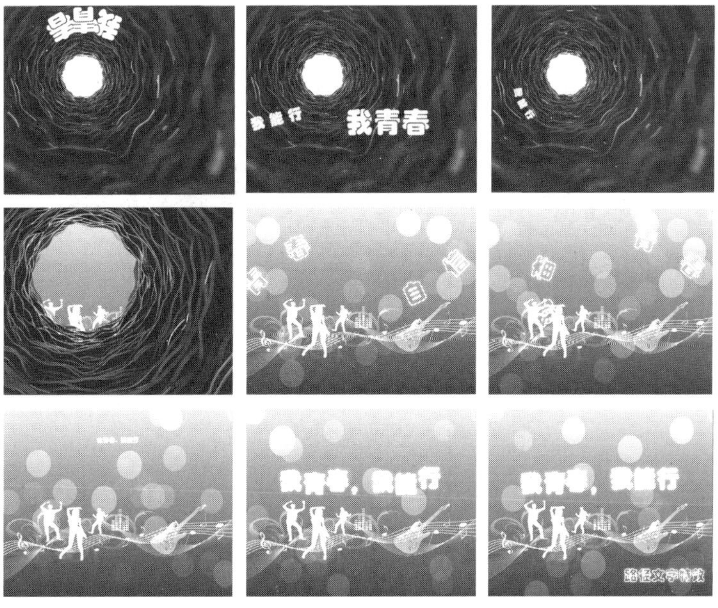

任务一 新建项目

步骤 1：创建、保存项目

启动 After Effects 2020，在启动过程中按 Ctrl+Alt+Shift 组合键恢复默认参数设置。

After Effects 2020 在运行后显示“主页”对话框，如图 2–1 所示。单击“新建项目”按钮创建一个空的无标题项目，然后选择“文件”→“另存为”→“另存为”命令保存项目，设置如图 2–2 所示。

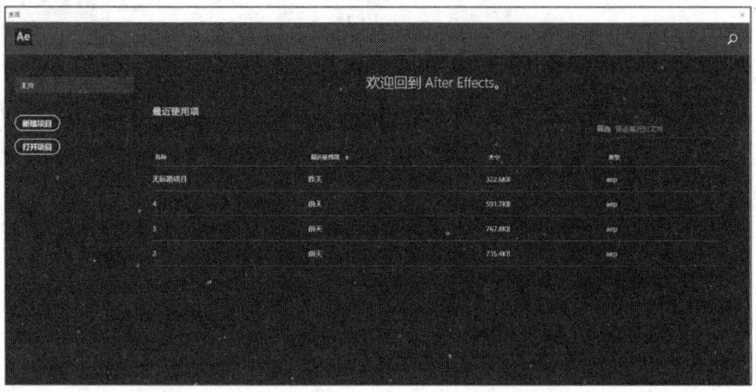

图 2–1 “主页”对话框

图 2–2 保存项目

提示

在制作过程中要养成随时保存项目文件的习惯，以尽量减少因意外情况（如断电等）造成的损失，给工作带来麻烦。

步骤 2：导入素材

选择“文件”→“导入”→“文件”命令，在弹出的对话框中选择配套资源中“项目二素材”文件夹中的“背景 1.jpg”“背景 2.jpg”和“光斑 .mov”三个文件，在“导入为”下拉列表框中选择默认的“素材”选项，如图 2–3 所示。

图 2–3 导入素材

由于导入的MOV视频文件包含了一个未标记的Alpha通道，需要用户选择设置，如图2-4所示。

此时在“项目”面板中显示导入的素材，选择其中一个素材项将看到上方显示素材缩略图。

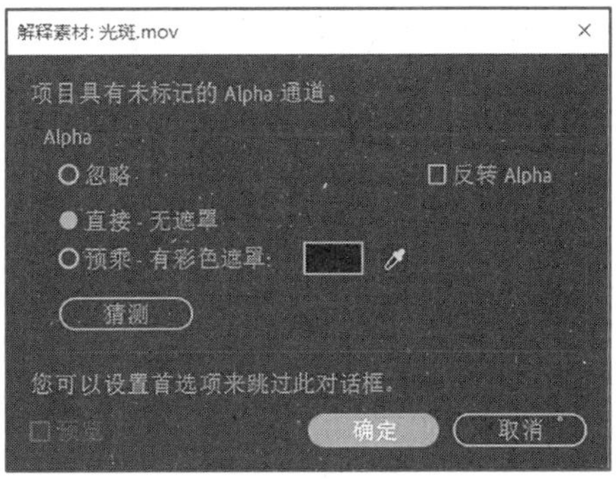

图2-4　MOV素材导入设置

任务二　设计入场特效

步骤1：创建合成和背景层

选择“合成”→“新建合成”命令，在弹出对话框中进行参数设置。

设置合成名称为“入场”，大小为“600 px×480 px”，选择“D1/DV PAL (1.09)”，持续时间为“5 s”，其他数值为默认，如图2-5所示。

此时，“入场”合成出现在“项目”面板和“合成”面板中。

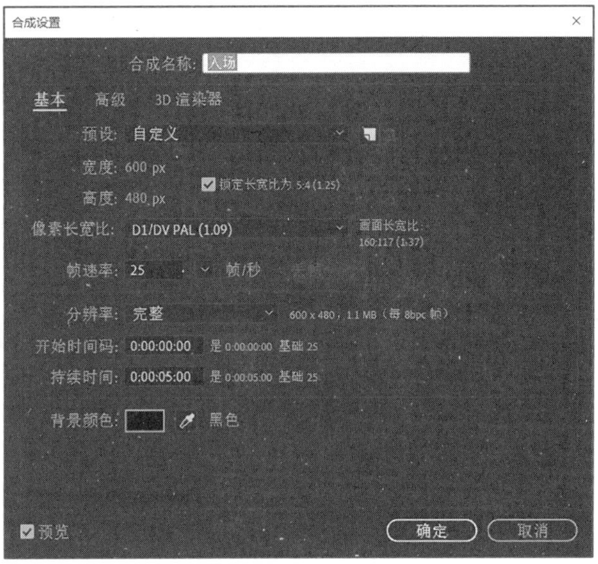

图2-5　创建合成“入场”

拖动“项目”面板中的“背景1.jpg”图像素材到时间轴面板中，创建一个新图层。选择该图层，按Enter键，更改图层名称为“背景1”，如图2-6所示。

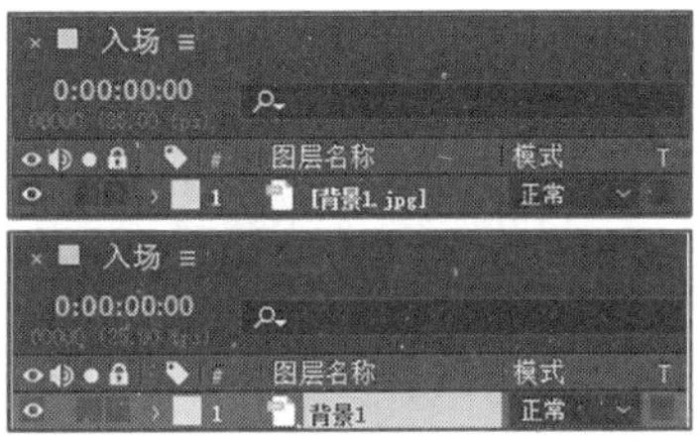

图2-6　背景图层更名前后比较

选择“背景1”图层，选择“图层”→“变换”→“适合复合”命令，调整背景图像大小适合于“合成”面板，如图2-7所示。

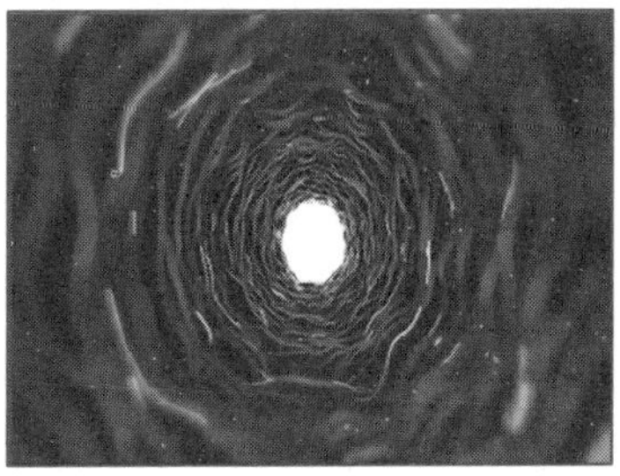

图2-7　背景图像效果

步骤 2：使用预设路径文字特效

选择“动画”→“浏览预设”命令，Adobe Bridge 软件将打开显示“Presets”文件夹中的内容。

在“内容”面板中双击“Text”文件夹，再双击“Paths”文件夹，显示各种文字类路径特效，如图 2-8 所示。

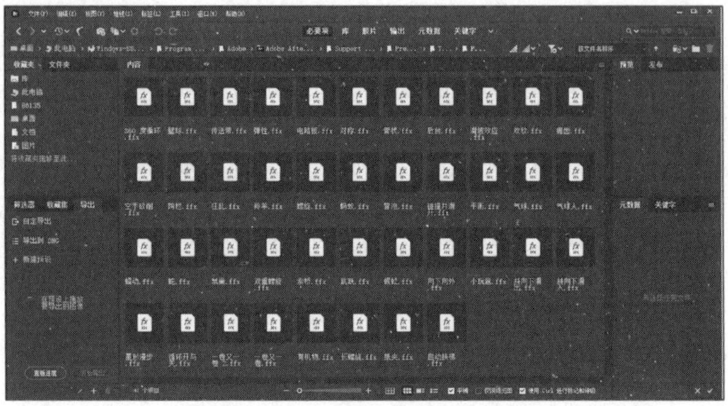

图 2-8　路径文字特效

双击第一个特效“360 度循环 .ffx”，返回 After Effects 2020 窗口，可以看到文字特效已经添加到当前“入场”合成中，此时时间轴面板中添加了新图层，如图 2-9 所示。

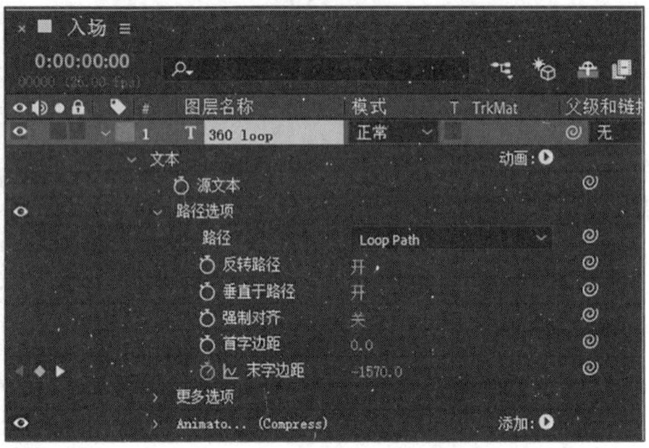

图 2-9　添加预设路径文字特效

按空格键预览动画效果，可以发现文字内容和运动路径位置不符合要求，需要进行修改。

提示

选择已有文字图层，然后在 Adobe Bridge 软件中双击路径类预设特效，会将该特效应用于此文字图层，文字图层原来的内容将被替换成预设特效中的内容。如果在 After Effects 中不选任何图层，直接在 Adobe Bridge 软件中双击一个特效，则将在 After Effects 中创建一个新的包含该特效的图层。

步骤 3：修改预设特效

单击“合成”面板底部的当前时间 0:00:00:00，在弹出的“转到时间”对话框中输入“200”，这样可以将当前时间指针精确定位到 2 s 处，这样可以在“合成”面板中预览文字。

在工具栏中选择横排文字工具 T，选中已有文字，然后更改文字内容，如图 2-10 所示。

图 2-10　更改文字

选中更改后的文字，在“字符”面板中，设置字符填充色为“白色”，其他参数如图 2-11 所示。

选择工具栏中的钢笔工具，“合成”面板中会出现一条黄色的路径。通过调整背景图层，使路径的弧形与高亮点吻合。

选择“背景 1”图层，按 S 键显示“缩放”属性，再按 Shift+P 组合键同时显示“位置”属性。单击“缩放”属性右边的按钮，取消锁定纵横比。将缩放属性的参数修改为(20.0，20.0%)；位置属性的参数设置为(212，179)，如图 2-12 所示。

选择“我青春”文字图层，选择“效果”→“模糊和锐化”→“快速方框模糊”命令，在文字图层上应用快速方框模糊滤镜。在“效果控件”面板可查看该特效参数，如图 2-13 所示。

滤镜是用来实现动画的各种特殊效果的命令，包括软件自带滤镜和其他公司提供的第三方滤镜。

快速方框模糊用于设置图像的模糊程度，可以模拟由清晰到模糊消散的特效过程。

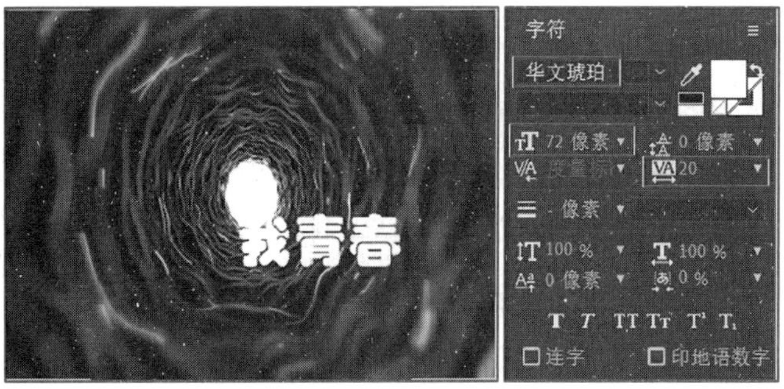

图 2-11　设置字符格式

提示

在文字图层名称上双击，可以进入文字编辑状态，修改字符格式和文字内容。

图 2-12　调整背景图层

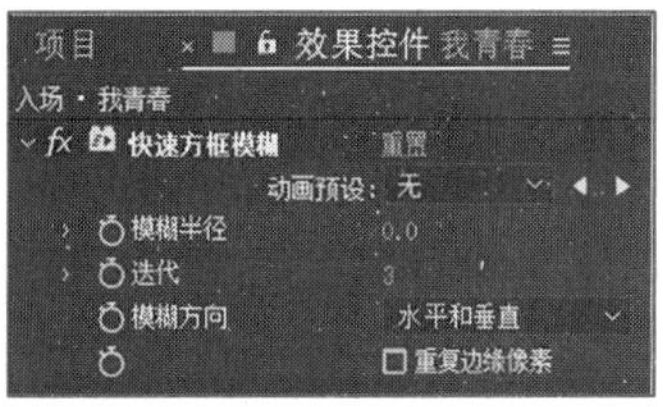

图 2-13　“效果控件”面板

提示

快速方框模糊在大面积应用的时候速度快。各参数的意义如下。

模糊半径：用于设置模糊程度。

迭代：用于控制模糊质量，即将模糊效果连续应用到图像的次数。将值设置在 3 左右，即与快速模糊效果相似。迭代数越大，颜色之间的过渡越平滑，模糊程度越高。

模糊方向：可以选择“水平和垂直”，同时向两个方向模糊；可以选择“水平”或“垂直”，即向水平或垂直方向模糊。

将时间指针定位至 3 s 10 帧处，在“效果控件”面板中设置特效参数。单击“模糊半径”属性前的时间变化秒表按钮，添加一个关键帧。将时间指针定位至 4 s 10 帧处，更改“模糊半径”参数为“200.0”，对比效果如图 2–14 所示。

选择“我青春”文字图层，按两次 U 键，显示所有包含关键帧的属性。这时会发现“末字边距”属性的关键帧有些特别。这是因为设置了关键帧过渡特效，如图 2–15 所示。方法是选中关键帧，右击，在弹出的快捷菜单中选择“关键帧辅助”子菜单中的命令，如图 2–16 所示。

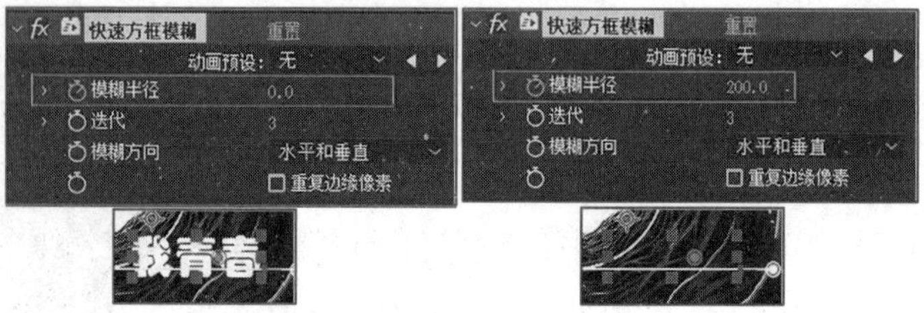

图 2–14 快速方框模糊特效

图 2–15 关键帧特效介绍

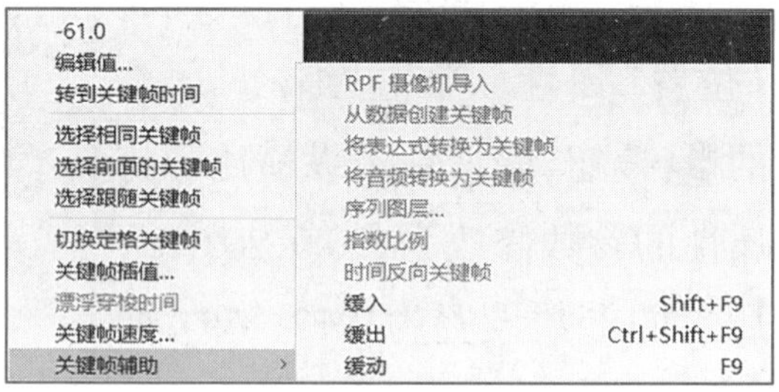

图 2–16 设置关键帧特效

步骤 4：应用路径文字特效

路径文字特效的应用需要一个载体，即应该先创建一个固态图层。选择“图层”→“新建”→“纯色”命令，新建一个黑色固态图层，图层名称改为“我能行”，大小与合成图像相同，如图 2–17 所示。

图 2–17 创建固态图层

固态图层是 After Effects 图层中的一种，在 After Effects 中可以创建任何颜色的固态图层，最大尺寸可达到 30 000 px×30 000 px。和其他素材图层一样，可以在它上面制作蒙版，修改图层的变换属性，也可以对它应用滤镜。

提示

通过选择“文件”→“导入”→“纯色”命令可创建固态图层，但只显示在“项目”面板中，作为素材使用。

选择“图层”→“新建”→“纯色”命令创建的固态图层除了显示在“项目”面板的纯色文件夹中，还会自动放置在当前合成的时间轴面板首层位置。

接着添加一个路径文字特效。选择固态图层，选择“效果”→“过时”→“路径文本”命令，在弹出的对话框中输入路径文字“我能行”，并设置字体属性，如图 2-18 所示。

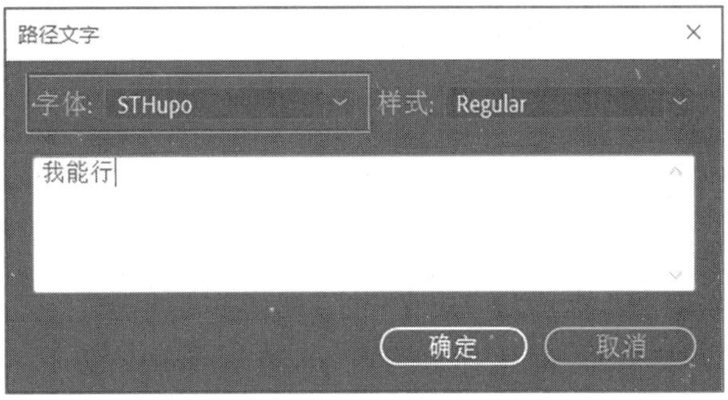

图 2-18　创建路径文字特效

在 After Effects 中，可以创建直线路径、圆形路径、环形路径、贝赛尔曲线及用户设计路径的文字，实现文字运动路线的多元化。

在“效果控件”面板中可查看该特效的所有参数，“合成”面板中出现了路径文字，如图 2-19 所示。

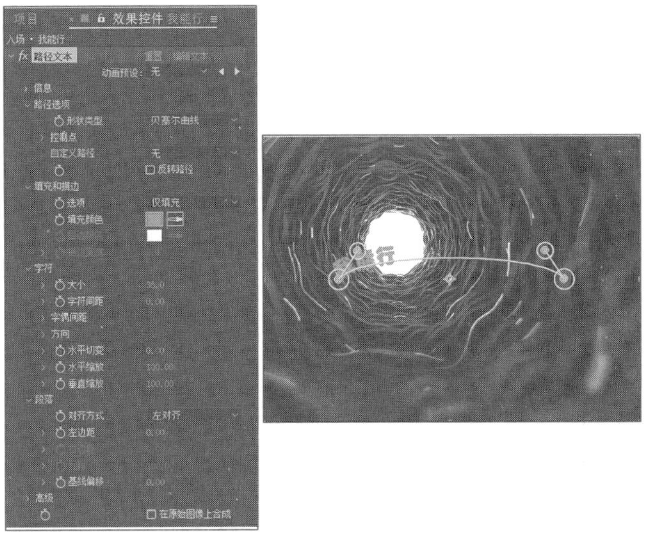
图 2-19　路径文字

在“效果控件”面板中设置“填充和描边”“字符”参数，其中选项为“在描边上填充”，填充色为“白色”，描边色为(R130,G154,B255)，其他设置如图 2-20 所示。

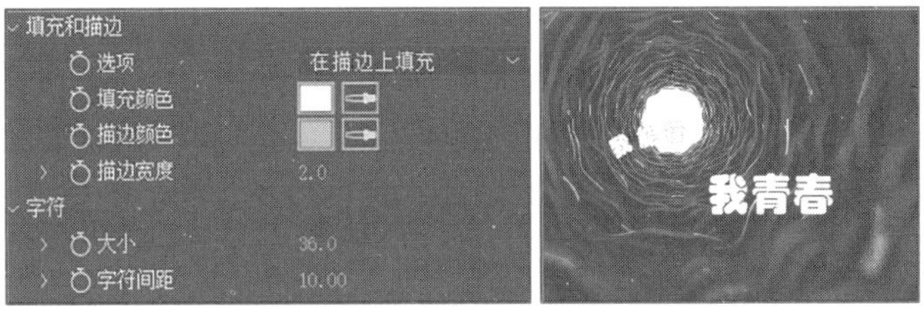

图 2-20　文字样式

步骤 5:绘制路径

在“我能行”图层上绘制一条路径，实现文字先从左往右直线移动，然后向左下方直线移动，接着按逆时针的螺旋路径延伸至高亮的远方。

具体路径如图 2-21 所示，由 A 点起向右移动至 B，折回到 C，然后螺旋收缩。

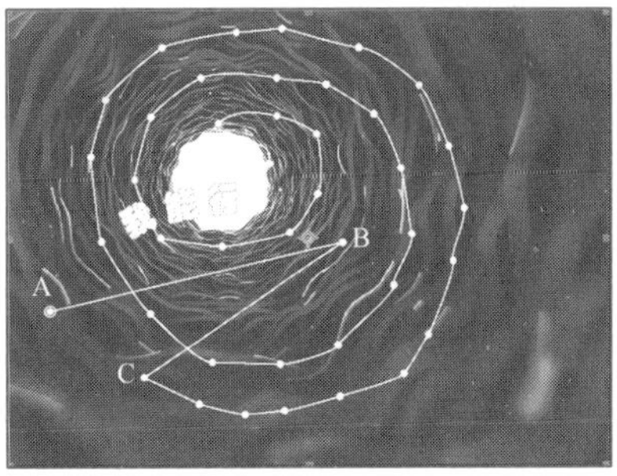

图 2-21　钢笔工具绘制路径

绘制的方法：使用钢笔工具 在A点单击，绘制第一个顶点；在B点继续单击，确定第二个顶点；在C点创建第三个顶点。

再次单击，创建第四个顶点，按住左键拖曳鼠标可以改变顶点控制手柄的方向和长度，绘制出曲线，如图2-22所示。

使用钢笔类工具中的转换“顶点”工具 可以逐个调整顶点的控制手柄，而使用选取工具 可以调整各顶点的位置。

提示

控制手柄的两个端点引出的直线与两个顶点之间的圆弧线段是相切的，分别调整端点位置可以改变曲线的曲率。

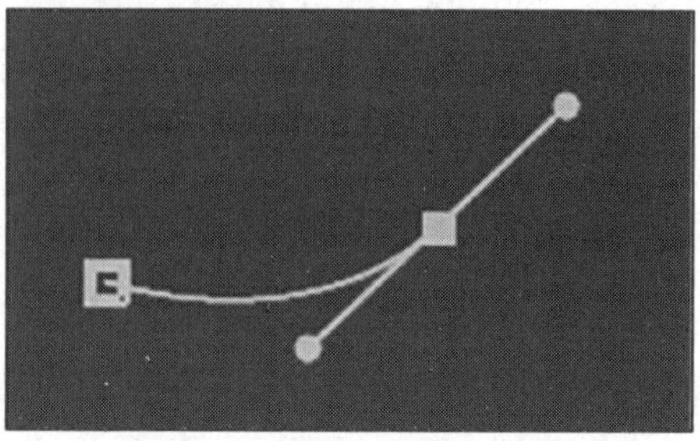

图2-22 改变控制手柄

提示

创建顶点时，在还没松开鼠标之前想改变顶点位置，可以按住左键不放，同时按下空格键，这时拖曳鼠标可以改变顶点位置。

在拖曳顶点控制手柄的时候按住Shift键，可以使方向保持在45°角的整数倍上。如果按住Alt键拖曳顶点控制手柄，则可以只改变控制手柄出点的方向。

步骤6：设置特效过程

我们的目标是使文字按照绘制的路径运动：先在A、B点逐个显示，然后沿螺旋线旋转消失在高亮的远方。

在“自定义路径”下拉列表框中选择“蒙版1”，即刚才绘制的路径，可以看到文字自动对齐到了该路径的开始位置，如图2-23所示。

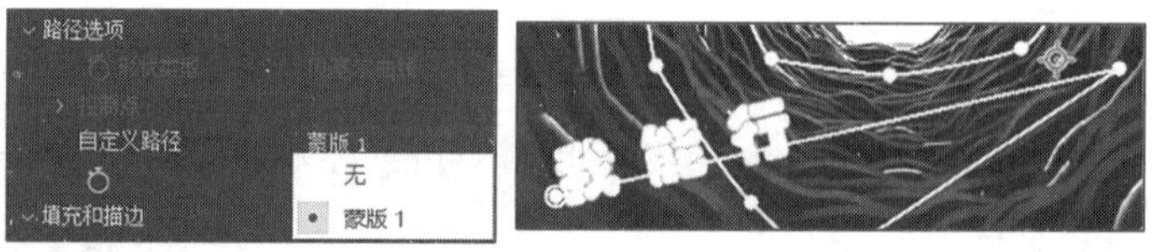

图2-23 启用自定义路径

提示

在文字图层里创建一个蒙版，可以利用这个蒙版作为文字路径。作为路径的蒙版可以是封闭的，也可以是开放的，但如果使用封闭的蒙版作为路径，必须设置蒙版的模式为“无”。

将时间指针定位至2 s 10帧处，展开“高级”属性，在“可视字符”属性上添加关键帧，参数改为“0.00”，使显示的文字个数为0。将“淡化时间”属性的参数设置为“100.0%”，使得文字逐渐柔和出现。再将时间指针定位至3 s处，“可视字符”属性的参数改为“3.00”，使文字全部显示，如图2-24所示。

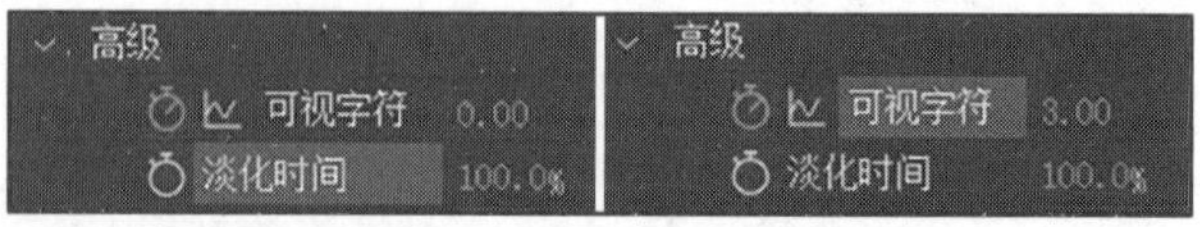

图2-24 设置文字显示动画

拖动时间指针，手动预览效果，如图 2–25 所示。

图 2–25　动画效果

在 3 s 处，为“水平缩放”“垂直缩放”“左边距”属性均添加关键帧，参数设置如图 2–26 所示。

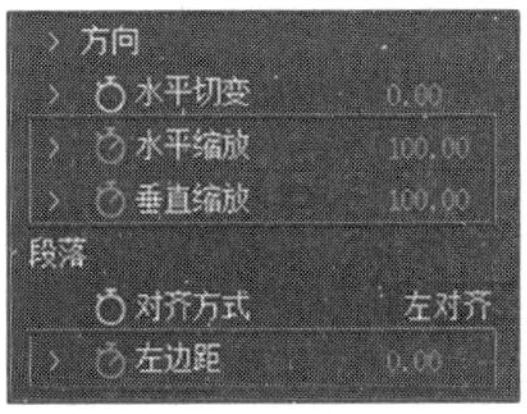

图 2–26　3 s 处的关键帧及参数

将时间指针定位至 4 s 24 帧处，更改上述三个属性的参数，使文字缩小到原来的 30%，位置处于最后一个顶点，如图 2–27 所示。

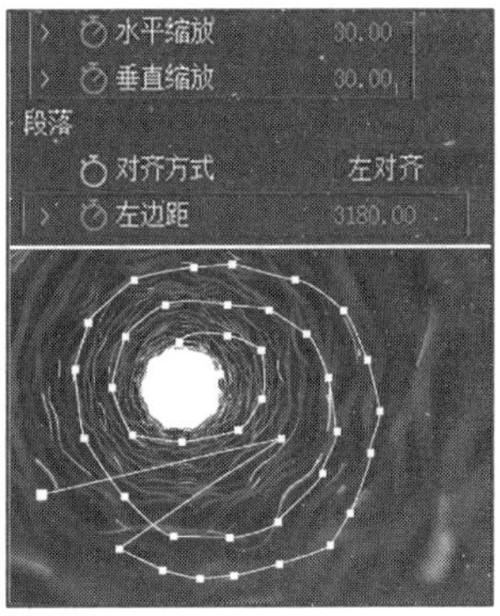

图 2–27　4 s 24 帧处的关键帧及参数

要实现文字逐渐远去消失，文字的不透明度也应该有所变化。选择该图层，按 T 键显示“不透明度”属性，在 4 s 和 4 s 24 帧处各添加一个关键帧，将 4 s 24 帧处的不透明度改为“20%”，使得文字淡化。

按两次 U 键，显示该层的所有关键帧，设置各关键帧的淡入淡出效果，使得动画更流畅，如图 2–28 所示。

图 2–28　设置淡入淡出效果

提示

时间关键帧默认类型为线性方式，图标显示为菱形，它表示关键帧之间是一种匀速变化的状态。

一般起始关键帧设置为淡入，入点使用缓入，接着线性变化，终止点的关键帧设置为淡出，入点线性，接着使用缓出。

至此，“入场”效果制作完毕，保存文件。单击“预览”面板中的播放/暂停按钮▶查看动画，效果如图 2-29 所示。

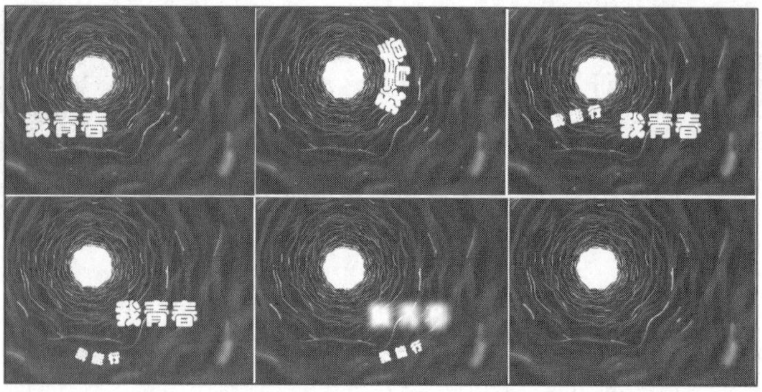

图 2-29 “入场”动画效果

任务三 制作转场特效

步骤 1：创建新合成

两个动画片段之间的过渡应尽可能自然，这时就需要通过添加转场特效来实现。

转场是段落与段落、场景与场景之间的过渡或转换。

选择“合成”→“新建合成”命令，在弹出的“合成设置”对话框中更改合成名称为“转场”，时间长度为 2 s，其他数值为默认。此时时间轴面板出现新建的合成，如图 2-30 所示。

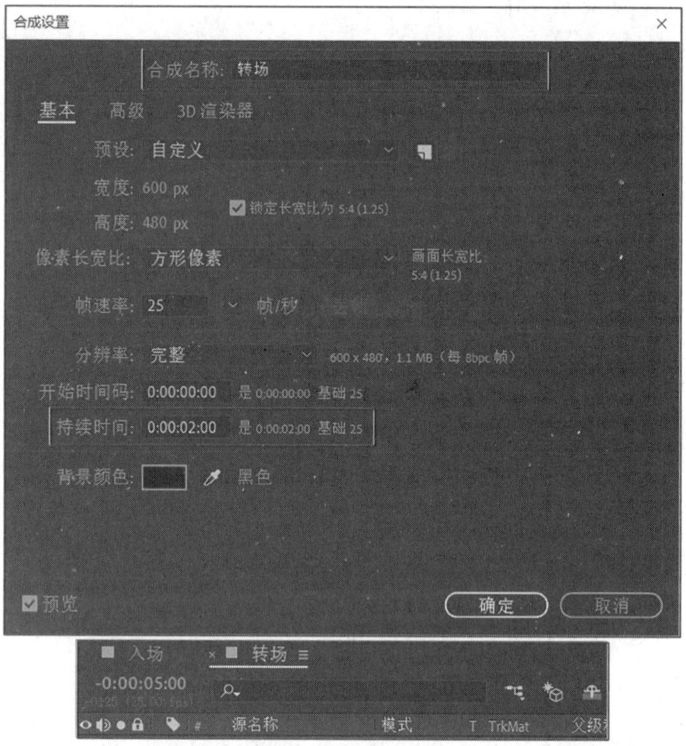

图 2-30 创建新合成

步骤 2：添加转场特效

首先需要创建两个不同背景素材的图层。因为“入场”合成中的背景已经进行修改，为了保证能够与其一致，可以直接复制并粘贴。选择“入场”合成中的“背景 1”图层，按 Ctrl+C 组合键复制，选择“转场”合成，按 Ctrl+V 组合键粘贴，结果如图 2-31 所示，按 Enter 键修改图层名称。

图 2-31 复制图层

提示

复制得到的图层继承了原图层的一切属性，包括特效属性，对于具有相同特征、只在个别参数内容上有区别的图层，使用复制的方法更便捷。

将“项目”面板中的“背景 2.jpg”图像素材拖曳到时间轴面板底部，创建一个新图层。选择该图层，按 Enter 键，更改图层名称为“背景 2”，如图 2-32 所示。

选择“背景 1”图层，选择“效果”→“过渡”→“渐变擦除”命令，为图层添加转场特效中的渐变擦除特效。

将时间指针定位至 0 s 处，在“效果控件”面板中“过渡完成”属性处添加关键帧，参数为“0%”，其他参数设置如图 2-33 所示。定位至 1 s 24 帧处，“过渡完成”属性参数改为“100%”。

选择“背景 1”图层，按 A 键，显示“锚点”属性，如图 2-34 所示。锚点已经在高光点中心，不再移动。如果图像的中心点不满足需要，则可以选择工具栏中的锚点工具 ，移动图像中的中心点，直到满足需要为止。

按 Shift+S 组合键、Shift+R 组合键显示“缩放”“旋转”属性。在 0 s 处和 1 s 24 帧处各添加一个关键帧，参数设置如图 2-35 所示，使得图像在擦除转场过程中旋转放大。

当背景 1 被擦除，背景 2 显示时，发现背景 2 图像大于“合成”面板的大小，需要调整。

选择“背景 2”图层，选择“图层”→“变换”→“适合复合”命令，调整背景图像大小适合于“合成”面板。

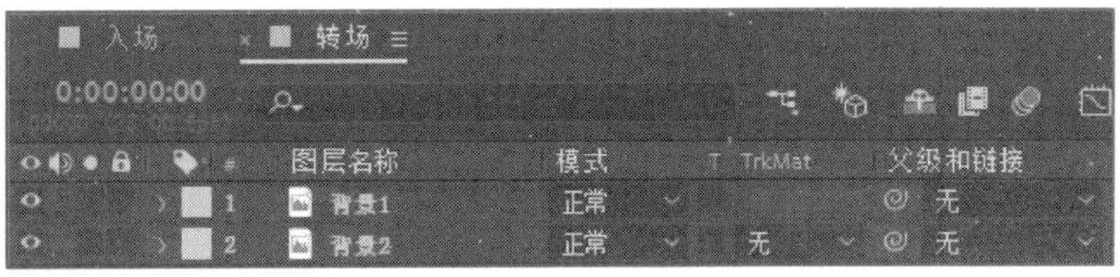

图 2-32　创建图层

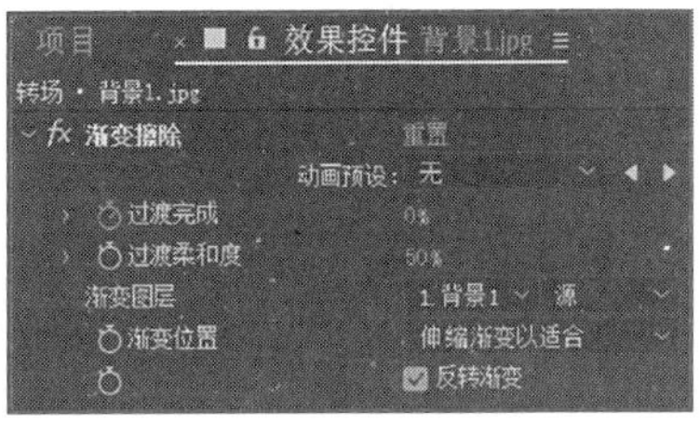

图 2-33　“渐变擦除”参数

提示

After Effects 提供的转场特效滤镜有多种，用户可以根据自己的喜好进行选择，相关命令在“效果”菜单的“过渡”子菜单中可以找到。

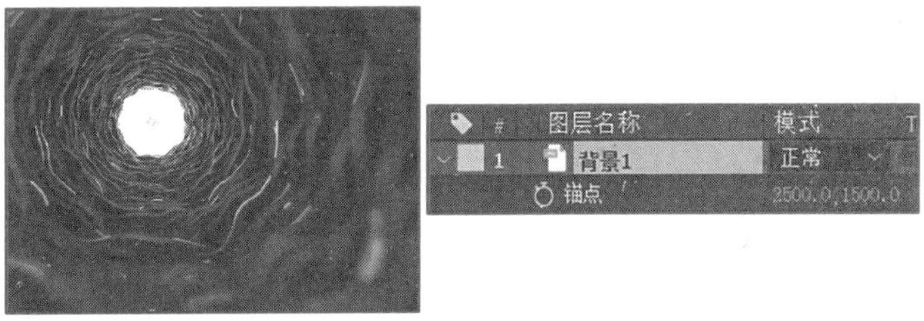

图 2-34　中心锚点设置

提示

对象中心锚点的坐标表示为（X，Y），向左侧水平移动时 X 参数值减小，向右侧移动则增大；向上方垂直移动时 Y 参数值减小，向下方移动则增大。

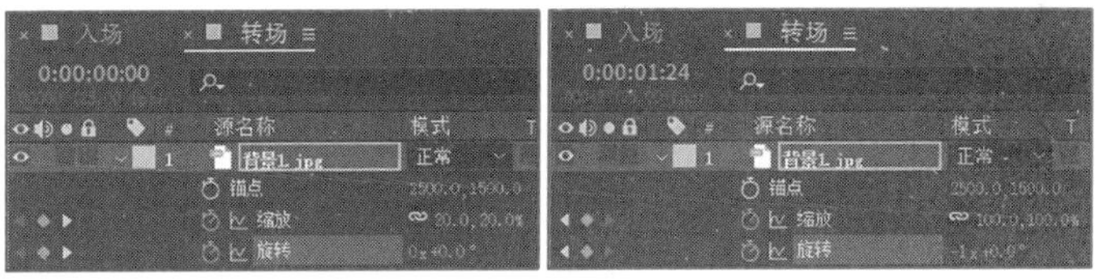

图 2-35　旋转放大图像

单击“预览”面板中的播放/暂停按钮 ▶ 查看动画效果，如图 2–36 所示。

转场特效制作完毕，选择“文件”→“保存”命令，保存文件。

任务四 制作正文特效

步骤 1：创建新合成

选择“合成”→“新建合成”命令，在弹出的对话框中更改合成名称为“主场”，时间长度为 8 s，其他参数取默认值。

在“项目”面板中按住 Ctrl 键选择“背景 2.jpg”图像素材和“光斑 .mov”视频素材，拖曳到时间轴面板中，创建两个新图层。

保持两个图层都被选中的状态，选择“图层”→“变换”→“适合复合”命令，调整背景图像大小适合于“合成”面板，如图 2–37 所示。

在时间轴面板中空白处单击，取消选择，拖曳“背景 2.jpg”图层至图层列表的最下方。更改“光斑 .mov”图层的“模式”属性为“相加”，效果如图 2–38 所示。

提示

旋转属性由圈数和角度组成，当参数值为负数时表示逆时针旋转。

图 2–36 效果截图

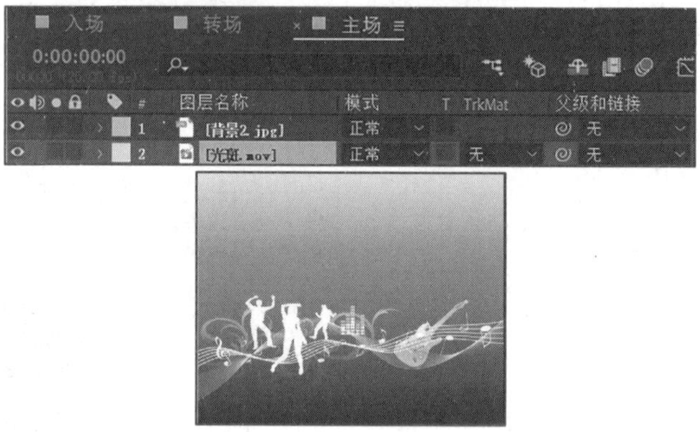

图 2–37 调整图层大小

提示

选择素材的时候，应该考虑在“项目”面板中对素材的选择顺序将会影响素材在时间轴面板中的排列顺序，这样就不用在时间轴面板中重新调整图层顺序了。

图 2–38 设置“模式”属性为“相加”

选择“光斑.mov”图层，按T键显示“不透明度”属性，将其值更改为“20%”，使光斑效果变得柔和，如图2-39所示。

图2-39　设置光斑的不透明度

步骤2：增加路径文字

选择“图层”→“新建”→“纯色”命令，新建一个黑色固态图层。设置图层名称为“活力”，其他参数不变，如图2-40所示。

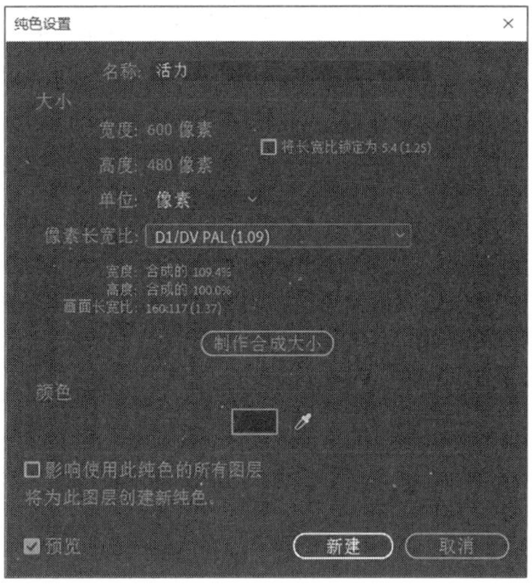

图2-40　新建固态图层

选择固态图层，选择“效果”→“过时”→“路径文本”命令，在弹出的对话框中输入文字“活力”，设置字体属性，添加一个路径文字特效，如图2-41所示。

图2-41　创建路径文字

在“效果控件”面板中更改路径文字的“填充和描边”属性中的“选项”属性为“仅描边”，“描边颜色”属性为“白色”，“描边宽度”属性为“3.0”；“字符”属性中的“大小”属性为“60.0”，“字符间距”属性为“75.00”，如图2-42所示。

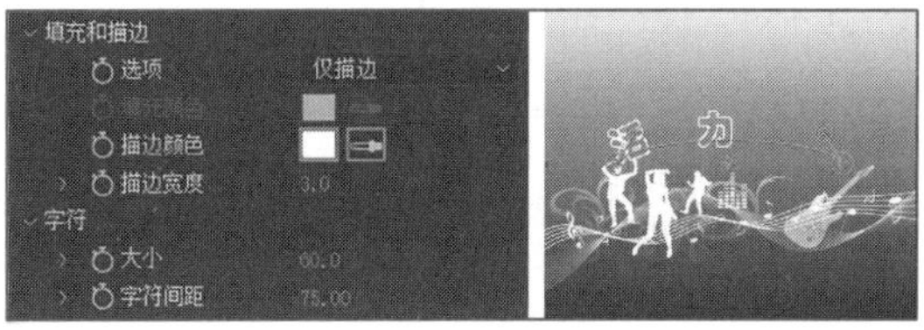

图2-42　文字参数设置

选择“效果”→“风格化”→“发光”命令，为图层添加一个发光特效，使用默认参数。此时“合成”面板中的文字产生了外发光的效果。

发光滤镜通过寻找画面中较亮的像素，让这些像素及其周边的一些像素变得更亮，从而模拟一种散射的光晕效果。这种效果也可基于Alpha通道，效果是在物体边缘产生一个明亮的光环。

提示

由路径文字创建的文字，字符属性在特效属性中设置。

选择“活力”图层，按 Ctrl+D 组合键，复制一个新图层，接着按 Enter 键，更改新图层名称为“自信”。以同样方式再复制两个图层，图层名称分别为“青春”“勤奋”，图层顺序如图 2-43 所示。

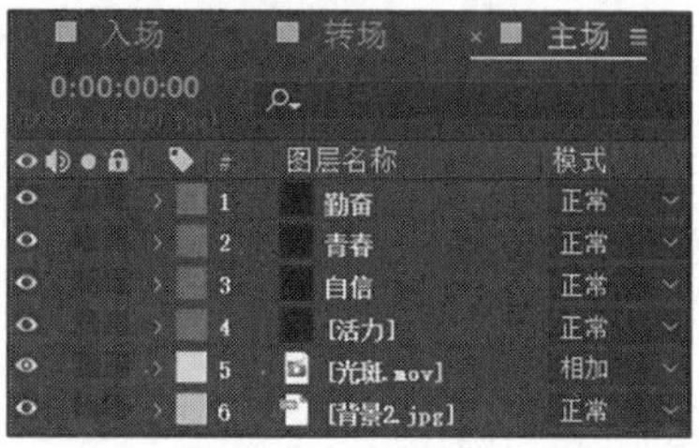

图 2-43 复制、排列图层

提示

合成中的图层按顺序自动编号，在默认情况下，图层编号显示在图层名称的左侧，这些编号显示出图层在合成中的叠放顺序，当叠放顺序发生改变时，编号也自动发生变化。

步骤 3：设置路径文字特效

因为复制图层的内容相同，所以在“合成”面板中发现文字重叠，无法区分图层。

设置“活力”图层的路径特效。单击第 4 层（“活力”）和第 6 层（“背景 2.jpg”）左侧的独奏开关 ，将这两层单独隔离出来进行制作，如图 2-44 所示。

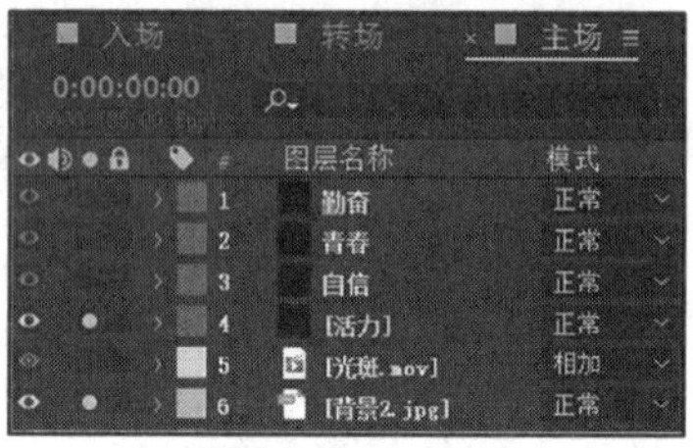

图 2-44 设置独奏开关

提示

独奏是指把一层或多层图层隔离出来进行动画制作、预览或渲染，它将其他所有同类图层与“合成”面板隔离开。它对提供刷新、预览和渲染最终输出的速度很有效。

在“效果控件”面板中展开“路径选项”滤镜属性，默认的形状类型是“贝赛尔曲线”，如图 2-45 所示。

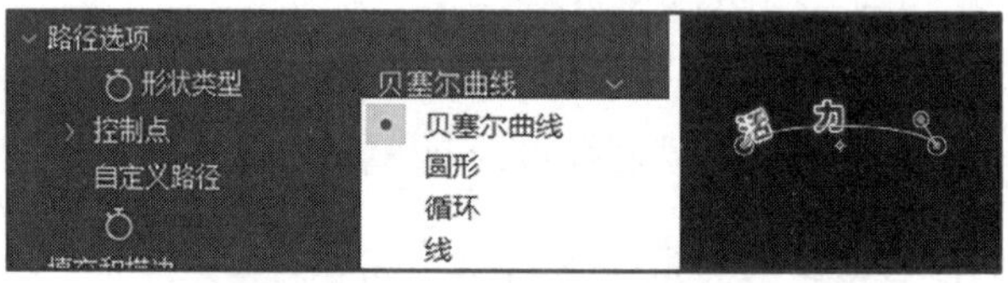

图 2-45 “贝赛尔曲线”路径

贝塞尔曲线是应用于二维图形应用程序的数学曲线，如图 2-46 所示。

通过鼠标拖动 B、D 两点调整曲线开始和结束的位置。通过鼠标拖动 A、C 两点调整曲线的曲率。

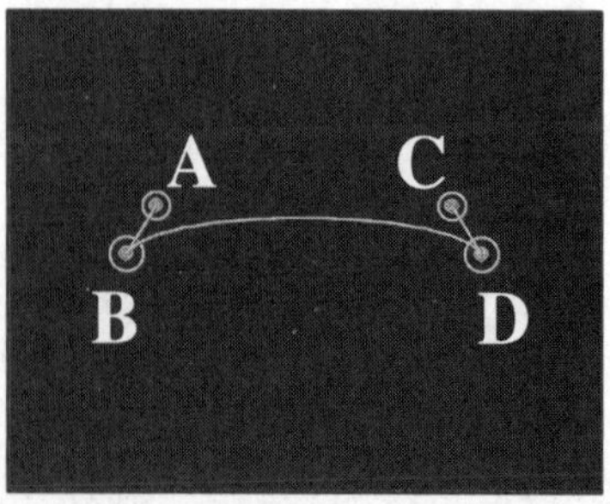

A. 切线1 B. 顶点1 C. 切线2 D. 顶点2

图 2-46 “贝赛尔曲线”介绍

使用工具栏上的选取工具拖动中心点，调整“合成”面板中的贝赛尔曲线路径，形状与位置如图 2-47 所示。

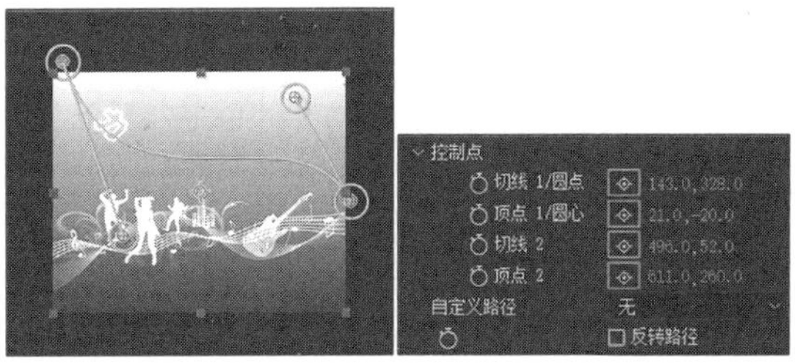

图 2-47　设置曲线

确定了运动路径以后，需要设置文字的动画效果。

将时间指针定位至 0 s 处，展开“段落”属性，“对齐方式”属性选择“左对齐”，添加“左边距”属性关键帧，在左边距参数上按住左键向右拖曳，控制文字移至图像右侧以外。

将时间指针定位至 2 s 处，按住左键向左拖曳左边距参数，控制文字移动至图像左上角外，如图 2-48 所示。

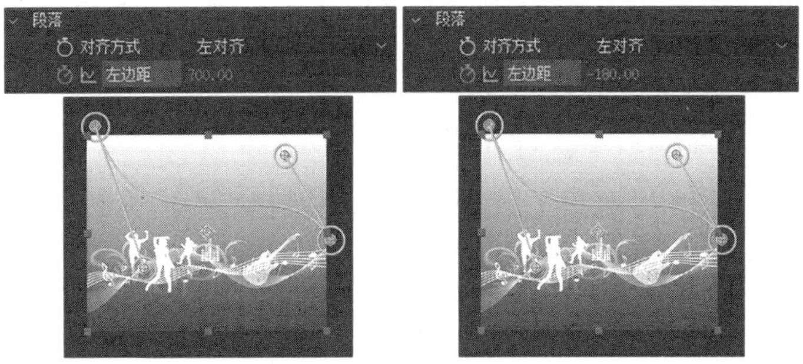

图 2-48　设置左边界位置

拖动当前时间指针，手动预览动画，可见文字从右侧沿路径移动到左上角，效果如图 2-49 所示。

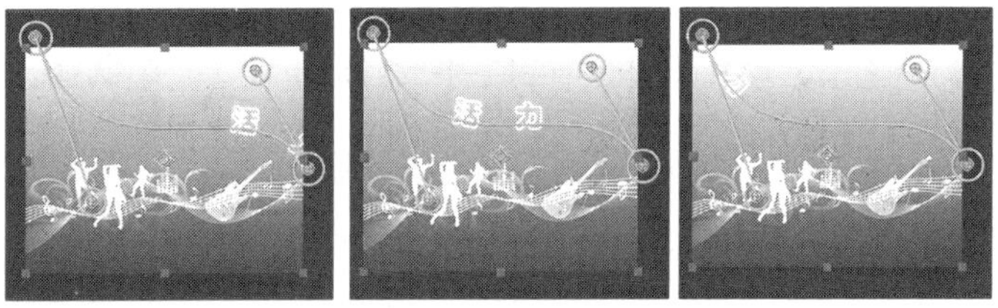
图 2-49　动画效果图

关闭第 4 层（“活力”）的独奏开关，打开第 3 层（“自信”）的独奏开关，如图 2-50 所示，开始编辑“自信”图层的路径文字动画。

图 2-50　更改独奏开关

选择该图层，单击“效果控件”面板中路径文本旁的蓝色文字“编辑文本”，打开“路径文字”对话框，更改文字内容为“自信”，如图 2-51 所示。

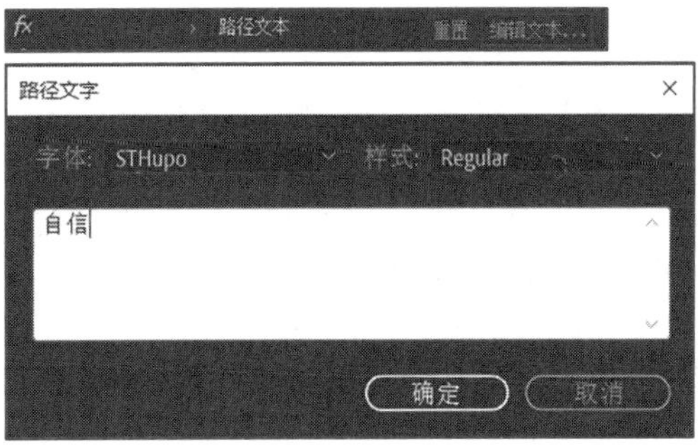

图 2-51　编辑文字内容

单击“效果控件”面板中路径文字特效，在“合成”面板中调整贝赛尔曲线的路径，效果如图 2-52 所示。

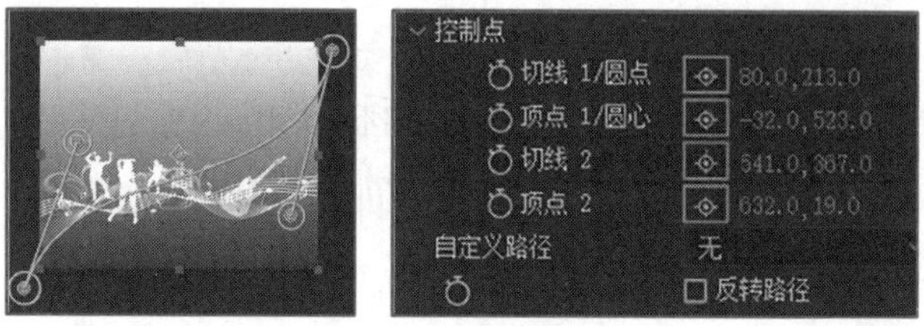

图 2-52 调整路径

将时间指针定位至 1 s 处，展开“段落”属性，选择“左对齐”方式，添加“左边距”属性关键帧，按住左键向左拖曳左边距参数，控制文字移至图像左下角外。

将时间指针定位至 3 s 处，按住左键向右拖曳左边距参数，控制文字移动至图像右侧以外，参数如图 2-53 所示。

图 2-53 设置左边界位置

提示

通过在参数上左右拖曳鼠标更改数值是十分直观的方式，但值得注意的是，在拖曳过程中也应该注意文字位置，使得文字既能离开画面，又不会离左侧边界太远。两个关键帧之间的时间差和距离左侧边界的参数差决定了文字曲线运动的速度。

拖动当前时间指针，手动预览动画，可见文字从左下角沿路径移动到右侧，效果如图 2-54 所示。

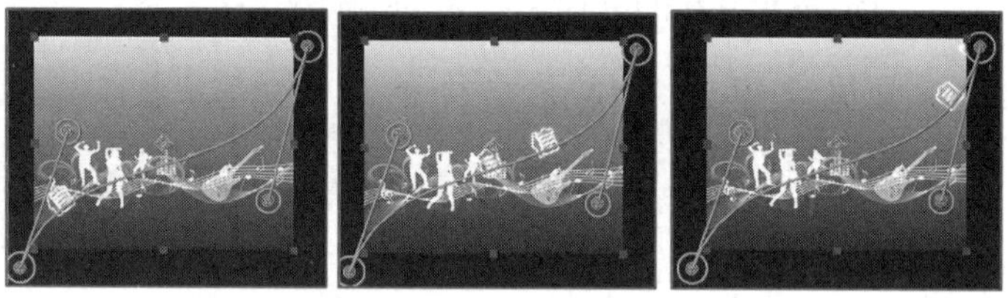

图 2-54 动画效果图

关闭第 3 层（“自信”）的独奏开关，打开第 2 层（“青春”）的独奏开关，开始编辑“青春”图层的路径文字动画。

选择该图层，单击“特效控件”面板中路径文本旁的蓝色文字“编辑文本”，打开“路径文字”对话框，更改文字内容为“青春”。“合成”面板中的效果如图 2-55 所示。

图 2-55 更改文本内容

展开“路径选项”属性，选择“形状类型”属性为“圆形”，此时“合成”面板中的路径发生改变，如图 2-56 所示。

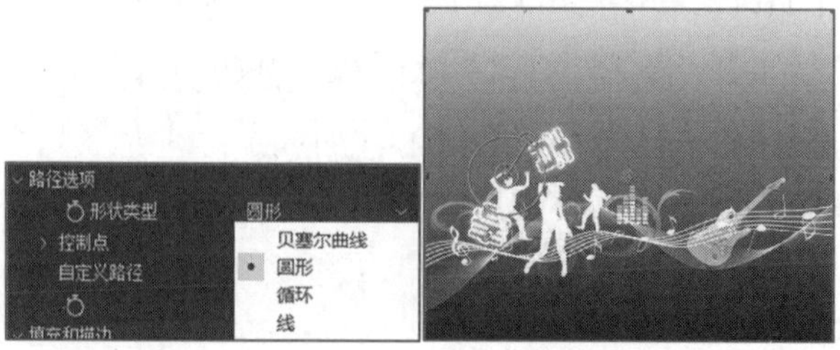

图 2-56 更改路径类型

圆形路径如图 2-57 所示。

通过鼠标拖动调整圆心位置和圆的半径大小，文字围绕圆周运动。

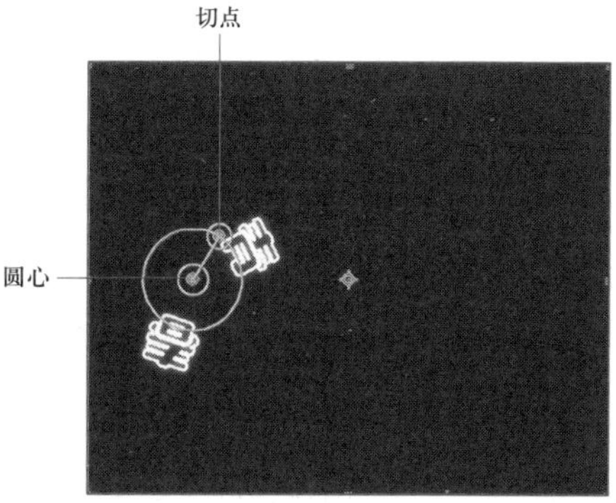

图 2-57　圆形路径

使用工具栏上的选取工具拖动中心点调整“合成”面板中的圆形路径，圆心位于图像中部下方，切点位置位于图像中部左上方，如图 2-58 所示。

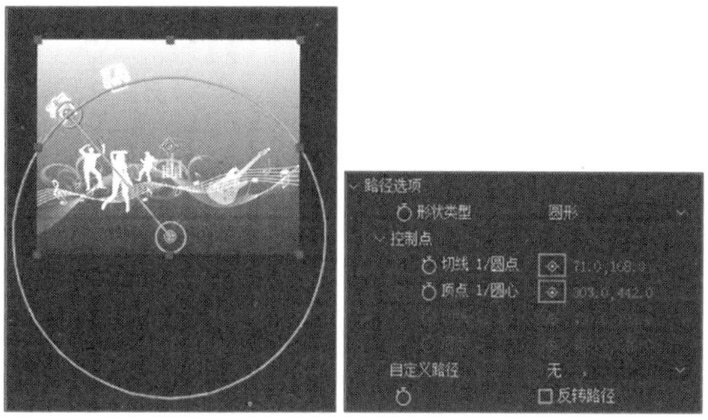

图 2-58　设置路径

将时间指针定位至 2 s 处，展开“段落”属性，对齐方式选择“左对齐”，添加“左边距”属性关键帧，按住左键向左拖曳左边距参数，控制文字移至图像左边界外。

将时间指针定位至 3 s 15 帧处，按住左键向右拖曳左边距参数，控制文字移动至图像右边界外，参数如图 2-59 所示。

图 2-59　设置左边界位置

拖动当前时间指针，手动预览动画，可见文字从左边中部进入，沿路径移动到右边中部消失，效果如图 2-60 所示。

图 2-60　动画效果图

关闭第 2 层（“自信”）的独奏开关，打开第 1 层（“勤奋”）的独奏开关。选择该图层，单击“编辑文本”按钮，更改文字内容为“勤奋”。

展开“路径选项”属性，选择“形状类型”属性为“循环”；展开“字符”属性，“字符间距”属性设置为“40.00”，展开“段落”属性，“对齐方式”属性设置为“右对齐”，如图 2-61 所示。

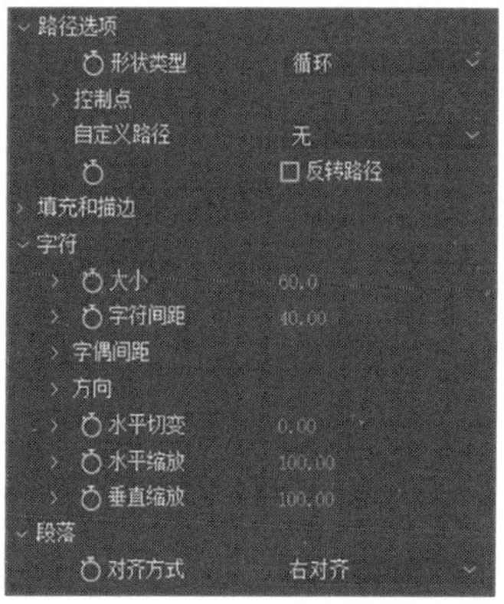

图 2-61　修改参数

在“合成”面板中调整路径位置和大小，如图 2-62 所示。

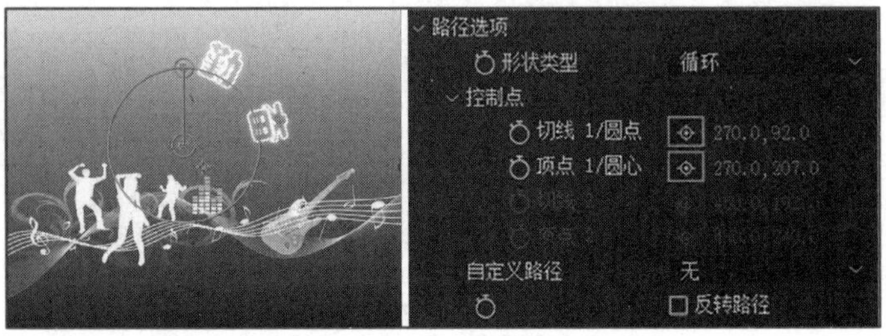

图 2-62 设置路径

将时间指针定位至 3 s 处，展开“段落”属性，添加“右边距”属性关键帧，参数设置为“0.00”；展开“高级”属性，在“可视字符”属性上添加关键帧，参数设置为“0.00”，即字符都不可见。

将时间指针定位至 3 s 02 帧处，“可视字符”参数设置为“2.00”。

提示

为了使文字不是突然出现，可以使用“高级”属性中“可视字符”属性使字符逐个显示，使得动画效果不那么突兀。

将时间指针定位至 4 s 10 帧处，按住左键向左拖曳右边距参数，控制文字完成一周圆周运动后沿切点的切线方向移出图像左上角，如图 2-63 所示。

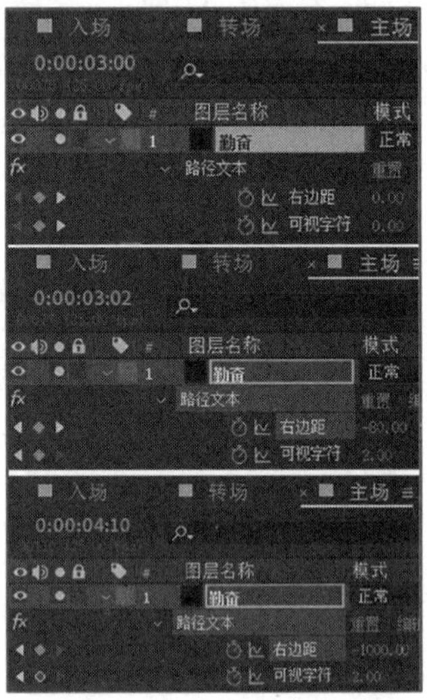

图 2-63 关键帧设置

关闭所有的独奏开关，使所有图层都显示，按 Ctrl+S 组合键保存文件。

单击“预览”面板中的播放/暂停按钮▶查看动画效果，如图 2-64 所示。

图 2-64 动画效果图

步骤 4：制作标题动画

选择“图层”→“新建”→“纯色”命令，新建一个黑色固态图层，命名为“我青春，我能行”，其他参数取默认值。

提示

圆形路径控制文字始终按圆周方式运动，切线与切点和圆心的连线始终垂直，而循环路径可以让文字按照不同角度的曲线路径进行运动。

选择固态图层，选择“效果”→“过时”→“路径文本”命令，在弹出的对话框中输入内容，设置“字体”属性，添加一个路径文字特效，如图 2-65 所示。

图 2-65 添加路径文字特效

在“效果控件”面板中设置“形状类型”属性为“线”；“填充和描边”属性中的“选项”属性设置为“在填充上描边”，“填充颜色”属性为（R146，G214，B0），“描边颜色”属性为（R246，G255，B220），“描边宽度”属性设为“2.0”；“字符”属性中的“大小”属性为“60.0”，“字符间距”属性设置为“15.00”，如图 2-66 所示。

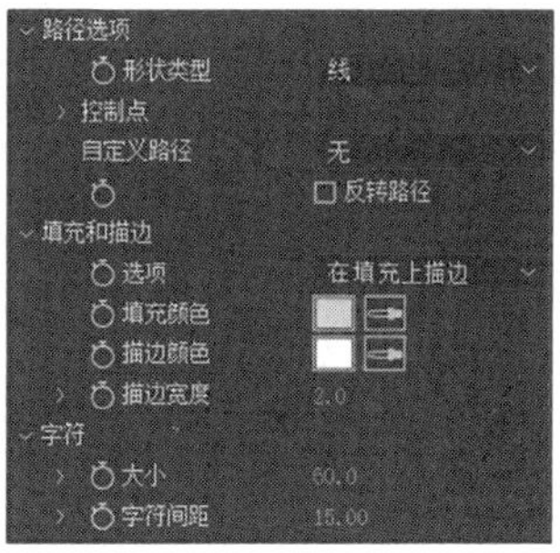

图 2-66 参数设置

在“合成”面板中调整路径位置，效果如图 2-67 所示。

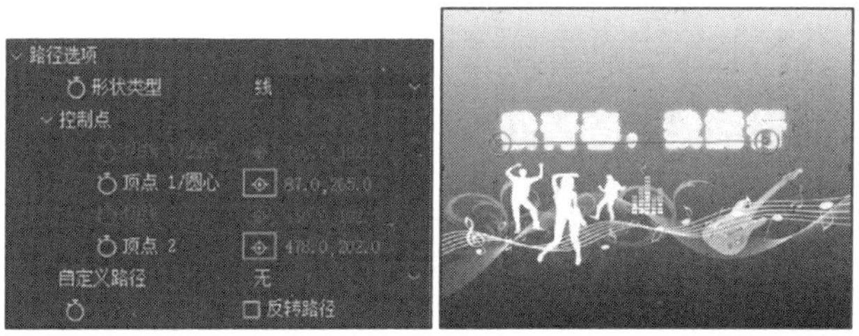

图 2-67 调整路径位置

选择“效果”→“风格化”→“发光”命令，为图层添加一个发光特效，使用默认参数。

接着需要实现文字由远及近逐渐放大的效果。

选择该图层，按 P 键，再按 Shift+S 组合键显示“位置”和“缩放”属性。

将时间指针定位至 6 s 处，为上述属性添加关键帧。如图 2-68 所示。

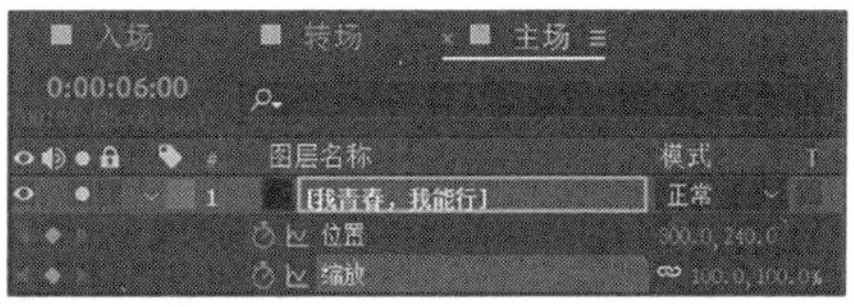

图 2-68 添加关键帧

将时间指针定位至 4 s 10 帧处，因为标题在此之前不出现，因此按 Alt+[组合键将图层入点定位在此处。

在“合成”面板中调整文字的位置，按住 Shift 键同时向上方拖动文字至合适位置，并且将“缩放”属性的参数设置为“20.0，20.0%”，效果如图 2-69 所示。

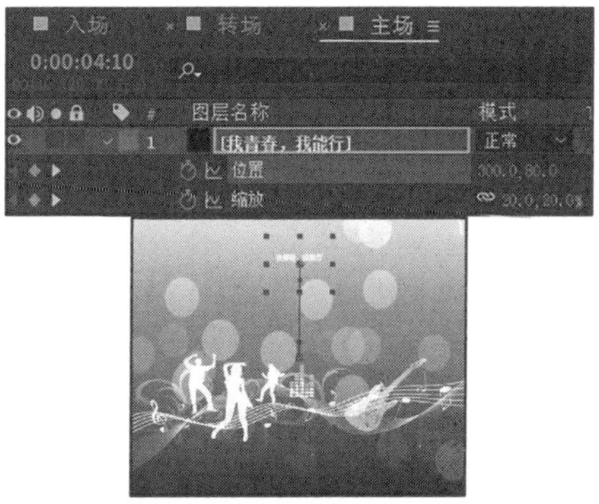

图 2-69 更改关键帧参数

在“效果控件”面板中选择“路径文本”特效，展开“高级”属性下的“抖动设置”属性，为“基线抖动最大”“字偶间距抖动”“旋转抖动最大”“缩放抖动最大”这四个属性添加关键帧，如图 2–70 所示。

将时间指针定位至 6 s 处，设置以上四个属性的参数依次为：20.00、2.00、5.00、5.00，如图 2–71 所示。

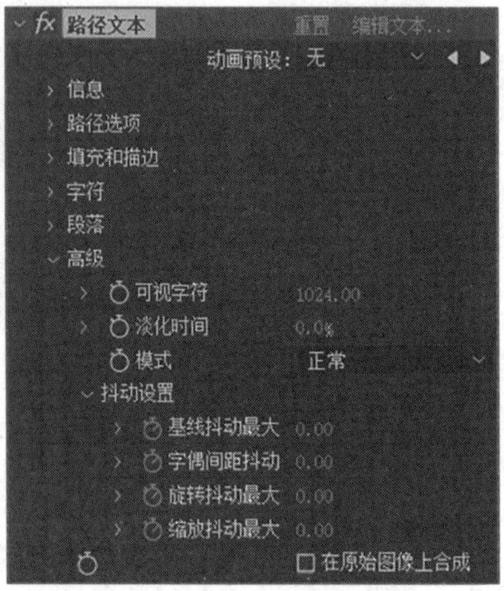

图 2–70 添加关键帧

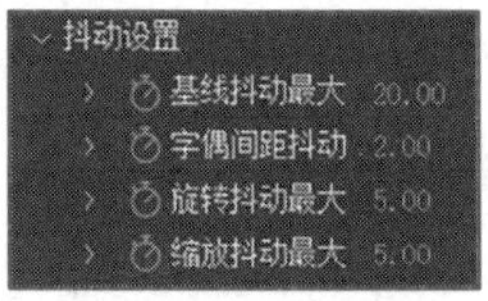

图 2–71 关键帧参数

将时间指针定位至 4 s 处，按空格键进行预览，可以看到文字由远到近，由小到大的运动过程，每个文字还在放大后不规律地上下跳动。

提示

在“抖动设置”属性的设置中，如果参数值为负数，对象抖动的频率会很高，看上去很急促；如果为正数，则对象抖动得比较缓和。

接着制作副标题的动画，实现文字由模糊变清晰的过程。

选择“图层”→“新建”→“文字”命令，新建一个文字图层。

在“合成”面板中单击，输入文字内容“路径文字特效”。并在“字符”面板中设置字符属性，描边颜色为“白色”，填充颜色为“无”，其他参数设置如图 2–72 所示。

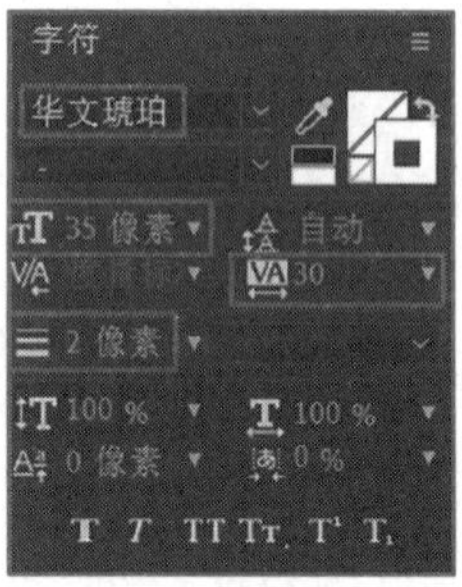

图 2–72 设置字符属性

使用工具栏上的选取工具 将文字移动到合适位置。选择“效果”→“风格化”→“发光”命令，为图层添加一个发光特效，参数取默认值，如图 2–73 所示。

图 2–73 发光特效

将时间指针定位至 6 s 处，选择该图层，按 Alt+[组合键定位图层入点。选择“效果”→“模糊和锐化”→“快速方框模糊”命令，为图层添加一个快速模糊特效。

在“效果控件”面板中为“快速方框模糊”特效下的“模糊半径”属性添加关键帧，将参数设置为“120.0”。将时间指针定位至 7 s 处，更改“模糊半径”属性的参数为“0.00”，效果如图 2–74 所示。

三个场景的动画都已经完成，需要把它们组合起来。

任务五　拼合与渲染输出

步骤 1：拼合动画

创建一个新合成，将完成的三个合成嵌套进去，就可以将其组合在一起。

嵌套是将合成作为另一个合成的一个素材进行相应的操作。

选择“合成”→“新建合成”命令，在弹出的对话框中将合成名称命名为“路径文字特效”，时间长度为 15 s，其他参数取默认值。

选择“项目”面板中的“入场”“转场”“主场”三个合成，拖入时间轴面板中，如图 2–75 所示。

将时间指针定位至 5 s 处，选择“转场”图层，按[键将该图层的入点定位到当前时间指针。

将时间指针定位至 7 s 处，选择“主场”图层，按[键定位入点，如图 2–76 所示。

提示

在同一图层内复制滤镜时，只要在“效果控件”面板或时间轴面板中选择需要复制的滤镜名称，按 Ctrl+D 组合键即可。如果要移除滤镜，可选中该滤镜，然后按 Delete 键。

图 2–74　动画效果图

提示

如果要对一个图层使用两次或两次以上同样的变化属性，就可以使用嵌套。嵌套给用户提供了多次使用蒙版、滤镜和变换属性的机会。使用嵌套的原因有很多，如为了多个图层进行统一的变换操作，为了使用一些特殊的滤镜组合，为了改变渲染的顺序，为了对多个图层应用统一的蒙版和蒙版动画，等等。

图 2–75　嵌套合成

图 2–76　排列图层时间线

单击时间轴面板左下角的 按钮，可查看图层入点和出点时间，如图 2-77 所示。

图 2-77 动画预览效果

提示

还可以通过直接拖曳某个图层时间轨道的方式来排列图层的时间轴，此方法比较直观，但定位不精确。

通过设置时间轴面板上对应图层的入和出时间参数，可以精确定位图层在时间轨道上的入点和出点。

提示

After Effects 渲染合成的顺序可以影响最后的输出效果。渲染合成的时候，根据图层在时间轴面板上的排列顺序进行处理，从最下面的图层开始，逐渐渲染到最上层。

对每个图层渲染时，先渲染蒙版，再渲染滤镜，然后渲染变换属性，最后才对混合模式和轨道遮罩进行渲染。

对于多个滤镜和多个蒙版，是从上往下依次渲染。

步骤 2：渲染输出

选择“项目”面板中的“路径文字特效”合成，选择“合成”→“添加到渲染队列”命令，系统自动打开“渲染队列”面板，如图 2-78 所示。

图 2-78 “渲染队列”面板

默认参数即可符合渲染要求。单击“输出模块”旁蓝色文字“无损”，弹出“输出模块设置”对话框，选择渲染输出格式为“QuickTime”，单击“确定”按钮如图 2-79 所示。

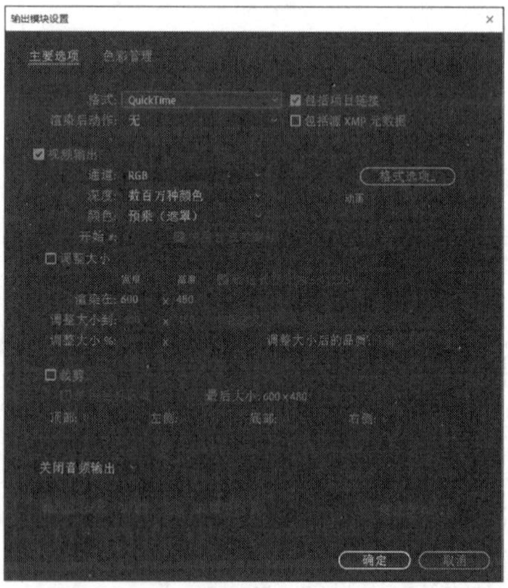

图 2-79 “输出模块设置”对话框

单击“输出到”旁的蓝色文字“尚未指定”，在弹出的对话框中选择影片的存储路径和名称，然后单击“保存”按钮。

单击 渲染 按钮开始渲染。

提示

QuickTime Movie 即音频、视频文件格式——MOV 流式影片格式，需使用 QuickTime Player 播放；这种格式采用了有损压缩方式，画面效果比 AVI 格式要稍微好些，文件也小些。

小结与训练

小结

通过本项目制作，读者体验了多种路径文字特效的制作方法。既可以直接套用预置特效中文字类别的路径特效来实现路径特效，也可以在固态图层上添加“效果”菜单下“过时”子菜单中的“路径文本”滤镜，设置关键帧来实现路径特效；同时还可以自己绘制路径，应用于文字图层来实现个性化路径特效。诸多变化的路径使文字的运动丰富起来，配合发光，模糊等滤镜的使用，加上图层的各种属性设置，可以使特效花样百出，引人注目。

思考题

1. 创建路径文字特效的方法有几种？
2. “路径文本”滤镜中提供了哪几种类型的路径？
3. 用户如何自行创建路径，并应用于文字？

训练题

1. 参考配套资源中“项目二训练”文件夹中的“练习 1”成品文件，使用“路径文本”命令完成一个路径文本特效的作品制作。

2. 参考配套资源中“项目二训练”文件夹中的“练习 2”成品文件，完成一个自绘路径文字效果的作品制作。

3. 以“项目二素材”文件夹中提供的素材文件和前两道训练题完成的文件为基础，参考配套资源中“项目二训练”文件夹中的“练习 3”成品文件，完成综合作品制作。

项目三 “学知识，学技能”
——光文字特效

项目简介

人类视觉对光的捕捉非常敏感，光的强弱、虚实变化给视觉带来的冲击十分强烈。如果运动的文字带上光效，会产生绚丽的感觉！本项目将使用 After Effects 2020 自带的滤镜和第三方滤镜为文字添加光效，实现光文字特效。

通过本项目的制作，读者将学到很多光文字特效的制作技巧，包括安装第三方滤镜，使用残影滤镜实现拖影效果，运用梯度渐变、斜面 Alpha、曲线等滤镜制作金属文字，使用第三方滤镜 Starglow 实现星光闪耀效果及利用卡片擦除滤镜与定向模糊等滤镜相结合制作火焰效果；还将了解三维坐标的设置、蒙版的使用和不同滤镜叠加的技巧等操作技能。

效果截图

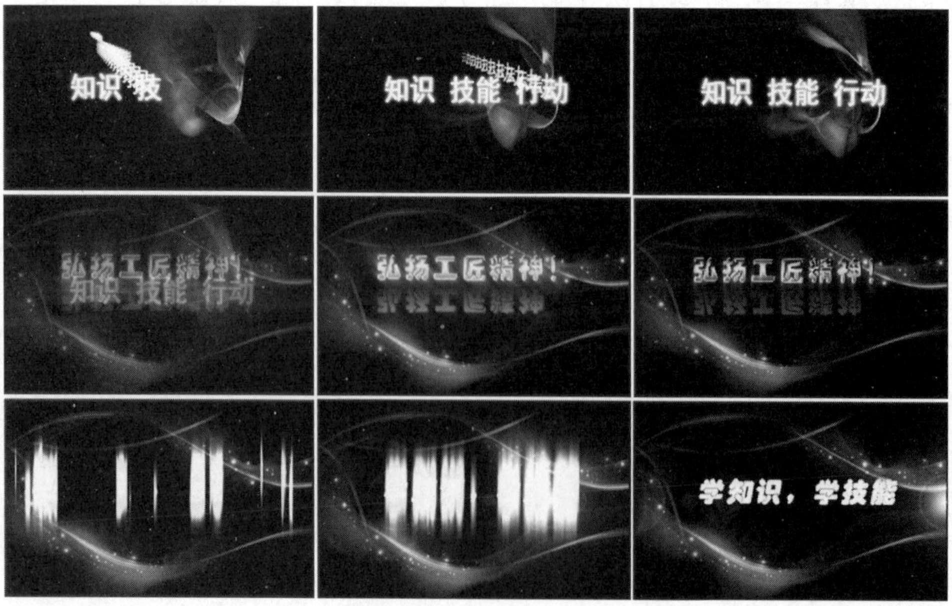

任务一　安装滤镜插件

步骤 1:安装滤镜插件

After Effects 2020 自带上百种滤镜,有时为了制作出更理想的特效,需要借助第三方公司开发的滤镜,即滤镜插件来实现,但需要先将这些滤镜安装到 After Effects 中。

滤镜是用来实现动画的各种特殊效果的命令,包括软件自带滤镜和其他公司提供的第三方滤镜。

下面以安装 Trapcode 公司出品的 Starglow 滤镜为例来介绍第三方滤镜的安装方法。通过购买获取滤镜文件“Starglow.aex”,复制到 After Effects 的插件目录,如:“....\Adobe After Effects 2020\Support Files\Plug-ins\Effects”文件夹中。复制完毕后,运行 After Effects 2020,滤镜就会自动出现在“效果”菜单下。

第一次使用该滤镜时,需要单击“Register”输入序列号注册。

步骤 2:新建合成

运行 After Effects 2020,选择“合成”→“新建合成”命令,在弹出的对话框中,重命名合成为“拖影文字”,大小为“600 px×400 px”,选择“D1/DV PAL(1.09)”,持续时间设置为 5 s,其他参数取默认值,如图 3-1 所示。

提示

After Effects 的自带滤镜位于安装目录下的 Support Files\Plug-ins\Effects 文件夹里,扩展名为 .aex。

提示

After Effects 插件常见的安装方法有两种,一种是插件本身有安装程序,运行相应的安装程序,根据提示操作就可以完成安装。如果出错,需检查插件所适用的 After Effects 版本及安装位置是否正确。

另一种方法是直接把 .aex 文件复制到 After Effects 安装目录下的 Support Files\Plug-ins\Effects 文件夹里,如果不能正常运行,需检查插件所适用的 After Effects 版本及 .aex 文件的只读属性是否去掉。

提示

应该在运行 After Effects 软件之前安装第三方滤镜。如果安装时软件已经运行,则在滤镜安装完毕后重新启动软件。

提示

滤镜安装后一般需要在第一次使用滤镜时进行注册,才能正常使用。

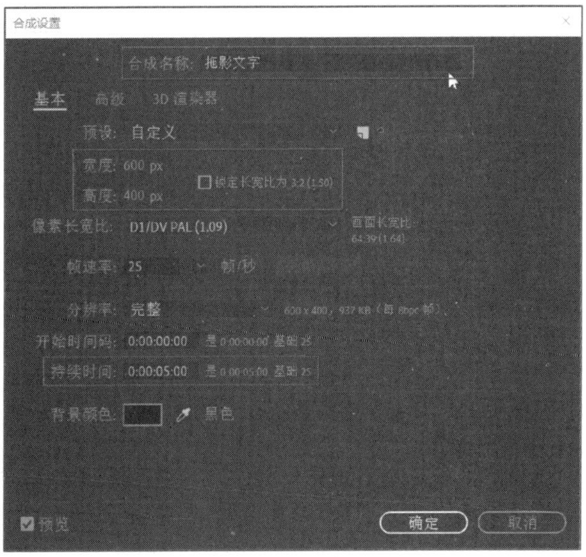

图 3-1　新建合成

选择横排文字工具 T，在“字符”面板设置字符参数，字符填充为“白色”，在“合成”面板单击，输入“知识 技能 行动”，创建一个文字图层，如图3-2所示。选择“文件”→“保存”命令，保存项目。

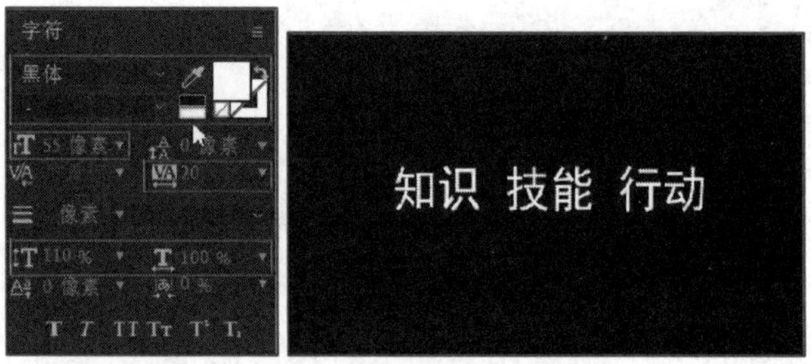

图 3-2 新建文字图层

选择时间轴面板上的文字图层，单击“效果”菜单，会发现与安装滤镜之前相比多了 Plugin Everything 子菜单及其中的 Deep Glow 滤镜，如图3-3所示。

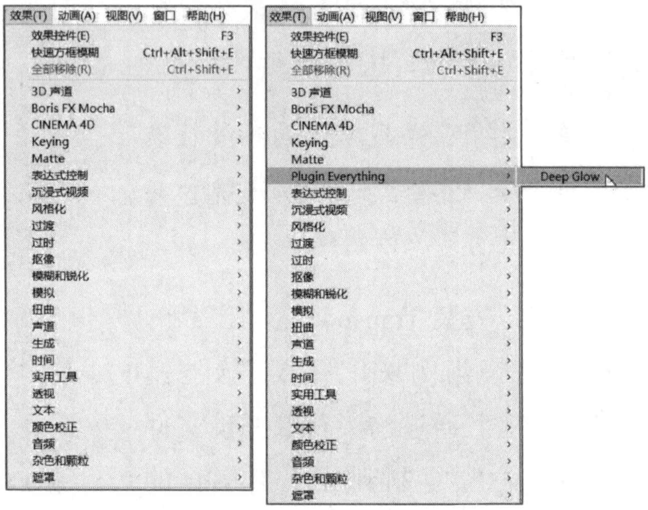

图 3-3 “效果”菜单对比

任务二 制作拖影文字

步骤 1:3D 位移特效

制作3D位移特效的思路是通过设置“位置”属性的Z轴参数实现文字由远及近的效果。

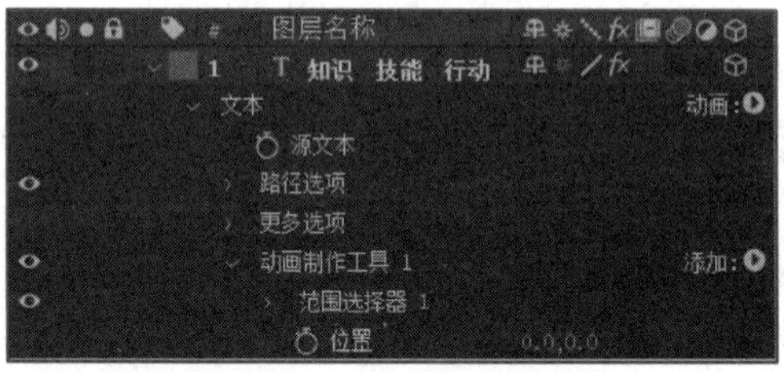

图 3-4 “位置”属性动画组

在时间轴面板中展开文字图层属性，单击 动画: 按钮，在下拉菜单中选择“位置”命令，为文字添加“位置”属性组，如图3-4所示。

目前，“位置”属性只有X、Y轴两个参数。再次单击 添加: 按钮，在弹出的快捷菜单中选择“属性”→“启用逐字3D化”属性，开启3D模式，如图3-5所示。

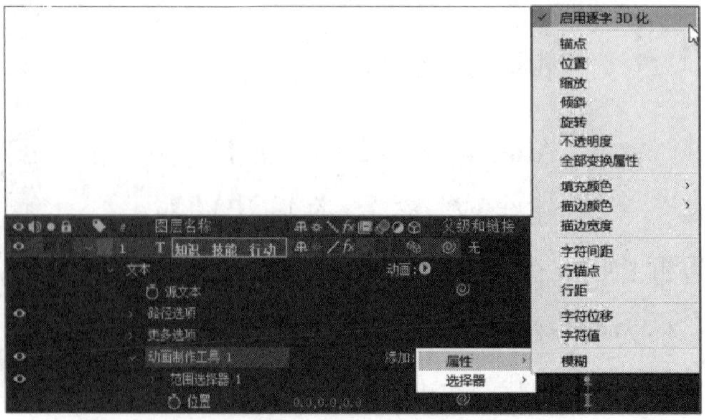

图 3-5 开启 3D 模式

将“位置”属性的参数设置为(-2 100.0,-1 500.0,10 000.0),即文字移至左上角,如图 3-6 所示。

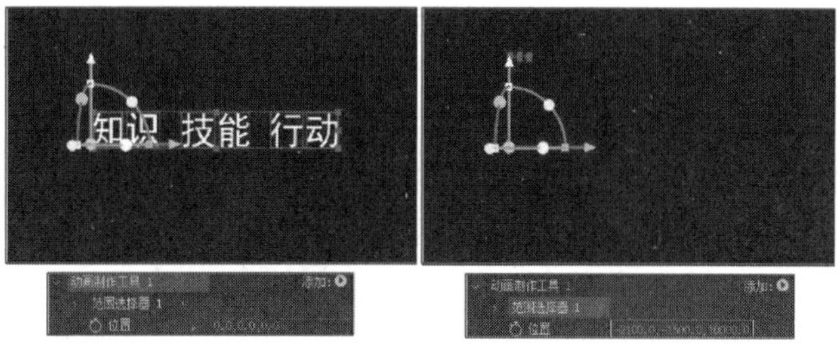

图 3-6　设置“位置”属性参数

提示

要转换 3D 模式,可以直接单击图层的 3D 图层转换开关,或者选择“图层”→“3D 图层”命令。

“偏移”属性 -100~100 的关键帧动画用于产生过渡的效果。

展开“范围选择器 1”属性,在 0 s 处为“偏移”属性设置关键帧,参数设置为“-100%”,在 2 s 处设置为“100%”,如图 3-7 所示。

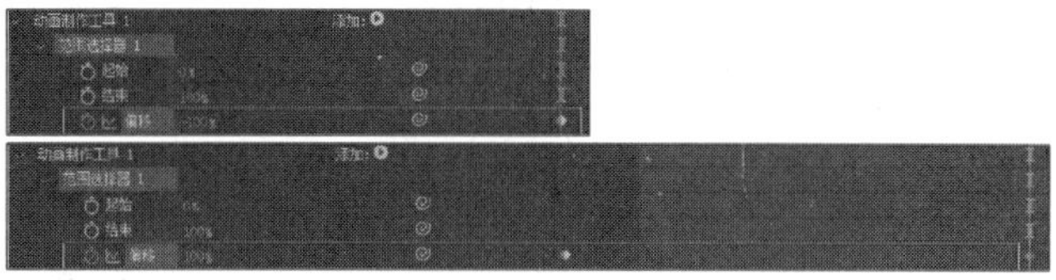

图 3-7　设置“偏移”属性参数

展开“高级”选项,将“形状”属性设置为“上斜坡”,如图 3-8 所示。

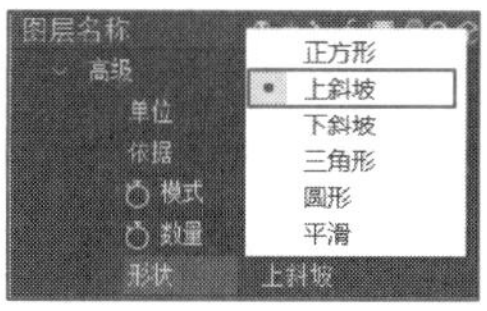

图 3-8　“形状”属性参数设置

按 Home 键回到 0 s 处,按空格键预览动画,看到文字依次由远处飞入。

提示

“形状”属性提供了 6 个选项,都是过渡型的动画,各有特色。读者可以尝试切换,查看效果。

单击 添加: 按钮,在弹出的快捷菜单中选择“属性”→“旋转”命令,添加一个旋转动画,设置“Y 轴旋转”属性参数为“-1 x+0.0°”,使文字在 Y 轴上逆时针旋转 1 圈,如图 3-9 所示。

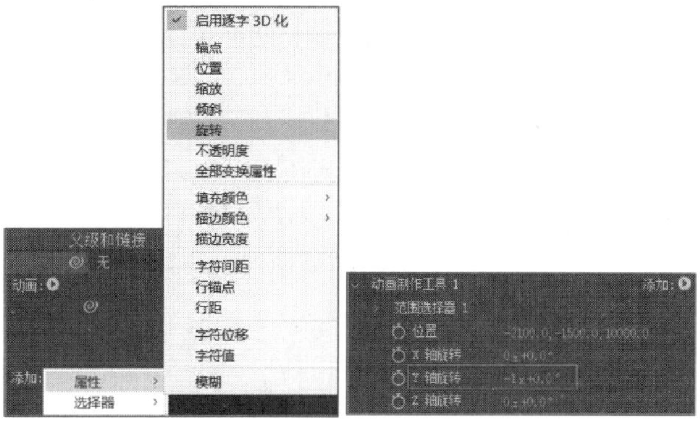

图 3-9　添加旋转动画,设置“Y 轴旋转”属性参数

单击 添加: 按钮，在弹出的快捷菜单中选择“属性”→“不透明度”命令，添加一个不透明度动画，设置“不透明度”属性参数为“0%”，使文字出现时不透明度为0%，在运动过程中递增，如图 3–10 所示。

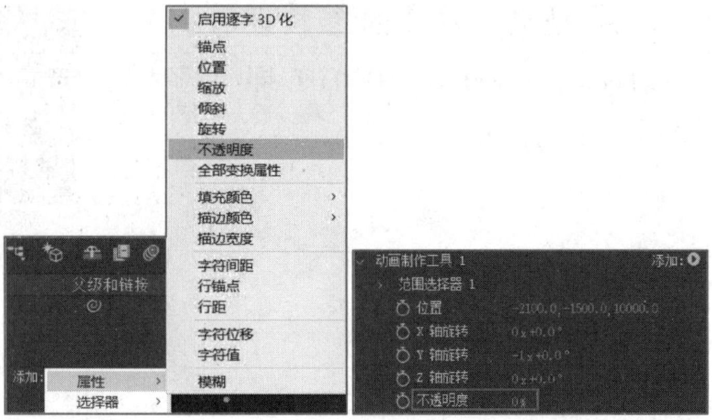

图 3–10 “不透明度”属性参数

单击“预览”面板中的 ▶ 按钮播放动画，可以看到“合成”面板中的文字依次出现，并同时带有位移、旋转和不透明度的变化效果，如图3–11 所示。

图 3–11 预览效果

步骤 2：制作拖影效果

选择文字图层，选择“效果”→“时间”→“残影”命令，添加残影滤镜。设置“残影时间‘秒’”属性参数为“–0.010”，“残影数量”属性参数为“20”，“衰减”属性参数为“0.90”，如图 3–12 所示。

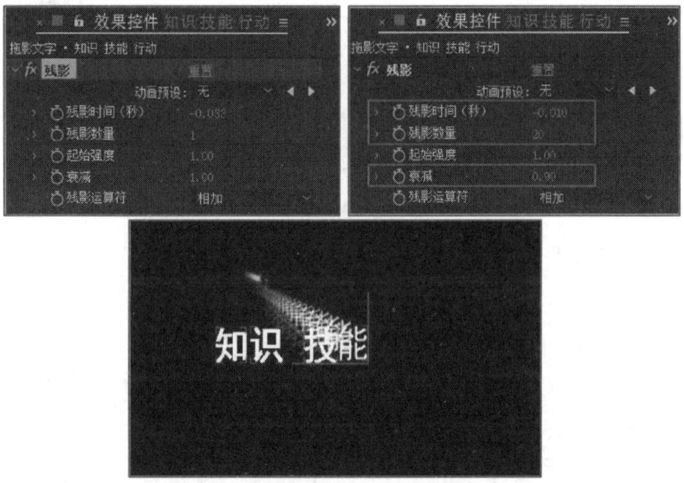

图 3–12 “残影”滤镜设置

残影滤镜，将附近几帧的画面复制到当前帧，并进行一定的融合，实现拖影的效果。

提示

残影滤镜参数含义如下。

- 残影时间（秒）：设置复制其他帧到当前帧的时间间隔，负值代表向前复制，正值代表向后复制。
- 残影数量：设置复制多少帧到当前帧中。
- 起始强度：设置当前帧的不透明度。
- 衰减：设置拖影产生衰弱效果，即透明度逐渐降低。
- 残影运算符：设置复制帧与当前帧的混合方式。

选择“效果”→“风格化”→“发光”命令，为图层添加一个辉光特效，设置“发光颜色”属性为“A 和 B 颜色”；“A 和 B 中点”属性下的颜色 A 参数为(R231，G169，B22)，颜色 B 参数为(R255，G72，B0)，如图 3–13 所示。

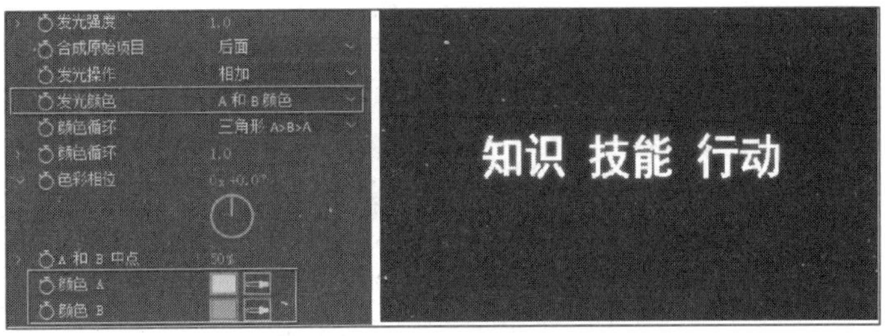

图 3–13　“发光”滤镜设置

选择文字图层，按 Ctrl+D 组合键复制图层，使得文字的辉光效果更明显，如图 3–14 所示。

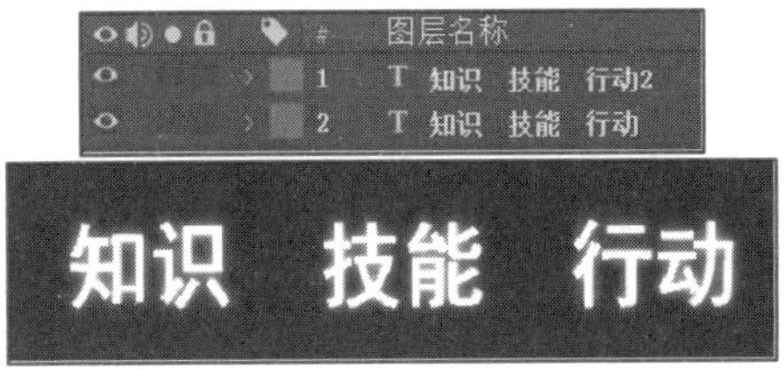

图 3–14　复制文字图层

任务三　制作入场特效

步骤 1：制作背景特效

拖影文字制作完成后，要将它运用到入场动画中。

选择“合成”→“新建合成”命令，在弹出的对话框中设置合成名称为“入场”，持续时间为 5 s，其他参数取默认值。

选择“文件”→“导入”→“文件”命令，在弹出的对话框中选择配套资源中“项目三素材”文件夹中的“背景 1.mp4”“背景 2.jpg”两个文件，将其导入。

将“项目”面板中的“拖影文字”合成、“背景 1.mp4”拖动到时间轴面板上，选择“背景 1.mp4”图层，选择“图层”→“变换”→“适合复合”命令，调整背景视频大小适合于“合成”面板，如图 3–15 所示。

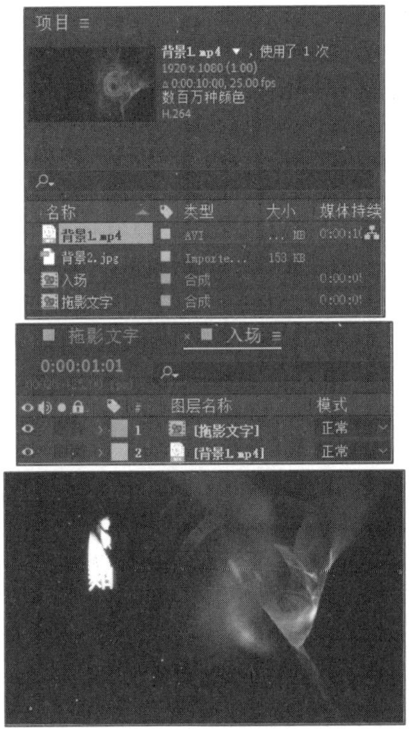

图 3–15　创建“入场”合成及图层

步骤 2：制作光芒特效

选择“拖影文字”图层，按 Ctrl+D 组合键复制图层，选择第 2 个图层，按 Enter 键更改图层名称为“光芒”，如图 3-16 所示。

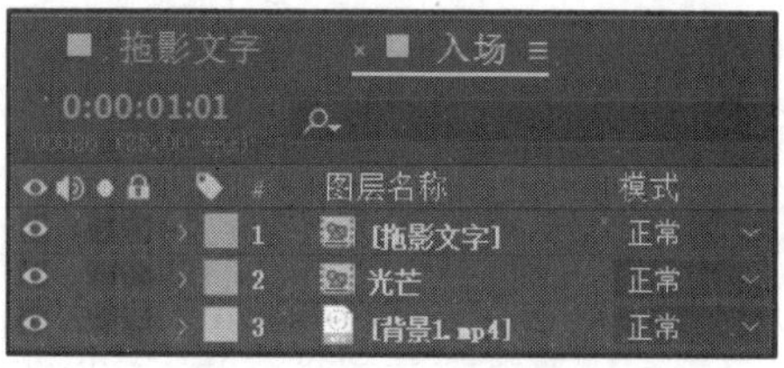

图 3-16 复制图层

选择“效果”→“模糊和锐化”→“径向模糊”命令，为文字图层添加一个径向模糊滤镜。

径向模糊实现径向的模糊，通过参数的设置可以模拟光芒效果。

将时间指针定位至 2 s 10 帧处，在“效果控件”面板中设置特效参数。为“数量”属性添加关键帧，参数设置为“0.0”；中心参数为(300.0，200.0)；“类型”属性为“缩放”，如图 3-17 所示。

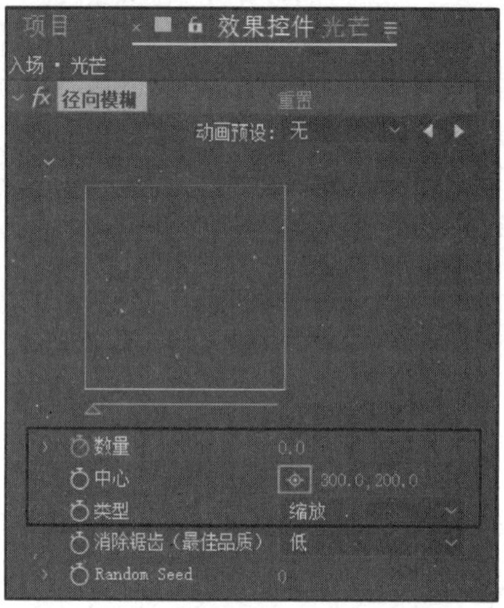

图 3-17 设置“径向模糊”属性参数

将时间指针定位至 4 s 24 帧处，将“数量”属性参数设置为“200.0”，效果如图 3-18 所示。

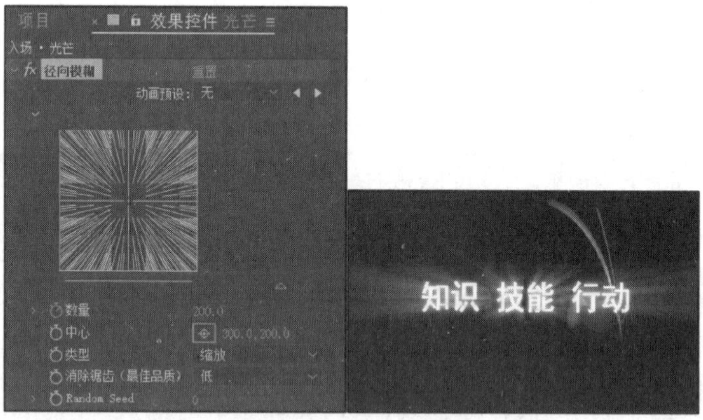

图 3-18 更改“数量”属性参数

到此，入场动画制作完毕，按 Ctrl+S 组合键保存文件，单击“预览”面板中的播放/暂停按钮▶查看动画效果，如图 3-19 所示。

图 3-19 预览效果

任务四　制作金属文字

步骤 1:制作金属文字

选择“合成”→“新建合成”命令,参数设置如图 3-20 所示。

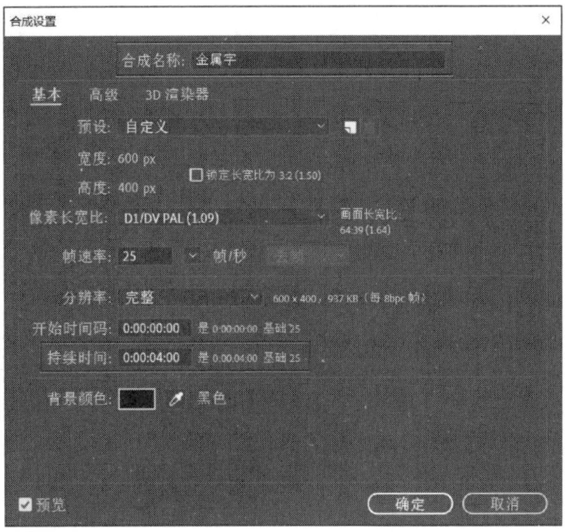

图 3-20　新建合成

选择横排文字工具 T,在“字符”面板中设置字符参数,字符填充为“白色”,在“合成”面板单击,输入“弘扬工匠精神!”,创建一个文字图层,如图 3-21 所示。

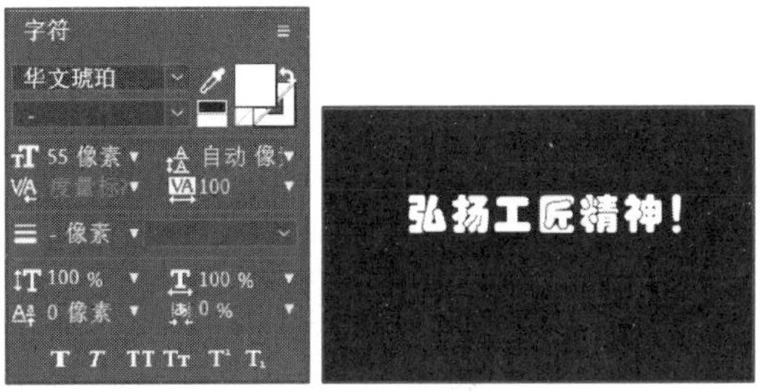

图 3-21　输入文字

选择文字图层,选择“效果”→“生成”→“梯度渐变”命令,为文字图层添加一个从上到下的灰度渐变,设置渐变起点和渐变终点的位置分别为(300.0,120.0),(300.0,190.0),如图 3-22 所示。

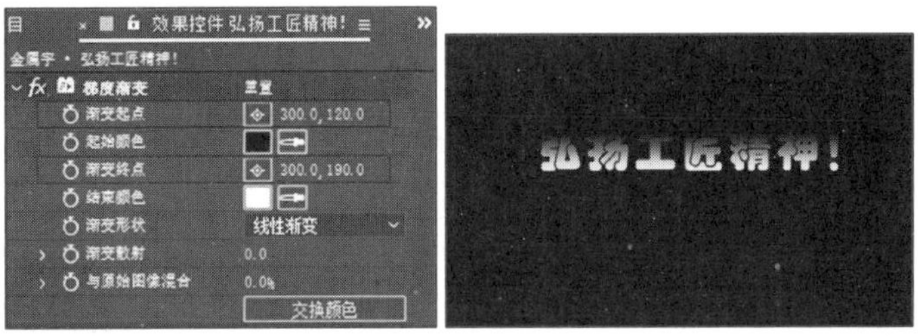

图 3-22　“梯度渐变”参数设置

提示

“梯度渐变”滤镜,可以实现对象的渐变颜色填充效果。

选择文字图层,选择“效果”→“透视”→“斜面 Alpha”命令,为图层添加一个倒角的效果,边缘厚度设置为“2.50”,灯光强度设置为“0.80”,如图 3-23 所示。

图 3-23　“斜面 Alpha”参数设置

利用斜面 Alpha 滤镜,可以在图像的 Alpha 通道的区域产生一个倒角的外观,模拟出类似浮雕的效果。

选择文字图层,选择“效果”→“颜色校正”→“曲线”命令,调节出金属效果,如图 3-24 所示。

利用曲线滤镜,通过设置不同位置的高光曲线,可以模拟金属质感的效果。

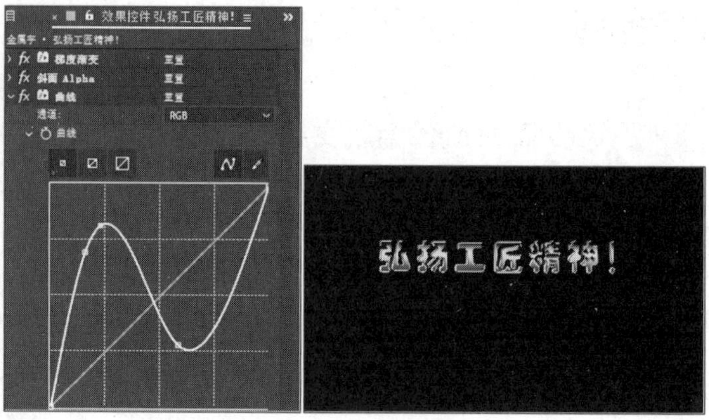

图 3-24 “曲线”参数设置

提示

在曲线上单击可以增加锚点,按住左键拖动锚点可以设置高光的位置;选中锚点按 Delete 键,可以删除锚点。

选择文字图层,选择“效果”→“颜色校正”→“亮度和对比度”命令,微调金属文字的光泽效果,如图 3-25 所示。

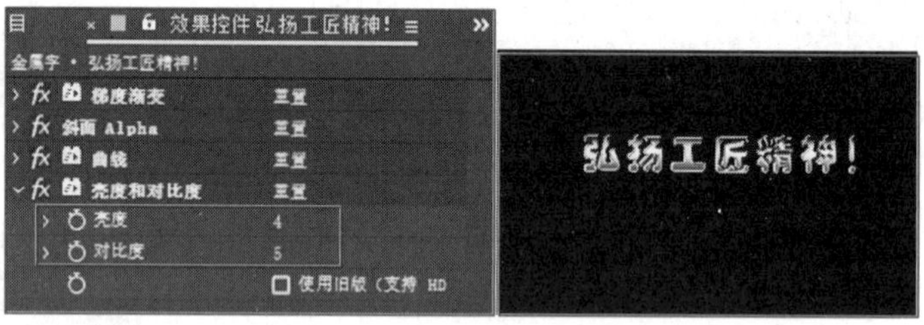

图 3-25 “亮度和对比度”参数设置

步骤 2:制作倒影效果

选择文字图层,按 Ctrl+D 组合键复制图层,按 Enter 键改名为“倒影”,将该图层拖动到最底层。

按 S 键显示缩放属性,参数改为(100.0,-100.0%),按住 Shift 键,同时向下拖动文字,调整倒影的垂直位置,如图 3-26 所示。

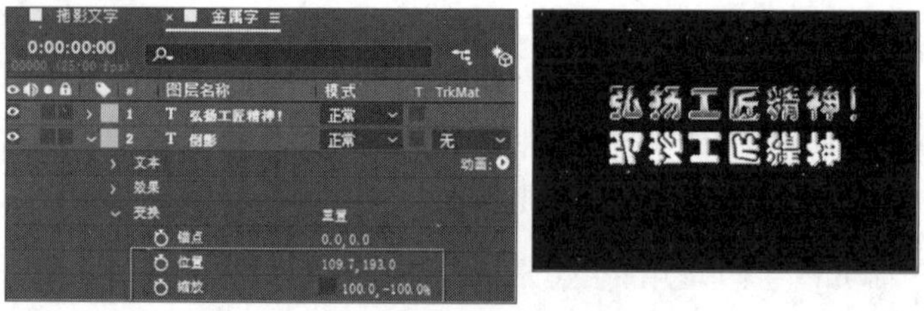

图 3-26 创建倒影层

下面在“倒影”图层上添加遮罩区域,作为蒙版,遮盖倒影文字,实现若隐若现的效果。

选择工具栏上的矩形遮罩工具 ,在“倒影”图层上绘制一个矩形,展开图层的“蒙版”属性,展开“蒙版 1”,设置蒙版羽化为(70.0,70.0 像素),蒙版不透明度为“40%”,如图 3-27 所示。

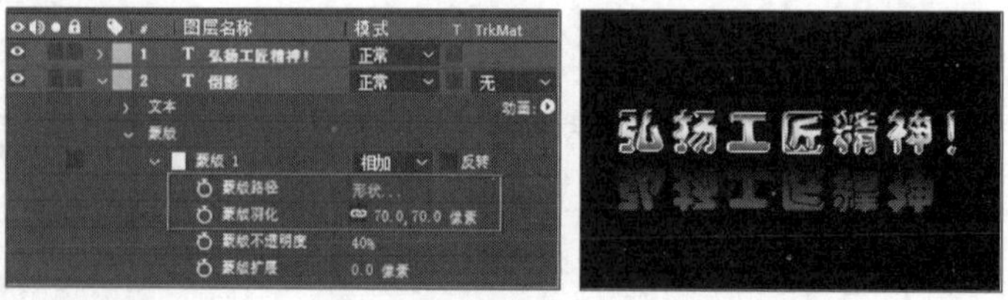

图 3-27 倒影设置

到此,金属文字制作完毕。

任务五　制作光焰文字

步骤 1:新建文字图层

选择“合成”→“新建合成”命令，在弹出的对话框中将合成命名为“火焰文字”，持续时间为 5 s，其他参数如图 3-28 所示。

选择“图层”→“新建”→“文字”命令，新建一个文字图层，在“字符”面板中设置字符格式参数，字符填充色为“白色”，字体大小设置为“55 像素”，字符间距为“100”，然后在“合成”面板输入“学知识，学技能”，如图 3-29 所示。

步骤 2:添加、设置特效

选择“效果”→“过渡”→“卡片擦除”命令，为文字图层添加特效。

对其进行参数设置：背面图层为“1. 学知识，学技能”，行数为“1”，列数为“30”，翻转轴为“Y”，如图 3-30 所示。

“卡片擦除”命令通过对指定的图层进行卡片式的反转擦拭，实现镜头间的过渡效果，拥有独立的摄像机、灯光和材质系统。

将时间指针定位至 0 s 处，单击“过渡完成”前的时间变化秒表按钮，参数设置为“0%”；将时间指针定位至 2 s 处，过渡完成的参数设置为“100%”。选择图层，按 U 键查看关键帧，如图 3-31 所示。

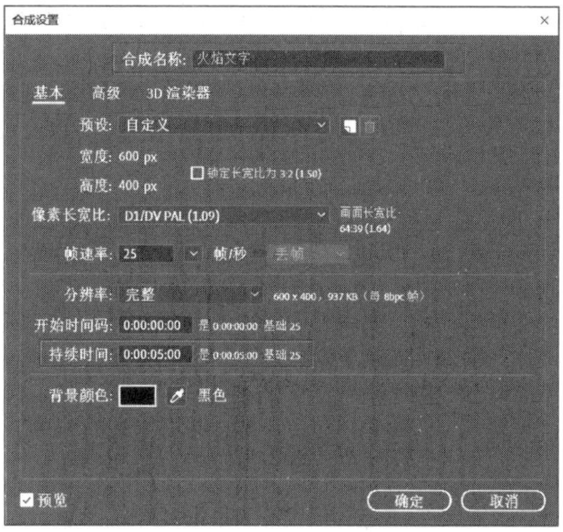

图 3-28　新建合成

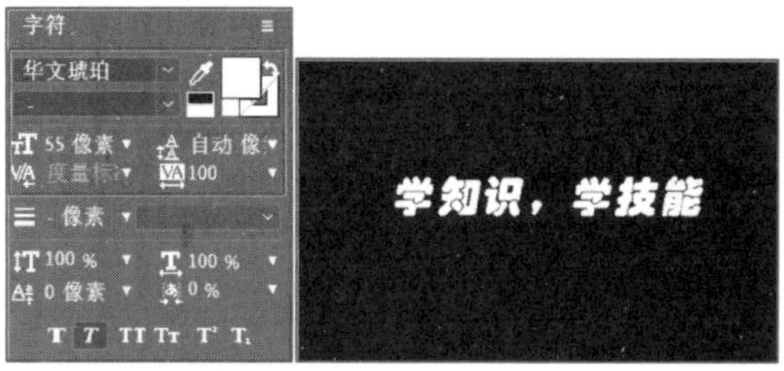

图 3-29　新建文字图层

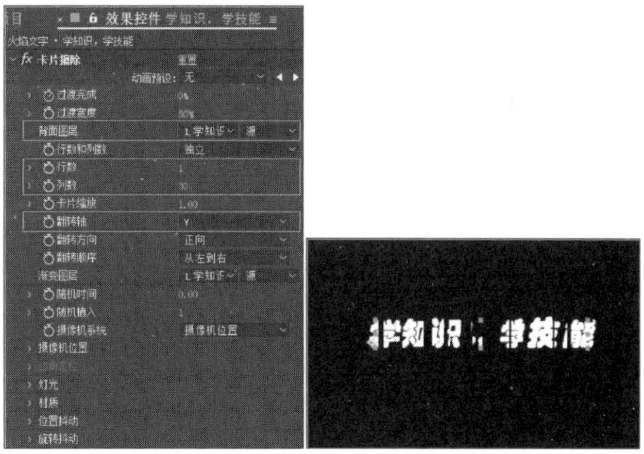

图 3-30　“卡片擦除”参数设置

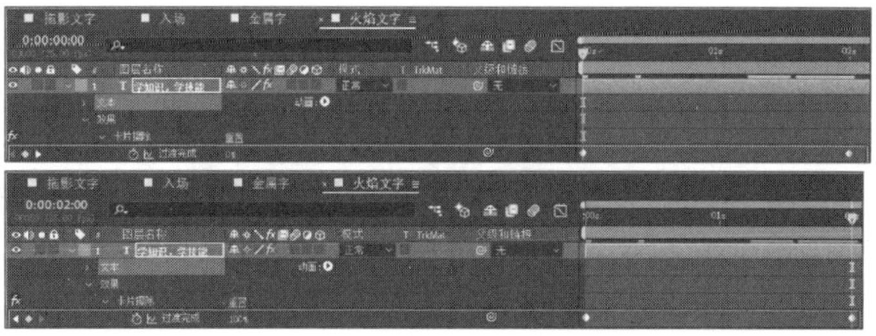

图 3-31　“卡片擦除”参数

将时间指针定位至 0 s 处，展开“摄像机位置”属性并设定相关参数。单击“Y 轴旋转”前的时间变化秒表按钮，参数设置为“0 x+110.0°”；单击“Z 位置”前的时间变化秒表按钮，参数设置为“1.00”。展开“位置抖动”属性并设定相关参数，单击“X 抖动量”前的时间变化秒表按钮，参数设置为“0.50”；单击“Z 抖动量”前的时间变化秒表按钮，参数设置为“10.00”，如图 3-32 所示。

将时间指针定位至 2 s 处，设置 Y 轴旋转参数为“0 x+0.0°”，Z 位置参数为“2.00”，X 抖动量参数为“0.00”，Z 抖动量参数为“0.00”，效果如图 3-33 所示。

完成以后的效果如图 3-34 所示。

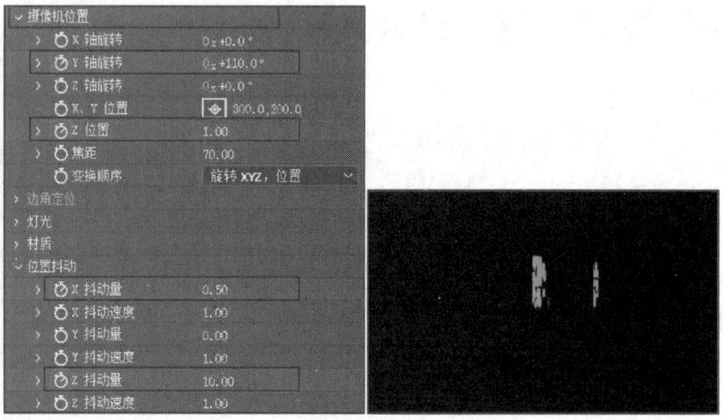

图 3-32　0 s 处参数设置

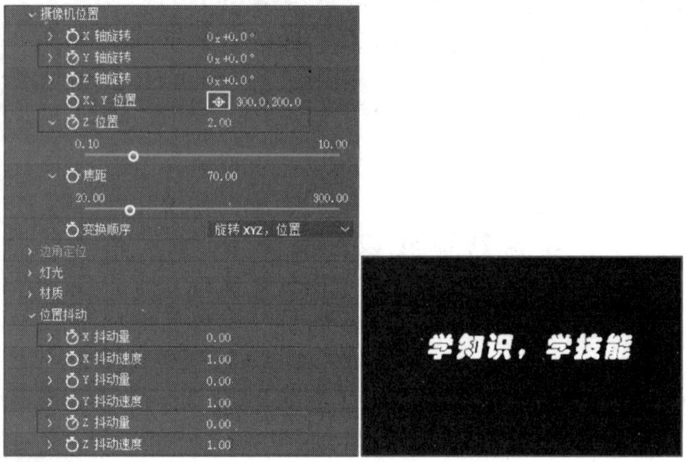

图 3-33　2 s 处参数设置

图 3-34　预览效果

步骤 3：制作文字火焰

选择“学技能，学知识”文字图层，按 Ctrl+D 组合键复制一层，按 Enter 键将图层名称改为“火焰”。单击时间轴面板底部的转换控制框按钮，显示“模式”选项，将其图层模式改为“相加”，如图 3-35 所示。

图 3-35　火焰图层

选择“效果”→“模糊和锐化”→“定向模糊”命令，为文字图层添加模糊效果。

定向模糊滤镜的作用与径向模糊滤镜相似，可实现角度方向的模糊。

将时间指针定位至0 s处，单击“效果控件”面板上“模糊长度”前的时间变化秒表按钮，参数设置为“50.0”，如图3-36所示，效果如图3-37所示。

图3-36　“定向模糊”参数设置

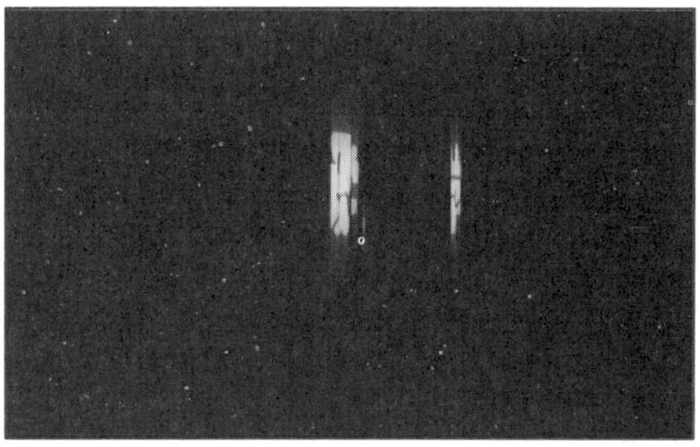

图3-37　模糊效果图

选择“效果”→“颜色校正”→“色阶”命令，添加一个色阶效果，如图3-38所示。

利用色阶滤镜可调整图层的色阶，改变图层色调。

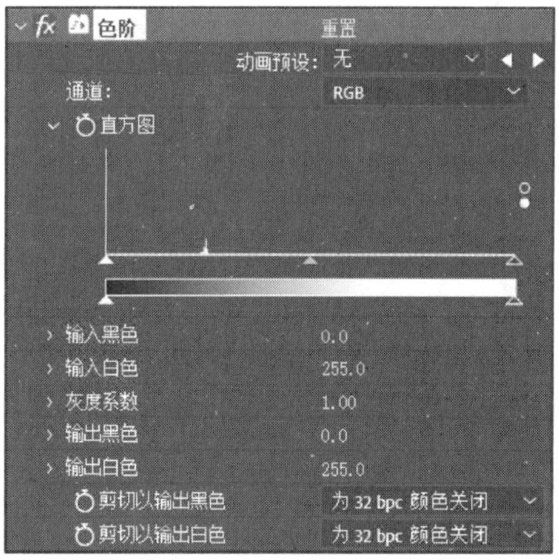

图3-38　色阶滤镜

在“效果控件”面板上，将通道设置为“Alpha”，Alpha输入白色设置为“50.0”，如图3-39所示。

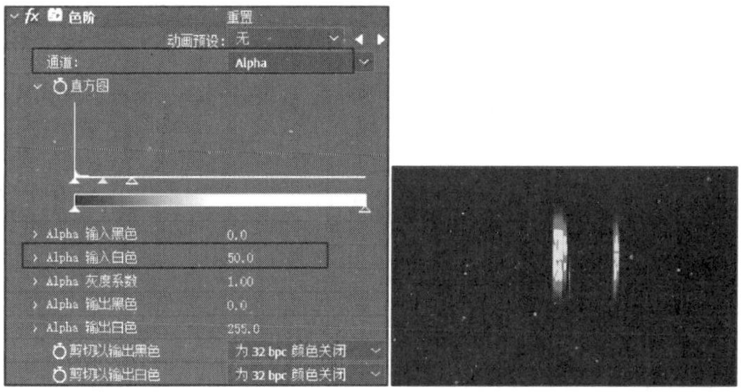

图3-39　“色阶”参数设置

调整火焰的色彩。选择“效果”→“颜色校正”→“色光”命令。在“效果控件”面板上,将“输入相位”属性下的“获取相位,自”设置为“Alpha”,将“输出循环”属性下的“使用预设调板”设置为“火焰”,取消选中“修改”属性下的“修改 Alpha”复选框,如图 3-40 所示。

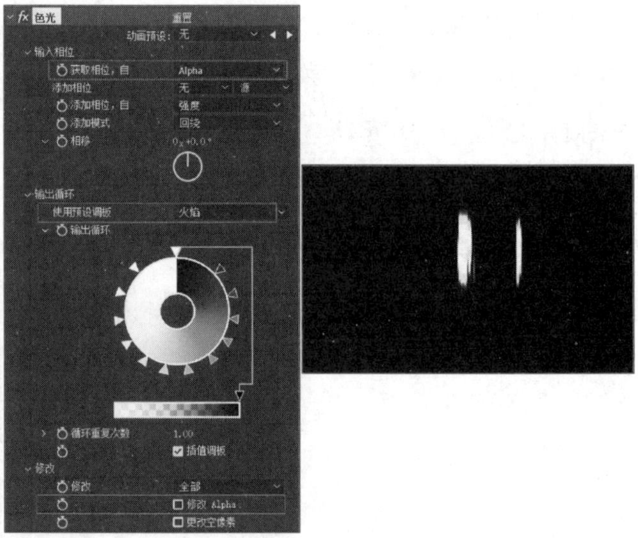

图 3-40 “色光”参数设置

设置完彩色的光环,为了达到火焰的动态效果,还需要设置模糊长度。

将时间指针定位至 1 s 处,模糊长度设置为“100.0”;2 s 处,模糊长度设置为“100.0”;2 s 10 帧处,模糊长度设置为“150.0”;3 s 处,模糊长度设置为“0.0”。

按空格键预览动画,效果如图 3-41 所示。

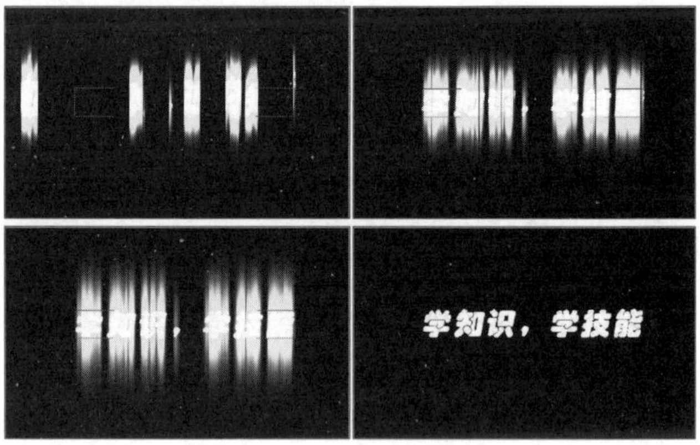

图 3-41 预览效果

步骤 4:制作镜头光晕

选择“图层”→“新建”→“纯色”命令,新建一个黑色纯色图层,命名为“镜头光晕”,如图 3-42 所示。

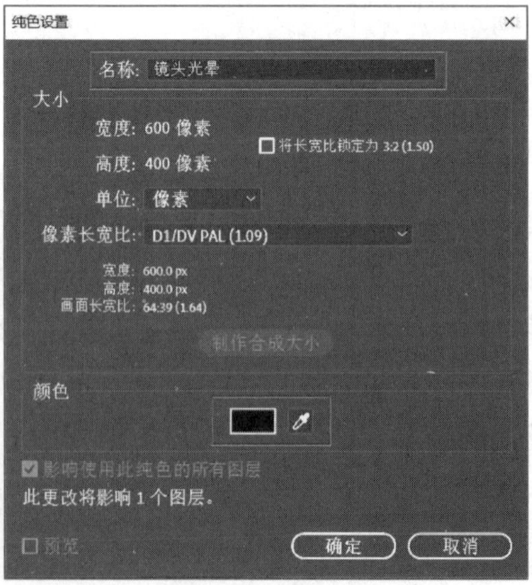

图 3-42 新建固态图层

选择该图层，将图层模式改为“相加”，如图 3–43 所示。

图 3–43　设置图层模式

选择“效果”→“生成”→“镜头光晕”命令，如图 3–44 所示。

图 3–44　“镜头光晕”滤镜

选择“镜头光晕”图层，将时间指针定位至 2 s 处，按 Alt+［组合键定位图层的入点；将时间指针定位至 3 s 处，按 Alt+］组合键定位图层的出点，使得镜头光晕效果只在此之间显示，如图 3–45 所示。

图 3–45　设置图层出入点

将时间指针定位至 2 s 处，单击“光晕中心”前的时间变化秒表按钮，参数设置为（0.0，200.0）；将时间指针定位至 2 s 20 帧处，光晕中心参数改为（600.0，200.0），如图 3–46 所示。

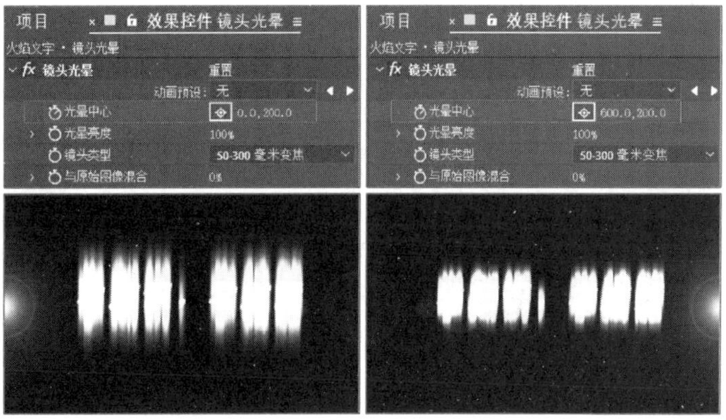

图 3–46　镜头光晕的变化

拖动时间指针，预览效果是光晕从左向右移动，光芒发生由弱到强再减弱的变化。

任务六　制作中场特效

步骤 1：制作发光效果

选择“合成”→“新建合成”命令，命名为“中场”，持续时间为 9 s，参数如图 3–47 所示。

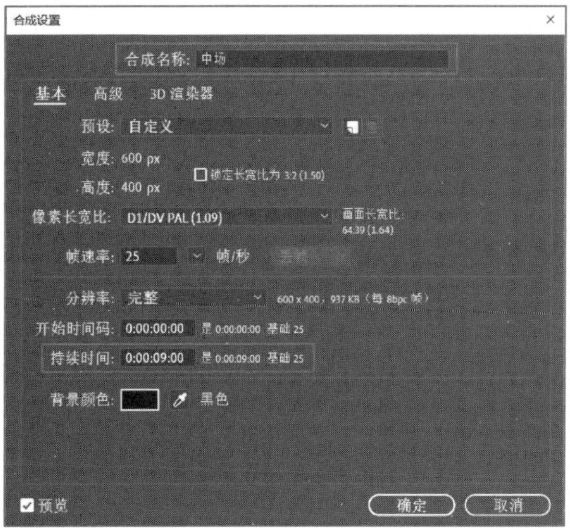

图 3–47　新建合成

拖动“项目”面板中的“金属字”合成到时间轴面板。

选择“效果”→“Plugin Everything”→“Deep Glow”命令，为文字添加一个辉光效果。

Deep Glow 是一款模拟真实物理发光效果的滤镜。它能在素材周围形成真实的辉光特效,即使在非线性色彩空间中工作,也能提供最佳效果,还可实现独特的效果,例如,添加颗粒状或风格化的发光。

在“效果控件”面板中设置“Radius”属性为“150.00”,“Exposure”属性为“1.50”。展开“Style”属性,展开其中的“Aspect Ratio”属性,设置“Aspect Ratio”属性为“0.30”,并勾选“Enable Angle”复选框;展开其中的“Tint”属性,设置“Color”属性为(R110,G114,B242),并勾选“Enable”复选框,如图 3-48 所示。

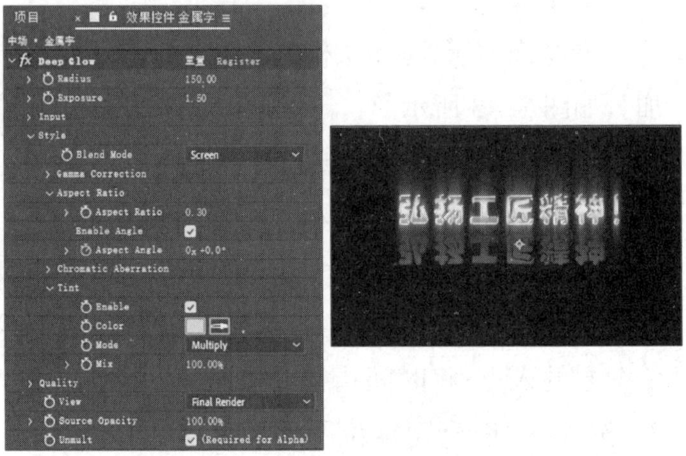

图 3-48 Deep Glow 滤镜参数设置

将时间指针定位至 0 s 处,在“效果控件”面板中展开“Input”属性,为“Threshold”属性添加关键帧,参数设置为“101.00%”,使辉光不显示,如图 3-49 所示。

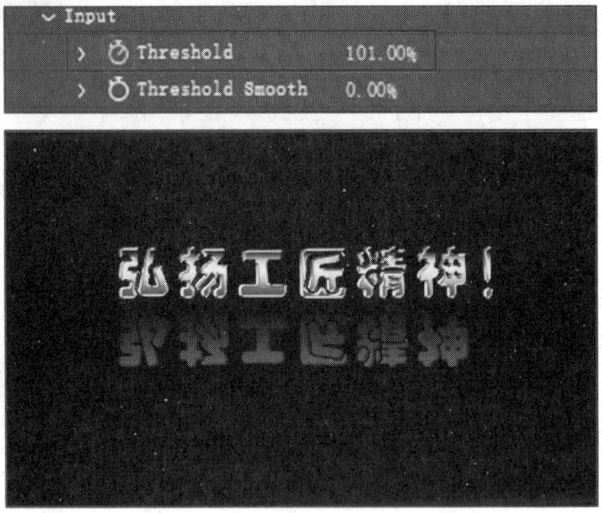

图 3-49 0 s 处参数设置

将时间指针定位至 1 s 处,设置“Threshold”属性参数为“0.00%”;为“Aspect Angle”属性添加关键帧,参数设置为“0 x+0.0°”,使辉光显示,如图 3-50 所示。

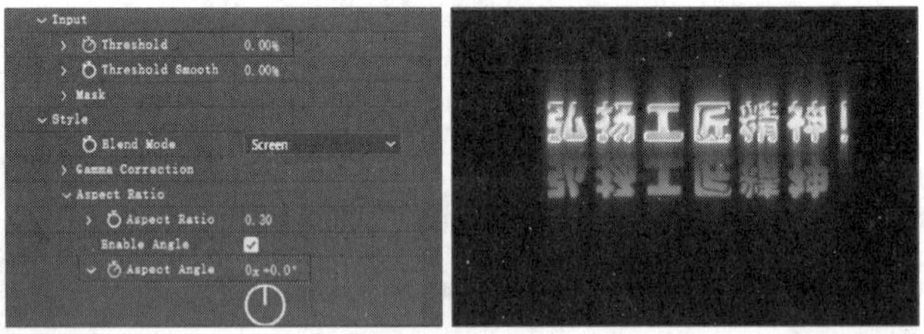

图 3-50 1 s 处参数设置

将时间指针定位至 3 s 处,设置“Threshold”属性参数为“0.00%”;设置“Aspect Angle”属性参数为“1 x+0.0°”,使辉光产生旋转,如图 3-51 所示。

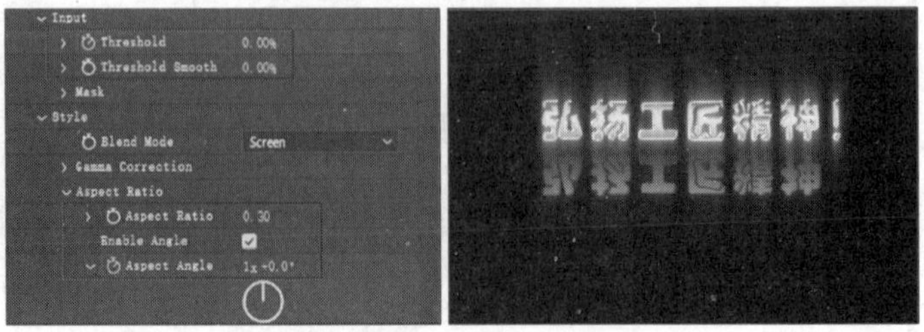

图 3-51 3 s 处参数设置

将时间指针定位至 3 s 24 帧处，设置“Threshold”属性参数为“101.00%”，使辉光不显示，如图 3-52 所示。

图 3-52　3：24 s 处参数设置

按空格键预览动画，实现星光逐渐显示，旋转一段时间后，逐渐消失的效果，如图 3-53 所示。

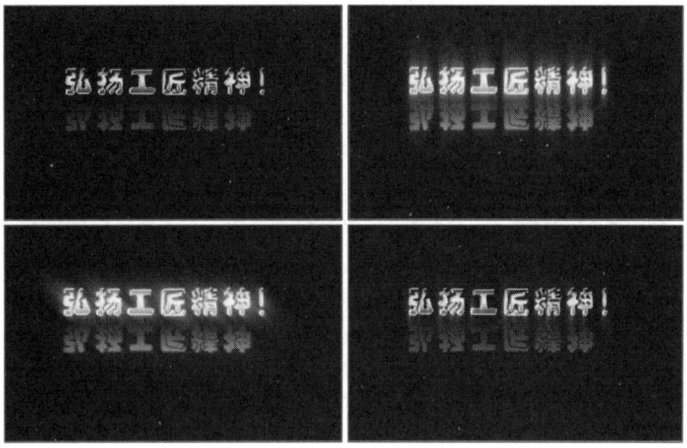

图 3-53　预览效果

提示

Deep Glow 滤镜参数含义如下。

- Radius：半径，设置辉光范围，数值越大，发光点越大。
- Exposure：曝光值，设置发光点的亮度。
- Input：输入，设置阈值和蒙板。
  - Threshold：阈值，设置辉光的像素亮度，超过 100% 时不显示辉光。
- Style：样式，设置辉光的外观。
  - Aspect Ratio：宽高比，值为 1.0 时，X、Y 两个轴的权重相等，辉光向四周发散。值为 2 时，仅水平方向产生辉光；值为 0 时，仅垂直方向产生辉光。
    - Enable Angle：启用角度，可改变发光的方向。
  - Aspect Angle：扫描角。如果宽高比为 1.0，则此角度无效。
  - Tint：着色，为辉光添加有色色调。
    - Color：设置辉光色彩，勾选 Enable 后有效。

步骤 2：组织动画

选择“项目”面板中的“背景 2.jpg”，拖动到时间轴面板图层的最底层；选择“图层”→“变换”→“适合复合”命令，调整背景图像大小适合于“合成”面板，如图 3–54 所示。

拖动“项目”面板中的“火焰文字”到时间轴面板并置于最上层，将图层模式改为“相加”，如图 3–55 所示。

将时间指针定位至 4 s 处，按[键，将“火焰文字”图层入点定位在 4 s 处，使得火焰文字在 4 s 时出现，如图 3–56 所示。

图 3–54 添加背景

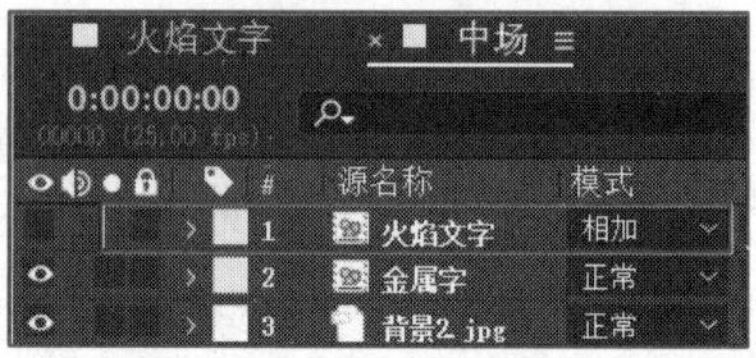

图 3–55 更改图层模式

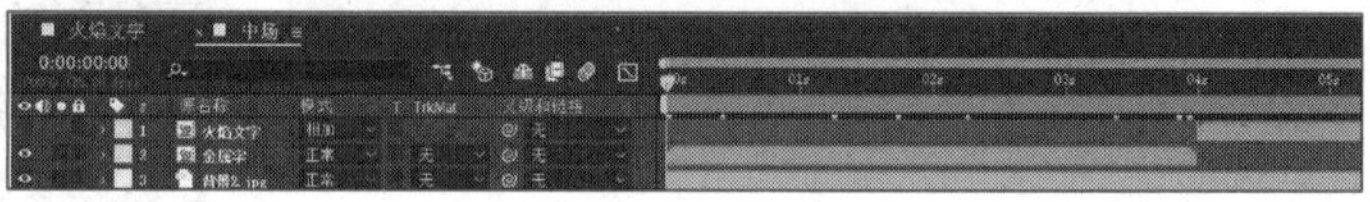

图 3–56 设置图层入点

任务七 拼合与渲染输出

步骤 1：定位图层

选择“合成”→“新建合成”命令，将合成命名为“总合成”，持续时间为 13 s，参数如图 3–57 所示。

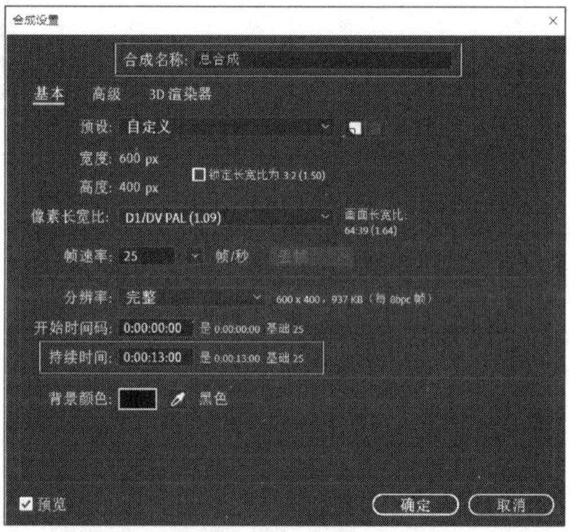

图 3–57 新建合成

依次选择“项目”面板中的“入场”和“中场”，拖动到时间轴面板上，如图 3–58 所示。

选择“中场”图层，将时间指针定位至 4 s 处，按[键设置图层入点于此，如图 3–59 所示。

图 3–58 添加图层

图 3–59 设置“中场”图层入点

步骤 2:制作转场

选择“入场”图层,将时间指针定位至 4 s 00 帧处,按 T 键展开“不透明度”属性,添加关键帧,参数设置为“100%”。定位至 5 s 处,不透明度改为“0%”,实现入场逐渐淡出的效果,如图 3-60 所示。

图 3-60　“不透明度”参数设置

步骤 3:渲染输出

选择“项目”面板中的“总合成”合成,选择“合成”→“添加到渲染队列”命令,如图 3-61 所示。系统自动打开“渲染队列”面板。

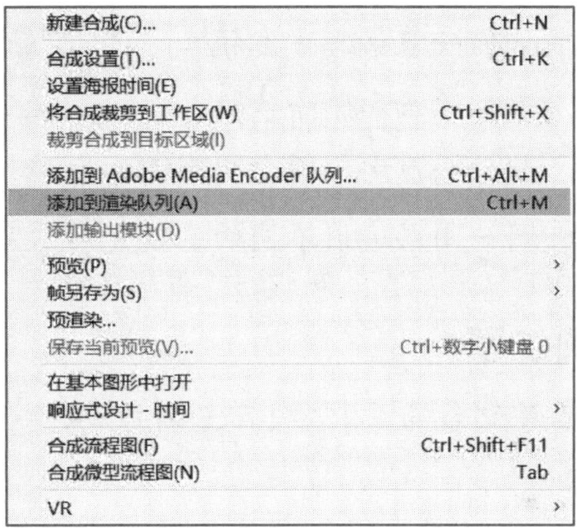

图 3-61　“添加到渲染队列”命令

单击“输出模块”旁蓝色文字“无损”,弹出“输出模块设置”对话框,选择渲染输出格式为“QuickTime”。

单击“输出到”旁的蓝色文字“尚未指定”,在弹出的对话框中选择影片的存储路径和名称,然后单击“保存”按钮。

单击 渲染 按钮开始渲染,如图 3-62 所示。

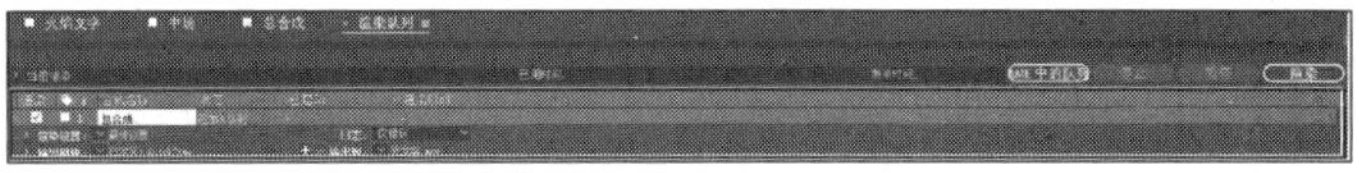

图 3-62　设置渲染参数

小结与训练

小结

通过本项目的练习体验了多种光效文字的制作方法。通过运动时产生拖影的效果结合发光滤镜实现光辉特效;通过对文字图层应用渐变、倒角滤镜,调整各个位置的高光点实现金属质感;通过第三方滤镜插件实现辉光特效。滤镜的功能十分强大,不同的滤镜可以叠加使用,滤镜叠加顺序的不同又可以产生完全不同的效果,诸多参数的不同设置实现了千变万化的效果。

思考题

1. 如何安装第三方滤镜?
2. 怎样添加和删除滤镜?
3. 制作金属文字需要用到哪些滤镜?
4. 同一图层运用不同的滤镜先后次序不同,会有区别吗?

训练题

参考配套资源中“项目三训练”文件夹中的“练习”成品文件,完成一个光效文字特效的作品。

项目四　可爱萌宠
——抠像特效

项目简介

数码图像技术不仅广泛运用于电影，而且被越来越多地运用到人们的日常生活当中，各种名胜古迹背景可以随心所欲地与人物图像合成，产生魔幻性的影像效果。本项目将不同背景的照片中的动物去除背景合成为一张照片，切换产生动物逐个登场的效果。

在 After Effects 2020 软件的应用过程中，抠像特效是非常重要的功能，After Effects 2020 软件提供给了非常多的抠像特效，不同方法的抠像特效组合，最终让画面达到我们的要求。本项目通过抠像特效制作，学习和掌握颜色键控抠像、遮罩应用、图层模式调整、图片锐化效果处理等技能。

效果截图

任务一　修复照片

步骤 1:新建项目

选择“文件”→“新建”→“新建项目”命令,新建一个项目。

选择“合成”→“新建合成”命令,将新建合成命名为“合成 1”,选择“D1/DV PAL(1.09)”,大小为“720 px×576 px”,持续时间为 10 s,其他参数取默认值,如图 4-1 所示。

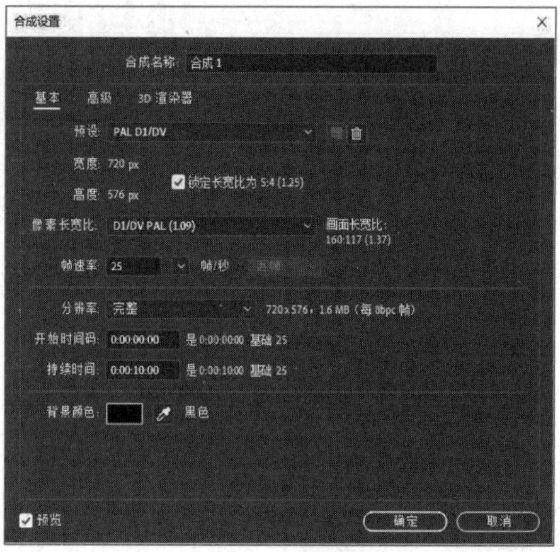

图 4-1　新建合成

选择“文件”→“另存为”命令,将项目命名为“可爱萌宠”。

选择“文件”→“导入”→“文件”命令,在弹出的对话框中选择配套资源中“项目四素材”文件夹中的“沙滩.jpg”和“蝴蝶 1.jpg”两个文件,“导入为”下拉列表框中选择默认的“素材”,单击“导入”按钮,导入素材,如图 4-2 所示。

图 4-2　导入素材

步骤 2:修复沙滩

选择时间轴面板中的“合成 1”合成,选择“图层”→“新建”→“纯色”命令,创建一个黑色纯色图层,如图 4-3 所示。该纯色图层将作为黑色背景。

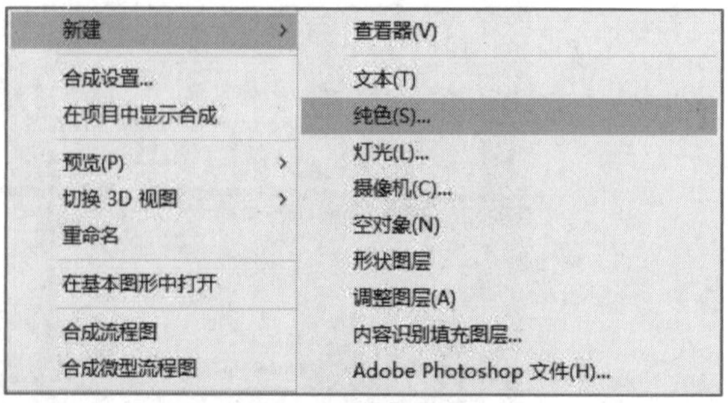

图 4-3　新建纯色图层

拖动“项目”面板中的“沙滩.jpg”图像素材到时间轴面板中，调整图层顺序，将其置于顶层，如图 4–4 所示。选择该图层，右击，在弹出的快捷菜单中选择“变换”→“适合复合”命令，使图像与合成窗口一样大小。

图 4–4　图层顺序

图像中难免会出现一些瑕疵或者不满意的地方。After Effects 2020 与 Photoshop 一样具有图像修复功能。

提示

因为 After Effects 中一些影像是动态的，因此修复时需要对时间、空间综合把握。

After Effects 中有三种工具可用于画面的修改，包括画笔工具、仿制图章工具和橡皮工具。

查看“沙滩.jpg”，如图 4–5 所示。要将图像中的文字去除，最方便的是用仿制图章工具。双击“沙滩.jpg”图层，在“合成”面板打开此图层，选择仿制图章工具，切换到“画笔”面板，设置笔刷和笔触，直径为“22 像素”，圆度为“100%”，如图 4–6 所示。

图 4–5　图像中的文字

图 4–6　打开图层

在图层“预览”面板中，按住 Alt 键的同时单击，确定修复参照的对照起点，如图 4–7 所示。然后在修改起点处按住左键拖曳鼠标进行复制，使得文字被参照区的图像覆盖，结果如图 4–8 所示。

图 4–7　确定参照点

提示

与使用笔刷不同的是，仿制图章工具需要指定的不是颜色，而是仿制源图层、帧和仿制源像素点。

接着回到“合成”面板，在时间轴面板中单击“沙滩.jpg”图层，按Ctrl+D组合键复制该图层。选择第1图层“沙滩.jpg”，将模式设置为“柔光”，如图4–9所示。

调节前后图片效果对比如图4–10所示。

步骤3：修复蝴蝶

一般素材总会有些瑕疵或者缺陷。可用画笔工具来修复画面，以提高素材的质量。

双击“项目”面板中“蝴蝶1.jpg”素材图像，在“合成”面板打开该图像。

选择画笔工具，在“画笔”面板中设置笔刷和笔触，在“绘画”面板中设置不透明度参数为“100%”，流量参数为“90%”，用吸管工具在图像上选取描绘的前景色，如图4–11所示。

用画笔工具在需要修整处单击或涂抹，反复调整前景色并涂抹，最后结果如图4–12所示。

图4–8　修复后的效果图

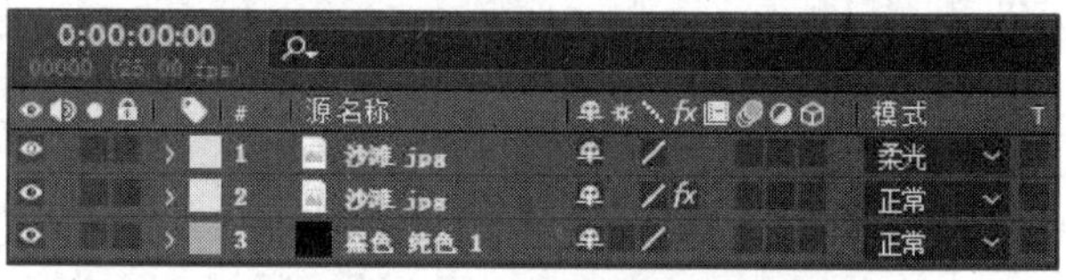

图4–9　更改图层模式

图4–10　调节前后效果对比

提示

利用工具栏中的工具结合“合成”面板底部的 100% 显示比例可以调整图像在窗口中的位置和大小。

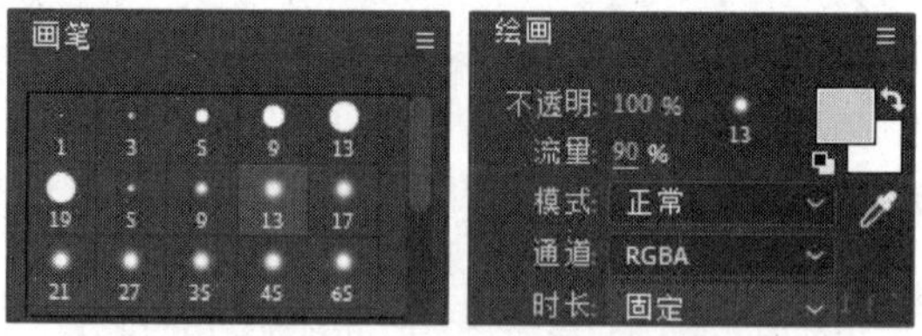

图4–11　“画笔”参数设置

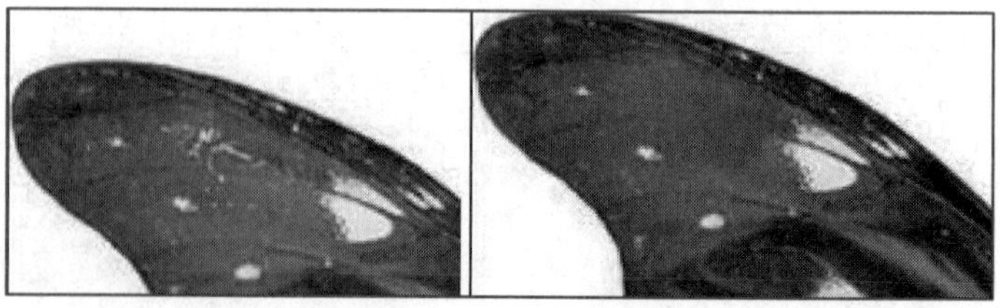

图4–12　修复效果对比

任务二　制作闪白

步骤 1:导入素材

选择“合成”→“新建合成”命令,在弹出的对话框中将合成命名为“闪白”,选择“D1/DV PAL(1.09)”,大小为“720 px×576 px”,持续时间设置为 10 s,其他参数取默认值。

将“项目”面板中的“合成 1”合成拖到时间轴面板上,如图 4–13 所示。

步骤 2:制作闪白

采用抽帧方式来制作闪白。选中图层,右击,在弹出的快捷菜单中选择“效果”→“时间”→“色调分离时间”命令。

闪白即抽帧效果,经常会出现在传统的视频特技台上,将当前正常的播放速度调制到新的播放速度,但播放时长不变。如果低于标准速度,会产生跳跃现象。

在“效果控件”面板中设置帧速率为“24.0”,如图 4–14 所示。

闪光灯效果制作。选中图层,右击,在弹出的快捷菜单中选择“效果”→“风格化”→“闪光灯”命令。与原始图像混合设置为“50%”,闪光颜色设置为“白色”,如图 4–15 所示。

提示

用修补工具修整图像时,应该根据具体的情况随时调整笔触的大小、修整的参照对象或修整的颜色,这样才能达到逼真的效果。

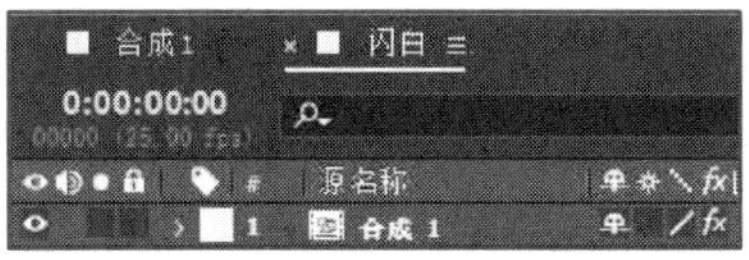

图 4–13　添加图层

图 4–14　“色调分离时间”参数设置

提示

另一种闪白特效运用的是闪光灯效果,它是一种随时间变化的效果,方法是在一些画面中间不断地加入一帧闪白、其他颜色或应用一帧图层模式,然后立刻恢复,使连续画面产生闪烁的效果,可以用来模拟计算机屏幕的闪烁或配合音乐增强感染力。

图 4–15　参数设置

任务三　抠像与拼接

步骤1:导入素材

选择“菜单”→“合成”→“新建合成”命令,命名为“图像素材处理”,其他参数取默认值。选择“文件”→“导入”→“文件”命令,导入配套资源中“项目四素材”文件夹中的“萌宠01.jpg”~“萌宠04.jpg”四个图片文件。将这四个图片和“闪白”合成拖动到时间轴面板中。

单击图层前的 按钮,隐藏“萌宠02.jpg”“萌宠03.jpg”“萌宠04.jpg”三层,如图4-16所示。

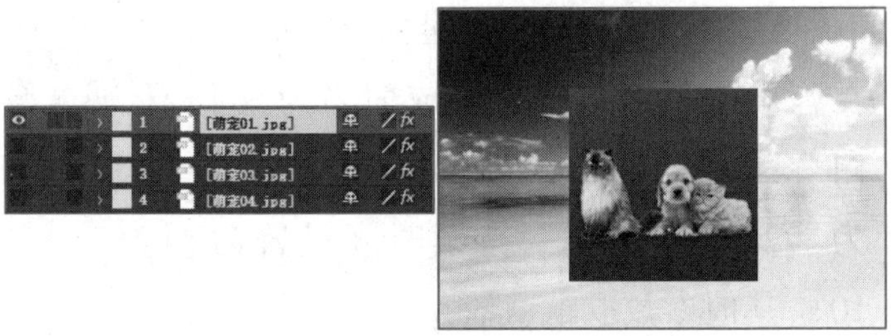

图4-16　隐藏图层

步骤2:抠像

选择显示的“萌宠01.jpg”图层,在“效果和预设”面板中双击“抠像”特效组中的“线性颜色键”特效,为图层添加抠像特效。如图4-17所示。

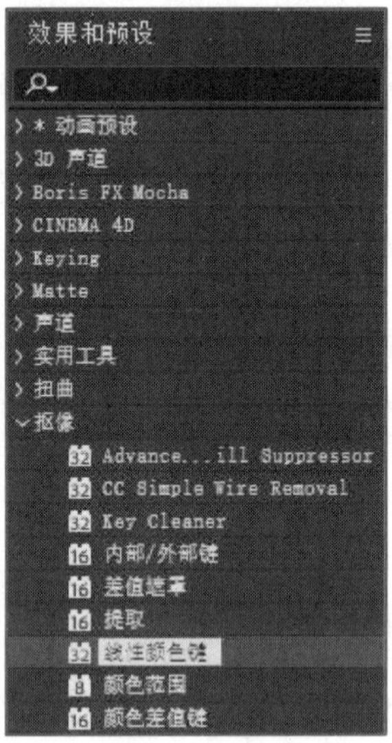

图4-17　添加抠像特效

“抠像”是影视制作领域被广泛采用的技术手段,演员在绿色或蓝色构成的背景前表演,但这些背景在最终的影片会用其他背景画面替换掉,就是运用了抠像技术。

线性颜色键特效及相应参数会显示在“效果控件”面板中。主色属性用吸管吸取“萌宠01.jpg”背景色的中间色调(R=0,G=0,B=255),调节匹配容差参数为“30.3%”,匹配柔和度参数为“19.5%”,蓝色背景基本被消除,如图4-18所示。

图4-18　“线性颜色键”参数设置

线性颜色键特效要求图片在拍摄时背景色彩较为统一，不容易出现杂色，便于图像分离。当选择了一个键控色（即吸管吸取的颜色），应用线性颜色键特效后，被选颜色部分变为透明。

隐藏“萌宠 01.jpg”图层，显示“萌宠 02.jpg”图层，使用同样的方法将动物图像抠出。

因为萌宠素材的背景相似，因此可以通过复制特效的方式快速应用。单击“萌宠 01.jpg”图层，在“效果控件”面板选择线性颜色键特效名称，按 Ctrl+C 组合键复制。分别选择“萌宠 03.jpg”“萌宠 04.jpg”图层，在“效果控件”面板上按 Ctrl+V 组合键，粘贴特效。最后的效果如图 4–19 所示。

提示

线性颜色键在添加特效的同时可以控制抠像颜色的相似程度及调整透明的效果，还可以对抠像的边缘进行羽化，消除“毛边”的区域。“匹配容差”“匹配柔和度”等选项适合复杂的抠像，尤其是对于透明、半透明的物体，抠像十分合适。

图 4–19　抠像效果

步骤 3：添加背景及拼接

背景在画面中起到至关重要的作用。选择“文件”→“导入”→“文件”命令，导入配套资源中“项目四素材”文件夹中的图片“背景 1.jpg”和“沙滩萌宠 .jpg”。将“背景 1.jpg”拖动到时间轴面板最底层，调整图像大小使之适合于“合成”面板。调整该图层透明度，实现淡入淡出效果。将时间指针定位至 1s 00 帧处，选择该图层，按 Alt+[组合键设置图层入点，如图 4–20 所示。

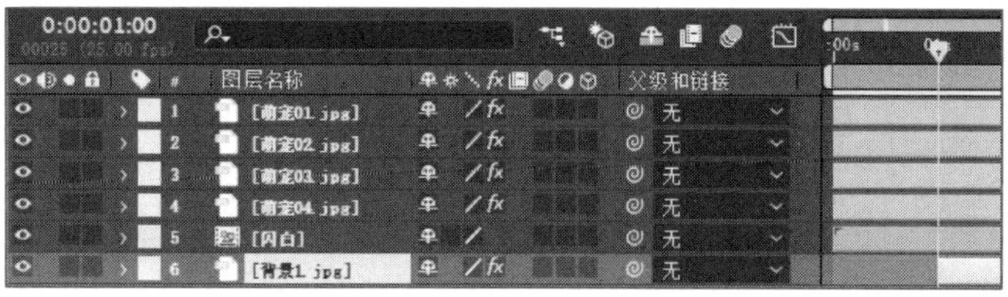

图 4–20　设置背景图层

选择“效果”→“模糊和锐化”→“快速方框模糊”命令，为图层添加一个快速方框模糊特效。在“效果控件”面板中为快速方框模糊特效下的“模糊半径”属性添加关键帧，将参数改为“20.0”。将时间指针定位至 3 s 00 帧处，更改“模糊半径”参数为“0.0”，效果如图 4–21 所示。

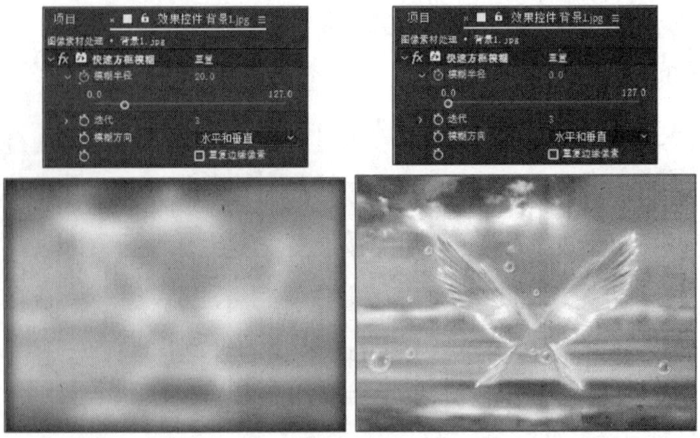

图 4–21 “快速方框模糊”参数设置

将“萌宠 01.jpg”“萌宠 02.jpg”“萌宠 03.jpg”“萌宠 04.jpg”画面中的抠图动物图像作为前景，调整大小和位置，如图 4–22 所示。

图 4–22 抠图人物图像作为前景

分别将“萌宠 01.jpg”“萌宠 02.jpg”“萌宠 03.jpg”“萌宠 04.jpg”图层的入点定位在 2 s 08 帧、3 s 08 帧、4 s 08 帧、5 s 08 帧处，“闪白”图层出点定位在 1 s 15 帧处。选择“萌宠 01.jpg”，按 T 键显示“不透明度”属性，在 2 s 08 帧、4 s 14 帧、7 s 23 帧、8 s 14 帧处分别添加关键帧，“不透明度”属性分别修改为“0%”“100%”“100%”“0%”。

其他三层按以上的操作添加“不透明度”属性的关键帧并设置参数，如图 4–23 所示。

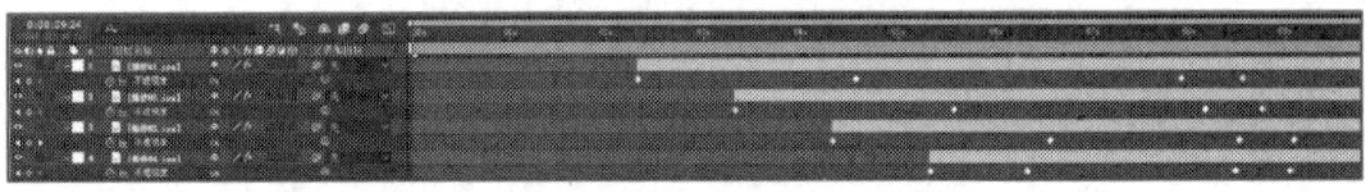

图 4–23 设置“不透明度”属性关键帧

拖动项目面板中“沙滩萌宠 .jpg”图像素材到时间轴面板中，将图层放置在“背景 1.jpg”的下方。选择该图层，右击，在弹出的快捷菜单中选择“变换”→“适合复合”命令。

隐藏“萌宠 01.jpg”“萌宠 02.jpg”“萌宠 03.jpg”“萌宠 04.jpg”和“闪白”合成的图层，只显示“背景 1.jpg”和“沙滩萌宠 .jpg”，如图 4–24 所示。

图 4–24 图层顺序和隐藏

步骤 4:添加遮罩

选择“背景 1.jpg”,在 6 s 00 帧处,绘制一个小的矩形框,置于画外,为“蒙版路径”添加关键帧,在 9 s 24 帧处将矩形框大小更改成和画面大小一致,如图 4-25 所示。

图 4-25　添加遮罩

更改蒙版设置,调整图像遮罩效果,将“蒙版 1”的图层属性改为“相减”,设置蒙版羽化为“132.0,132.0 像素”,将蒙版扩展设置为“30.0 像素”,如图 4-26 所示。

图 4-26　蒙版参数设置

任务四　拼合与渲染输出

步骤 1:拼合动画

选择“合成”→“新建合成”命令,合成命名为“最终合成”,持续时间为 15 s,其他参数取默认值。

导入“礼花 01.mov”文件,依次选择“项目”面板中的“礼花 01.mov”“图像素材处理”合成、“沙滩萌宠 .jpg”,拖入到时间轴面板中,如图 4-27 所示。

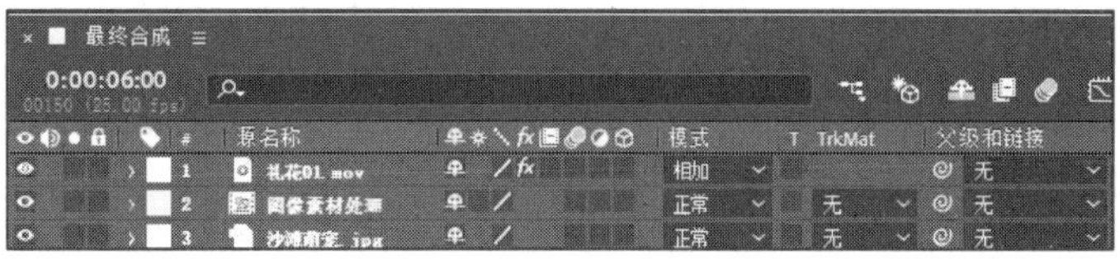

图 4-27　图层顺序

选择“礼花 01.mov”图层，调整素材大小适合“合成”面板。双击“效果和预设”面板中的“抠像”特效组中的“线性颜色键”特效，为视频添加抠像特效，去除底色；再双击“时间”特效组中的“残影”特效，参数如图 4-28 所示。

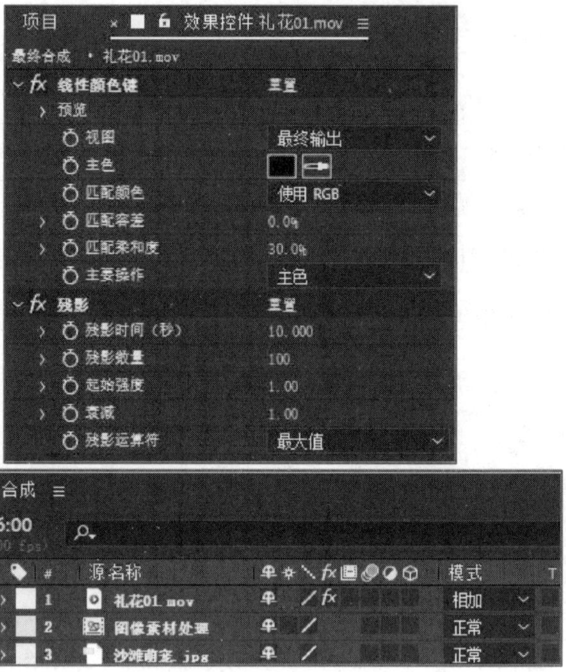

图 4-28　“线性颜色键”和“残影”参数设置

选择“礼花 01.mov”图层，定位时间至 9s 00 帧处，按[键对齐图层入点。选择“沙滩萌宠 .jpg”图层，调整图像大小，定位至 10 s 00 帧处，按[键对齐图层入点。此时，时间线上三个图层首尾相接，如图 4-29 所示。

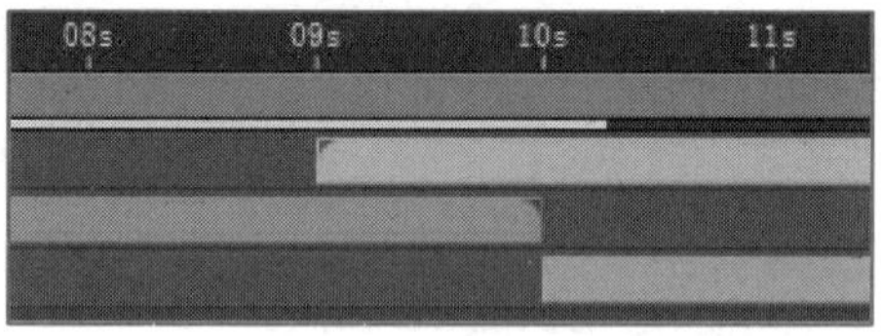

图 4-29　排列图层时间线

保存文件。单击▶按钮预览动画。

步骤 2：渲染输出

选择“项目”面板中的“最终合成”，选择“合成”→“添加到渲染队列”命令，添加到渲染队列。在“渲染队列”面板展开当前任务，如图 4-30 所示。

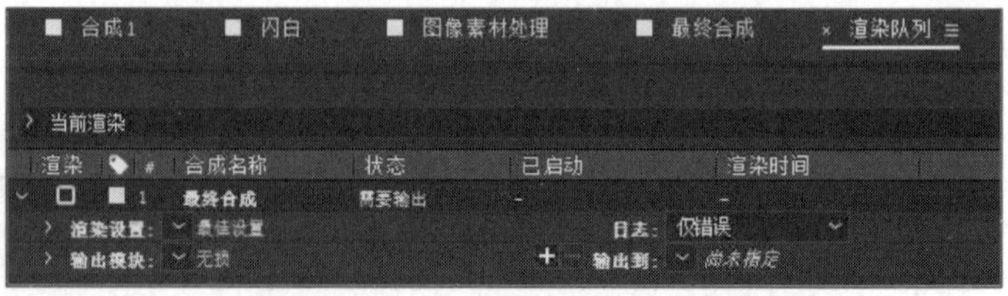

图 4-30　渲染队列

单击“输出模块”旁蓝色文字“无损”，弹出如图4–31所示对话框，从对话框中选择渲染输出格式为“QuickTime”，单击“格式选项”按钮，弹出“格式选项设置”对话框，可以根据需要进行视频与音频参数设置。

单击“输出到”旁的蓝色文字“尚未指定”，在弹出的对话框中选择影片的存储路径和名称，单击“保存”按钮。

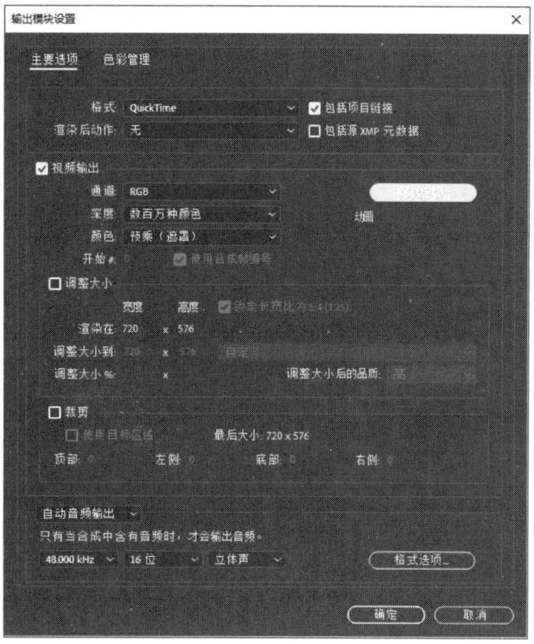

图4–31　“输出模块设置”对话框

提示

如果没有安装FLASH软件，将无法正常渲染输出FLV格式文件。

单击“渲染”按钮 渲染 开始渲染。渲染过程中，进程如图4–32所示，渲染完成后，在“渲染队列”面板菜单中选择“恢复画面尺寸”命令，恢复工作区。

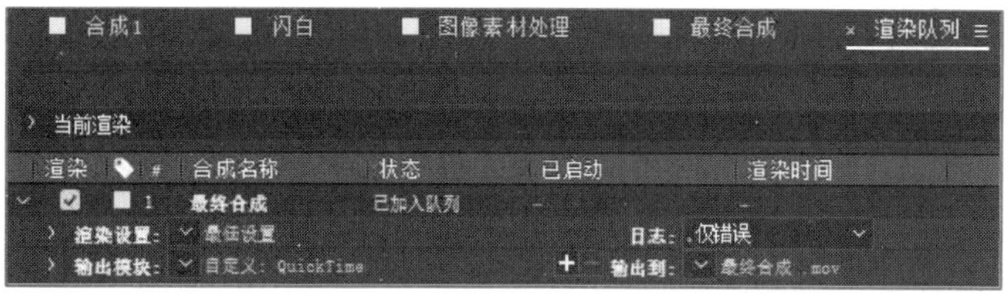

图4–32　渲染过程

FLV（全称flash video）文件是一种流媒体格式，因文件小、带宽占有率低、视频质量良好等特点，其在网络上盛行。它的出现有效地解决了SWF视频文件体积庞大和在网络上传输时等待时间长等缺点。同时，一般FLV文件包在SWF Player的壳里，可以很好地保护原文件不被随意下载，从而起到保护版权的作用。

小结与训练

小结

通过本项目制作体验了图像抠图的制作过程。同时，进行了直接运用抠像来更改画面、变化背景和遮罩添加等特效的制作，使作品达到更佳的视觉合成效果。在完成图像的层模式调整、图片的修复和遮罩调整等任务的同时，学习了相关特效融合处理。在实际应用中非常有用，跟其他特效配合使用，变化更是精妙，这里的一些效果图只是简单地演示，并不能真正体现这些特效的精髓，还有待在学习和工作中探索发现！

思考题

1. 蓝色背景的图片进行抠图处理包括哪几种分类？
2. 闪白特效用于哪种效果？
3. 对图片层叠模式的方法有哪些？

训练题

1. 参考配套资源中“项目四训练”文件夹中的“训练 1”成品文件，使用抠像特效的菜单命令，完成作品。

2. 以“项目四训练”文件夹中提供的素材图片，实现鱼从左边鱼缸跃入右边鱼缸的动画作品。

项目五 “中国美景游一游”
——图片色彩特效

项目简介

在特效制作过程中，图片是重要的素材之一，图片的色彩处理在特效制作中至关重要，色相、饱和度、亮度、噪波等要素的处理都会使图片增色。

本项目通过 After Effects 软件实现图像的色彩调整、水墨特效制作、噪波处理、吹气泡等特效，掌握图片色彩特效制作的基本方法，能够对图像的色相、饱和度、亮度等进行基本的处理，学会利用调色插件和直方图等操作技能进行图片调色设置等。同时，通过制作，对调整图像色彩、制作水墨特效、吹气泡特效等达到较熟练的程度。

效果截图

任务一 添加标题

步骤 1:新建项目

新建项目。选择“文件”→“新建”→“新建项目”命令或按 Ctrl+Alt+N 组合键,新建一个项目。

创建合成。选择“合成”→“新建合成”命令或按 Ctrl+N 组合键,在图 5-1 所示对话框中,将合成命名为“图片彩色特效合成 1”,在“预设”下拉列表框中选择“PAL D1/DV 宽银幕”,大小为“720 px × 576 px”,像素长宽比选择“D1/DV PAL 宽银幕(1.46)”,持续时间可以根据自己的项目需要来设置,其他参数取默认值。

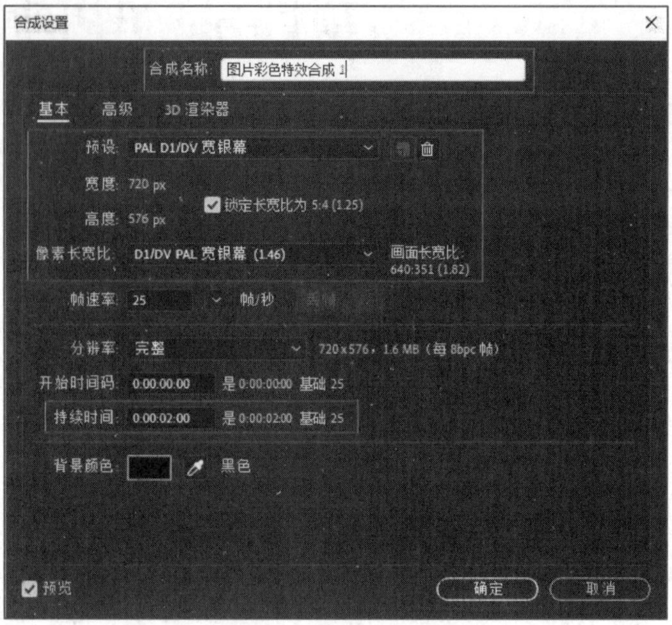

图 5-1 新建合成

导入素材。按 Ctrl+I 组合键导入配套资源中“项目五素材”文件夹中的所有素材,如图 5-2 所示。

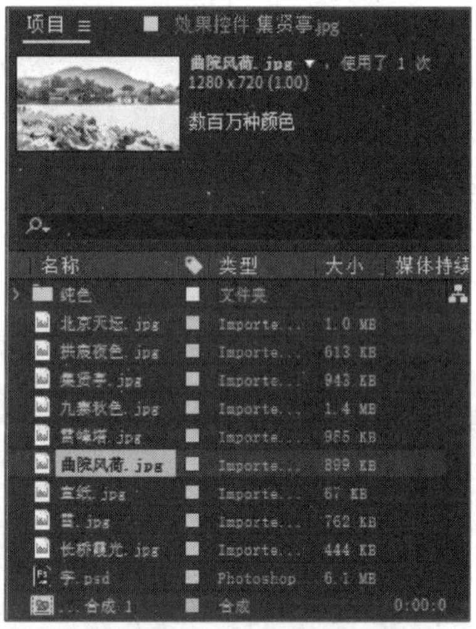

图 5-2 导入素材

将“曲院风荷 .jpg”图片素材拖入时间轴面板中,如图 5-3 所示。

图 5-3 素材拖入时间轴面板

步骤 2:添加文字及特效

在素材图片上加入动态文字。在时间轴面板中,右击,弹出快捷菜单,选择“新建”→“文本”命令,新建文字图层,输入“中国美景游一游”。打开“字符”面板,调整字体、字号,设置颜色为“黄色”,效果如图 5-4 所示。

图 5-4 文字效果

选择预置中合适的运动特效,选中文字图层,选择“动画”→“浏览预设”命令,Adobe Bridge 软件将打开显示“Presets”文件夹中的内容,在“Text”文件夹中选取合适的标题文字出场动画,如图 5-5 所示。

图 5-5 标题文字出场效果

任务二 调整色彩

步骤 1:调整色相 / 饱和度

创建新的合成,命名为“图片彩色特效合成 2”,导入“项目五素材”文件夹中的“九寨秋色 .jpg”图片,如图 5-6 所示。

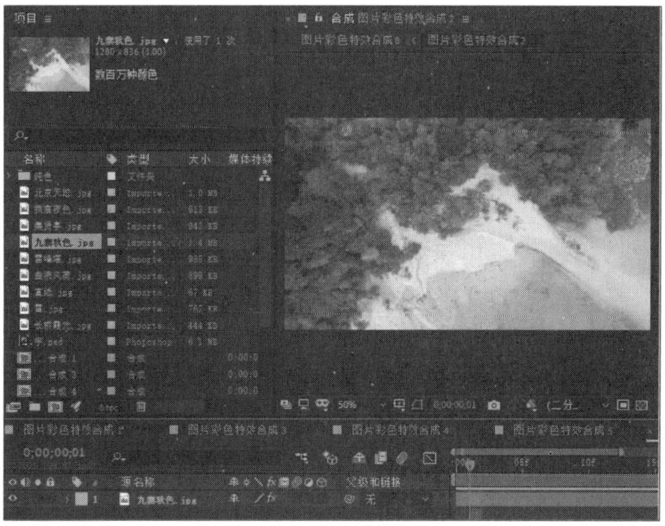

图 5-6 导入图片素材

在时间轴面板中，选中该图层，右击，在弹出的快捷菜单中选择“效果”→“颜色校正”→“色相 / 饱和度”命令，如图 5-7 所示。

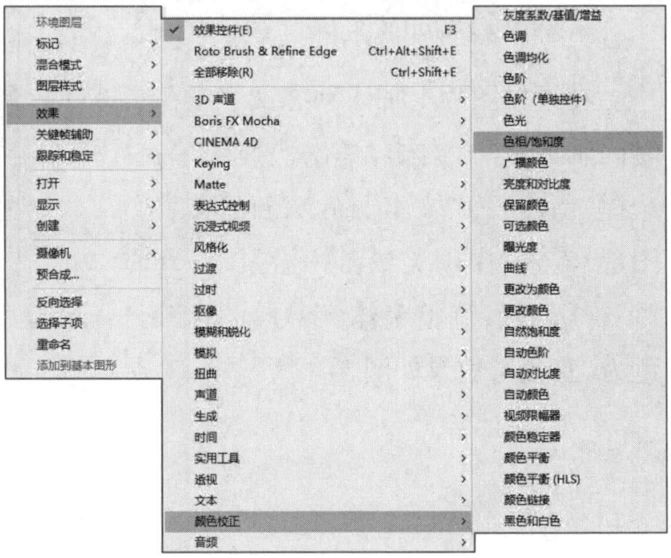

图 5-7 “色相 / 饱和度”快捷菜单

“色相”是色彩相互区别的主要特征，实质上是色彩的基本颜色。基本色相有红、橙、黄、绿、青、蓝、紫，从光学意义上讲，色相差别是由光波波长的长短产生的，人的眼睛可以分辨约 180 种不同色相的颜色。

提示

“特效”插件可在“特效和预置”面板中找到，也可在选中图层的情况下右击，在快捷菜单中找到。

调整“效果控件”面板中“主色相”参数，如图 5-8 所示，也就是改变它的颜色，将其调整至所需的色彩。

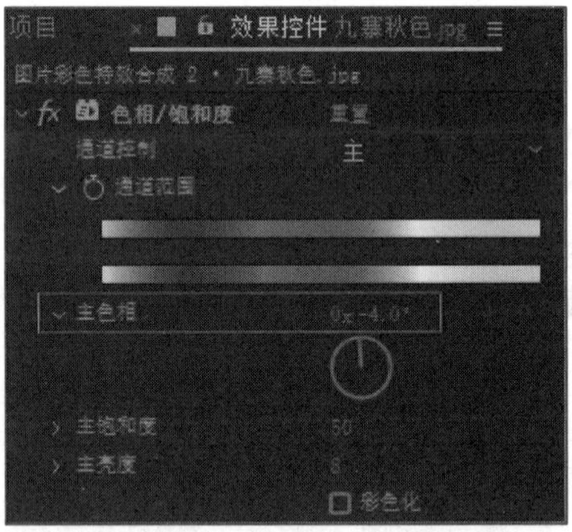

图 5-8 调整色相的参数

图像经过色相调整的前后对比如图 5-9 所示。

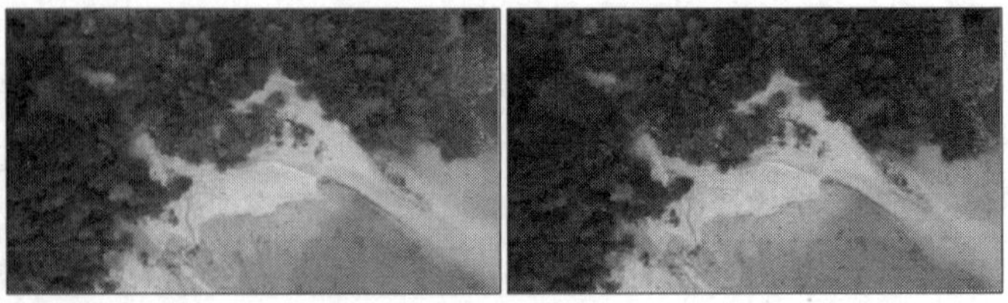

图 5-9 图像经过色相调整的前后对比

“饱和度”是指色彩的鲜艳程度，也称色彩的纯度，是色彩构成要素之一。饱和度取决于该色彩中含色成分和消色成分（灰色）的比例。含色成分越大，饱和度越大；消色成分越大，饱和度越小。纯度越高，表现越鲜明，纯度越低，表现则越暗淡。

调整“效果控件”面板中“主饱和度”参数，如图 5–10 所示。图像经过饱和度调整的前后对比如图 5–11 所示。

图 5–10 调整饱和度参数

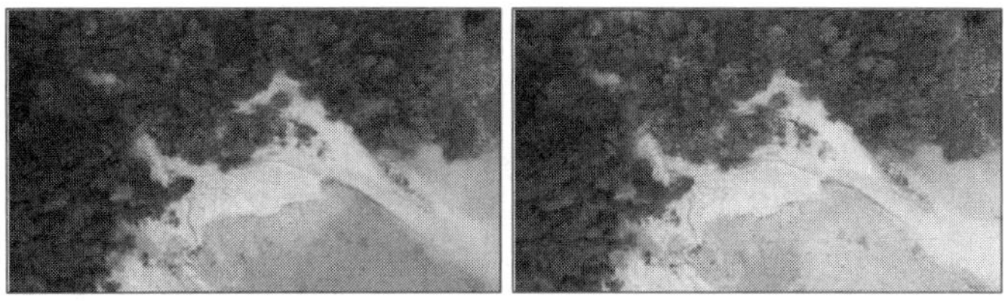

图 5–11 图像经饱和度调整的前后对比

“亮度”是指图像颜色的明暗度。

调节“效果控件”面板中“主亮度”参数，如图 5–12 所示。图像经过亮度调整的前后对比如图 5–13 所示。

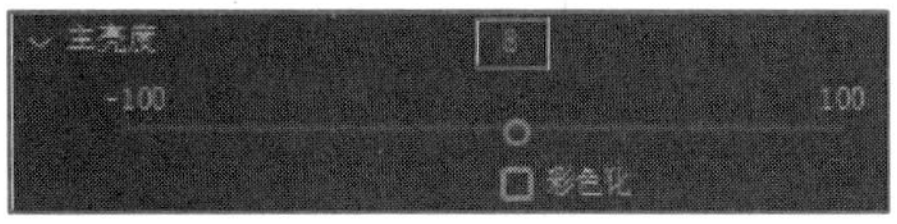

图 5–12 调整亮度参数

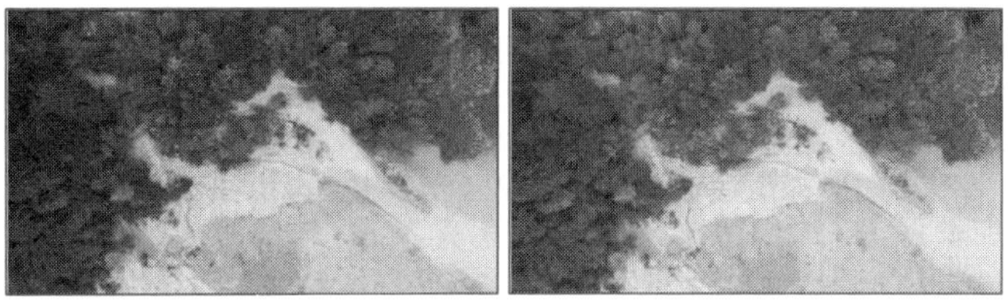

图 5–13 图像经过亮度调整的前后对比

提示

在调节色相、饱和度和亮度过程中，通过调整其参数大小可体验三个色彩要素对图片效果的影响。

此外，可以根据图像所需的不同色彩来选择“通道控制”，如图 5–14 所示，在“效果控件”面板中进行通道等其他参数的调节。

图 5–14 通道控制

提示

“通道控制”用于选择所应用的颜色通道，选择“主”表示对所有颜色通道应用调节，选择“红色”“黄色”“绿色”“青色”或“洋红”，则对选择的颜色通道应用调节。

步骤 2:调整图片亮度

创建一个新的合成并重命名为“图片彩色特效合成 3”,导入“项目五素材”文件夹中的“拱宸夜色 .jpg”图片。

在时间轴面板中选中图层,右击,在弹出的快捷菜单中选择“效果”→“颜色校正”→“亮度和对比度”命令,如图 5-15 所示。

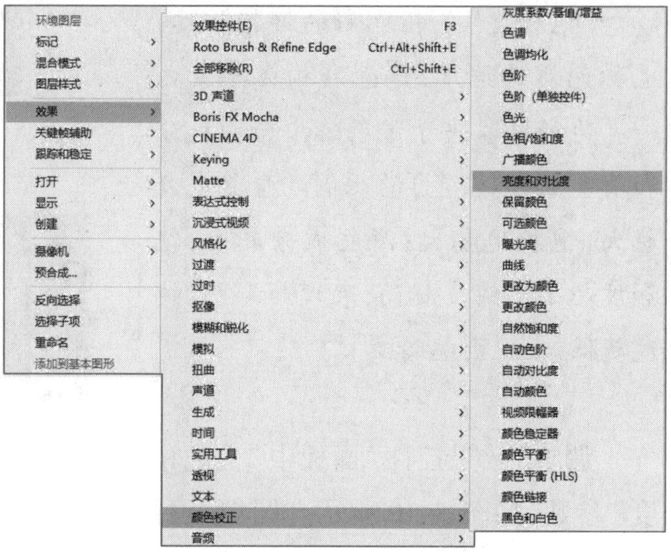

图 5-15 “亮度和对比度”快捷菜单

这里的“亮度”就是调整图片的明暗度,在“效果控件”面板中,调整“亮度”参数就可以调节图片的明暗度,如图 5-16 所示。亮度范围为 0~255,共分 256 个等级。增加亮度前后的效果对比如图 5-17 所示。

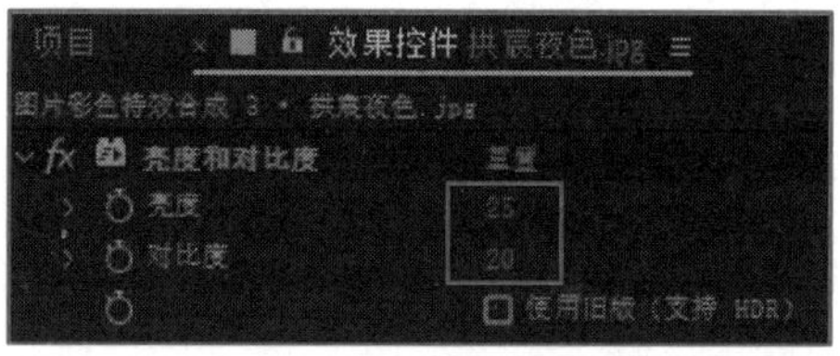

图 5-16 调整亮度参数

图 5-17 图像经过亮度调整后的前后效果对比

提示

可参考导论中的色彩模式,进一步了解颜色的原理,使得在图像色彩处理时不会茫然,并且可以更快、更准确地调整颜色。

步骤 3:添加怀旧效果

通过“三色调”滤镜来制作怀旧效果。

创建一个新的合成并命名为“图片彩色特效合成 4”,导入“项目五素材”文件夹中的“北京天坛 .jpg”图片。

在时间轴面板中选中该图层,在“特效和预设”面板中输入“三色调”,找到此调色插件,如图 5-18 所示。拖动该特效名称到图片上;或双击特效名称,将其添加到当前图层,如图 5-19 所示。

图 5-20 所示为“三色调”调色插件的各类属性,通过对各类属性参数的调整,达到需要的效果。

在“特效和预设”面板中输入“曲线”,找到此调色插件,双击特效名称,将其添加到当前图层,如图 5-21 所示。

调整“曲线”的参数,如图 5-22 所示。

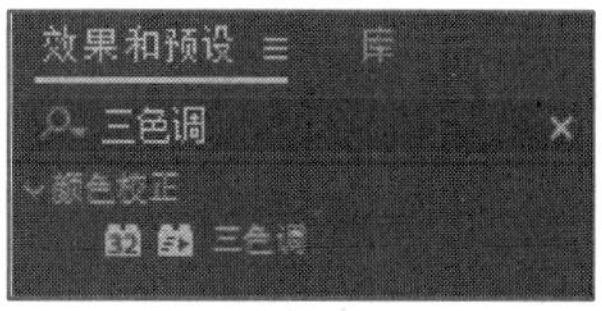

图 5-18 查找“三色调”插件

图 5-19 添加“三色调”特效

图 5-20 调整“三色调”参数

图 5-21 添加“曲线”特效

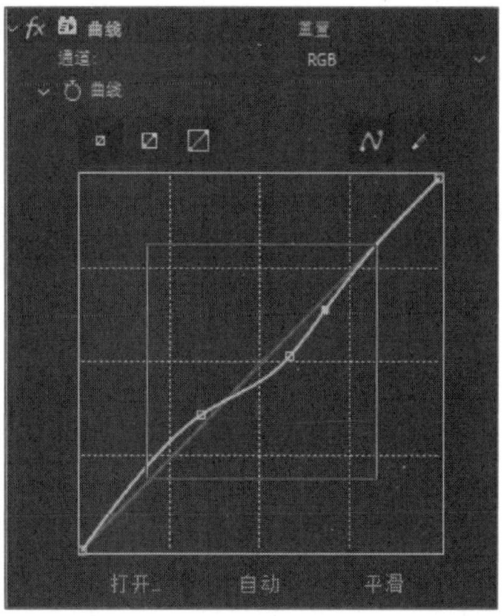

图 5-22 调整“曲线”参数

通过以上参数调整，可以将图像最终效果调整为怀旧风格，效果对比如图 5–23 所示。

图 5–23 图像调整前后的效果对比

步骤 4：调整图片曝光

创建新的合成并命名为“图片彩色特效合成 5”，导入“项目五素材”文件夹中的“雪 .jpg”图片，从“预览”面板中可以看出该图片较亮，明显曝光过度，可以通过调节直方图，达到减少曝光度效果。

“直方图”是以图形化参数来显示图像曝光精确度的手段，其描述的是图像显示范围内影像的灰度分布曲线。它可以帮助分析图像的曝光水平等信息。如图 5–24 所示，直方图的左边显示了图像的阴影信息，中间显示了图像的中间色调信息，右边显示了图像的高亮信息。

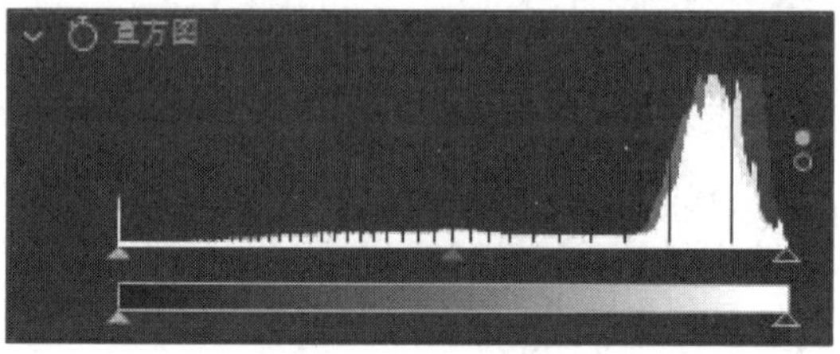

图 5–24 直方图

在时间轴面板中选中图层，右击，在弹出的快捷菜单中选择“效果”→“颜色校正”→“色阶”命令，分别调整“红色”“绿色”“蓝色”通道的色阶，如图 5–25 所示。

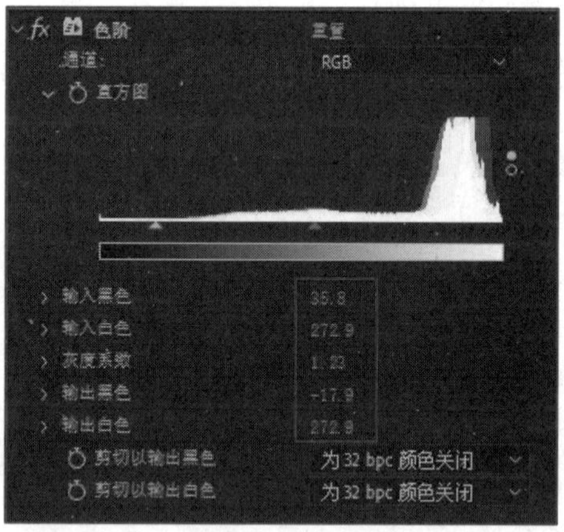

图 5–25 调整色阶特效的各参数

提示

一幅比较好的图应该含有明暗细节，在直方图上就是从左到右都有分布，同时直方图的两侧没有像素溢出。而直方图的竖轴就表示相应部分所占画面的面积，峰值越高说明该明暗值的像素数量越多。

图 5-26 所示，左图为原图，亮度较高，通过直方图调整后显示为右图，山村就较为清晰了。

任务三　制作水墨特效

步骤 1：创建素描线条效果

创建新的合成并命名为“图片彩色特效合成 6”，导入“项目五素材”文件夹中的“集贤亭 .jpg”图片。

去色，使图像的呈现方式从彩色转变为灰度。在时间轴面板上选中图层，右击，在弹出的快捷菜单中选择“效果”→“颜色校正”→“色调”命令，参数使用默认值，如图 5-27 所示。图像以灰度模式显示，效果如图 5-28 所示。

选中图层，选择“效果和预设”面板，找到并展开“风格化”属性，找到“查找边缘”特效，如图 5-29 所示，将其添加到该图层中。

“查找边缘”也称为勾边效果，通过强化过渡像素获取轮廓线条。“反转”用于反向勾边结果。

“风格化”是一组效果，用来模拟一些实际的绘画效果或使画面具有某种风格。风格化效果菜单包含笔触、描边浮雕、发光、噪波等效果。

图 5-26　图像经过色阶调整的前后对比

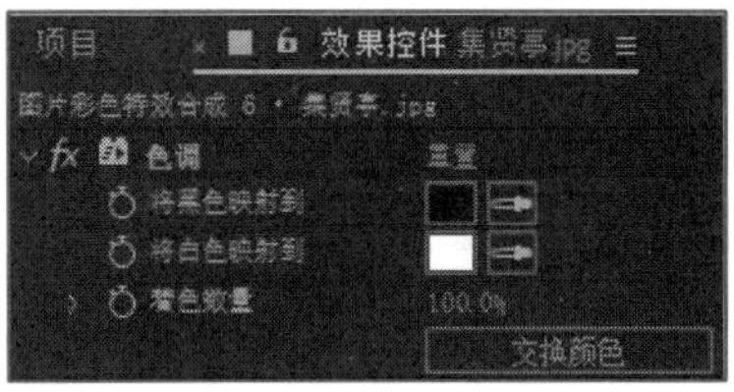

图 5-27　“色调”特效

图 5-28　添加“色调”特效后的图像

图 5-29　“查找边缘”特效

提示

“查找边缘”特效强化颜色变化区域的过渡像素，模仿铅笔勾边的效果。

在“效果控件”面板中可以调整“查找边缘”属性的参数，如图 5-30 所示，调节“与原始图像混合”比例和“动画预设”的模式，最终达到图 5-31 所示的效果。

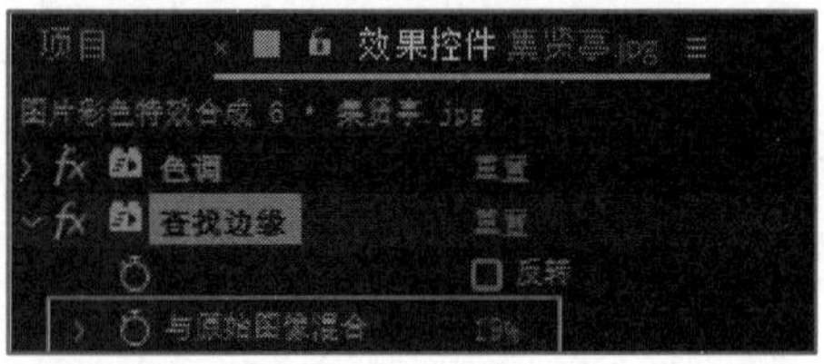

图 5-30 调整“查找边缘”特效参数

图 5-31 添加“查找边缘”特效后的图像

步骤 2：创建墨迹渗出效果

添加模糊效果。选中“集贤亭.jpg”图层，右击，在弹出的快捷菜单中选择“效果”→“杂色和颗粒”→“中间值”命令，将半径设置为“2”，如图 5-32 所示。添加效果后，部分笔触有晕染的感觉，“半径”数值越大，越模糊。不同半径值效果前后对比如图 5-33 所示。

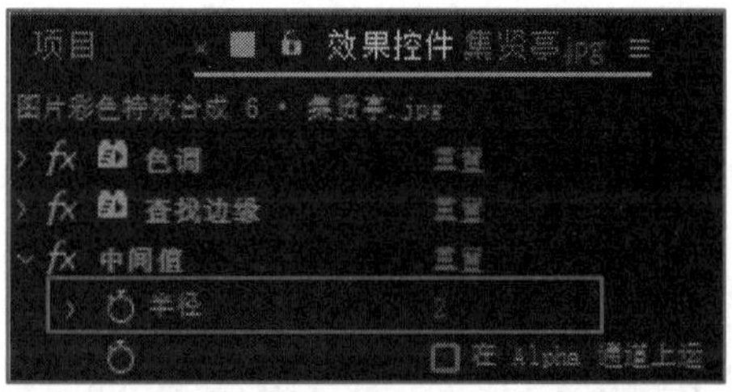

图 5-32 调整“中间值”特效参数

图 5-33 图像经过“中间值”特效模糊的前后对比

增强对比度,在时间轴面板上选中图层,右击,在弹出的快捷菜单中选择“效果”→“颜色校正”→“曲线”命令,调整曲线如图 5-34 所示,使图像的明暗对比更强烈。效果前后对比如图 5-35 所示。

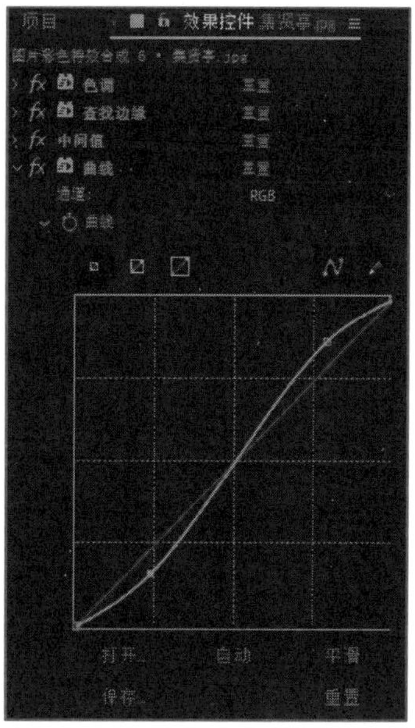

图 5-34　调整“曲线”特效

图 5-35　图像经过“曲线”调整的前后对比

步骤 3:增强墨迹渗出效果

调整图像整体明暗度。按 Ctrl+D 组合键复制图层,重命名为“墨迹渗出”。在“效果控件”面板中找到“曲线”特效,单击“重置”按钮,调整曲线如图 5-36 所示。压暗画面,突出整体效果,效果调色的前后对比如图 5-37 所示。

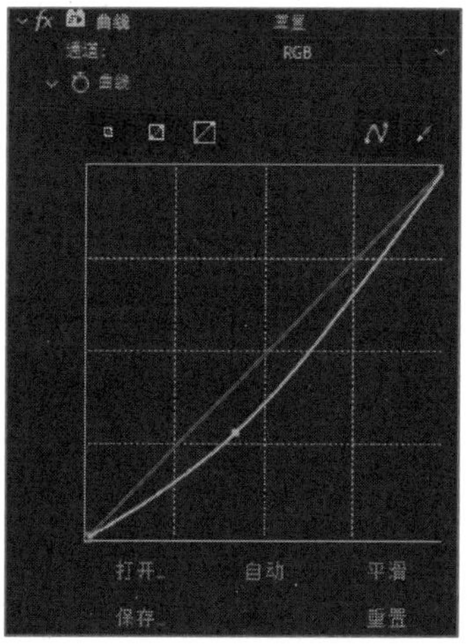

图 5-36　调整“曲线”特效

图 5-37　图像经过“曲线”特效调色的前后对比

添加模糊效果。选中图层，右击，在弹出的快捷菜单中选择“效果”→“模糊和锐化”→“高斯模糊”命令，在“效果控件”面板中将模糊度值设置为“12.7”，如图 5-38 所示。图像轮廓线被扩张，效果如图 5-39 所示。

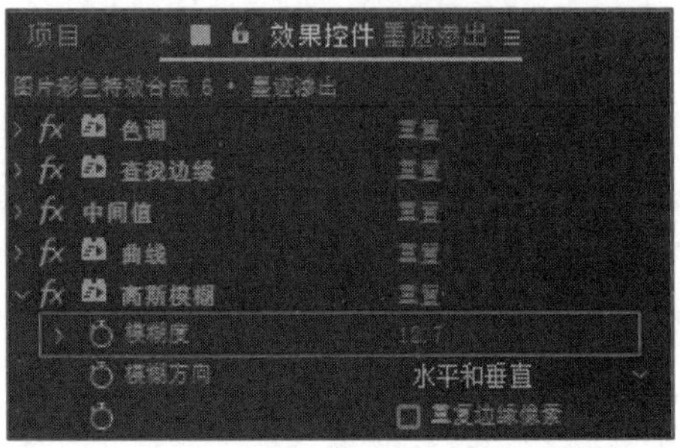

图 5-38 调整“高斯模糊”参数

图 5-39 添加“高斯模糊”特效后的图像

增强晕染效果。选中“墨迹渗出”图层，右击，在弹出的快捷菜单中选择“效果”→“扭曲”→“湍流置换”命令，在“效果控件”面板中将数量设置为“90.0”，大小设置为“4.0”，复杂度设置为“2.0”，如图 5-40 所示，最后效果如图 5-41 所示。

“湍流置换”特效使图像产生波纹效果，本例中通过该特效使图像的晕染效果更强烈。“数量”属性值越大，波纹越明显。“大小”属性值设置不用太大，可以沿轮廓线产生波纹。“复杂度”属性主要用来调整细节。

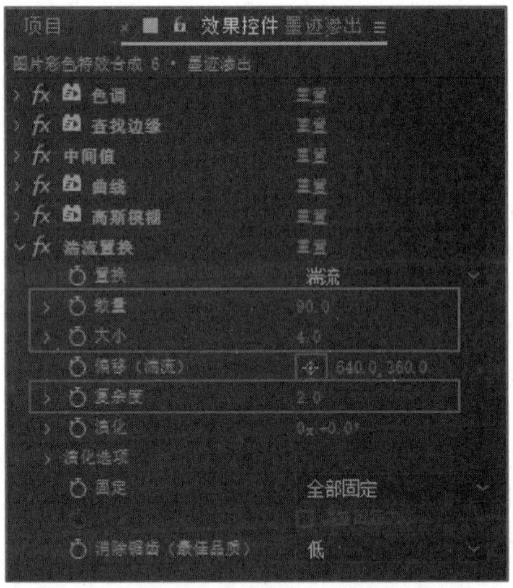

图 5-40 调整“湍流置换”参数

图 5-41 添加“湍流置换”特效后的图像

将“墨迹渗出”图层模式设置为“相乘”，如图 5–42 所示，最后效果如图 5–43 所示。

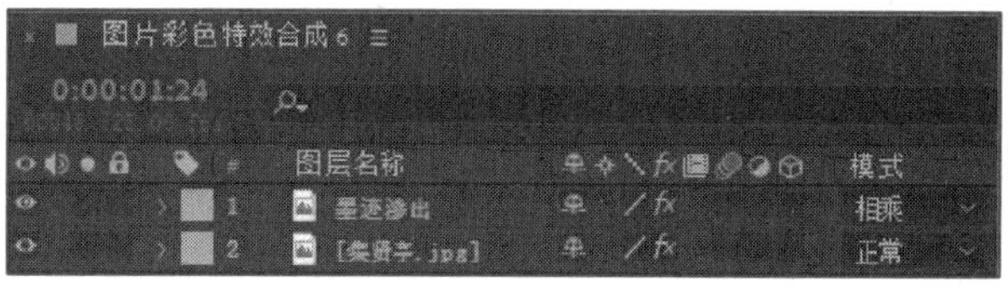

图 5–42　图层模式设置为“相乘”

图 5–43　图层叠加后的图像

调整墨迹效果。两个图层叠加后，墨迹颜色比较厚重，可以选中“墨迹渗出”图层，在“效果控件”面板中单击“中间值”特效前面的fx图标，如图 5–44 所示，使“中间值”特效失去效果。最后效果如图 5–45 所示。

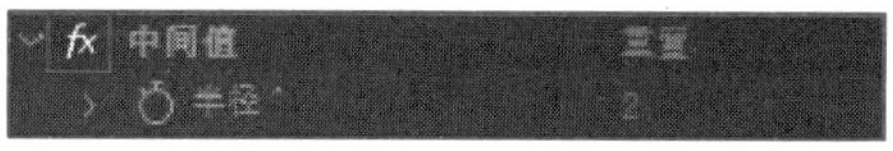

图 5–44　删除“中间值”特效

图 5–45　删除“中间值”特效后的图像

步骤 4:整体调色

选择“图层”→“新建”→“调整图层”命令,如图 5-46 所示,新建一个调整图层,并移动到第一层。

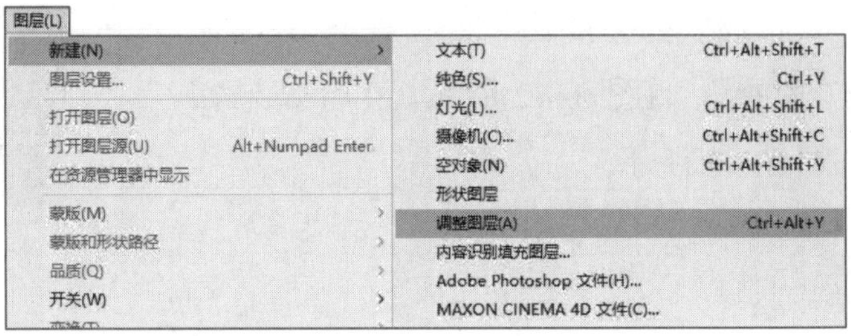

图 5-46 新建“调整图层”菜单

选中“调整图层 1”,右击,在弹出的快捷菜单中选择“效果”→“颜色校正”→“曲线”命令。调整“效果控件”面板中“通道”为“红色”,调整曲线如图 5-47 所示,图像效果如图 5-48 所示,整体色调偏绿。

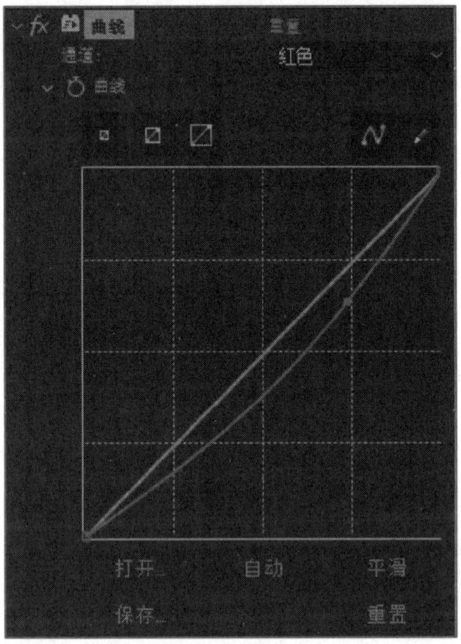

图 5-47 调整“曲线”特效“红色”通道

图 5-48 调整“曲线”特效“红色”通道后的图像

调整“效果控件”面板中“通道”为“绿色”，调整曲线如图 5–49 所示，图像效果如图 5–50 所示。

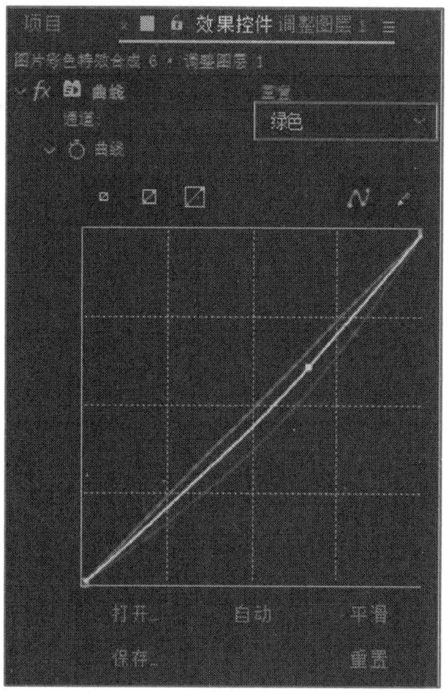

图 5–49　调整“曲线”特效“绿色”通道

图 5–50　调整“曲线”特效“绿色”通道后的图像

步骤 5:添加并处理背景

把素材“集贤亭 .jpg”添加到时间轴面板的最底层，重命名为“背景”图层；按 T 键显示“不透明度”属性，修改为“30%”，如图 5–51 所示。

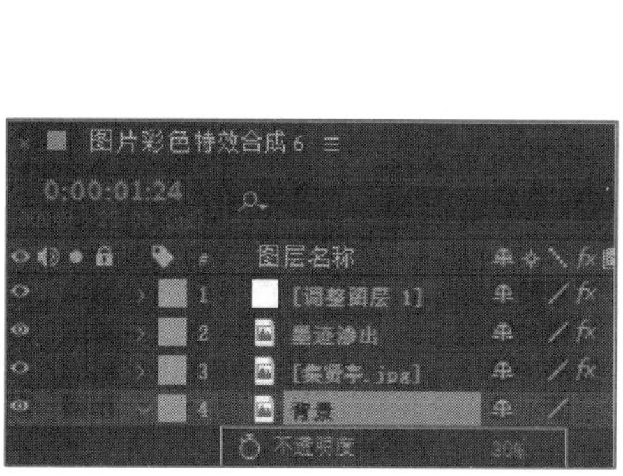

图 5–51　调整“不透明度”参数

为“背景”图层添加一个遮罩，如图 5-52 所示。设置“蒙版羽化”参数为(280.0，280.0)，修改“集贤亭 .jpg”图层模式为“相乘”，如图 5-53 所示。图像效果如图 5-54 所示。

图 5-52 图像添加蒙版

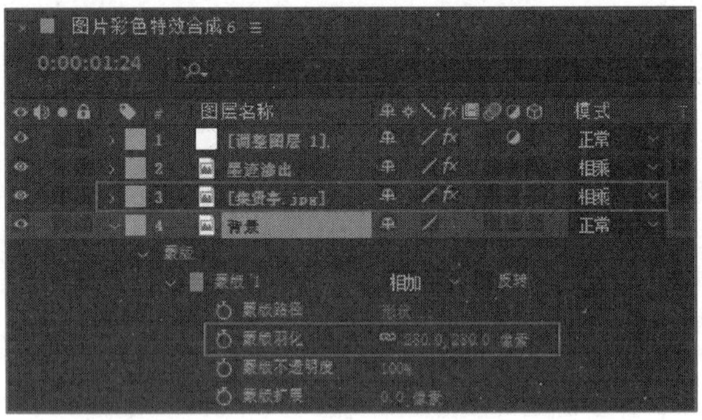

图 5-53 调整“蒙版羽化”参数和图层模式

图 5-54 添加蒙版后的图像效果

添加宣纸纹理。把素材“宣纸 .jpg”添加到时间轴面板的最底层，修改“背景”图层模式为“相乘”，如图 5-55 所示。效果如图 5-56 所示。

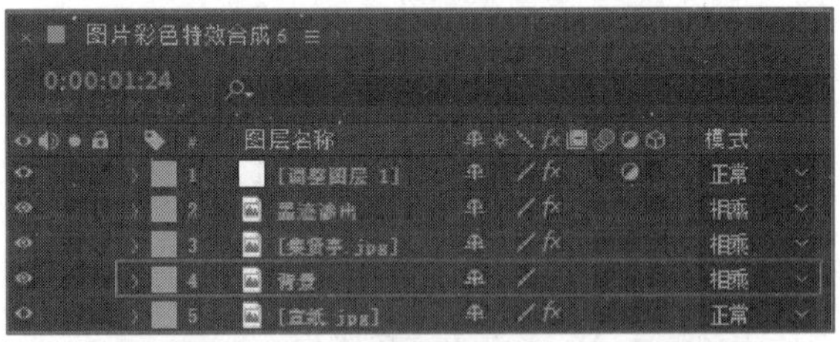

图 5-55 图层模式改为“相乘”

图 5-56 添加宣纸纹理后的图像

提亮图像。选中“宣纸.jpg”图层，右击，在弹出的快捷菜单中选择“效果”→“颜色校正”→“曲线”命令，调整曲线如图 5-57 所示，调高图像的亮度，效果如图 5-58 所示。

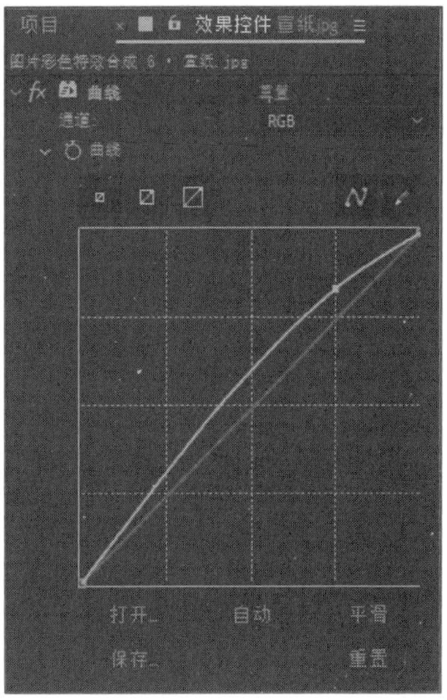

图 5-57　调整“曲线”参数

图 5-58　添加“曲线”特效后的图像

步骤 6：添加与处理文字

把素材“字.psd”添加到时间轴面板的最上层，如图 5-59 所示。调整文字素材的大小和位置，最后效果如图 5-60 所示。

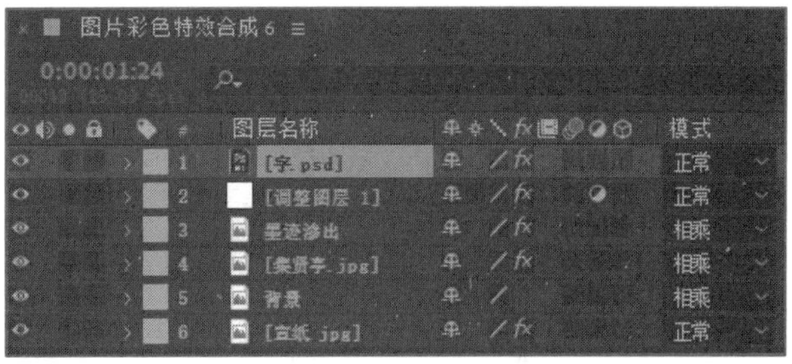

图 5-59　添加文字效果

图 5-60　调整文字素材的大小和位置

选中“字 .psd”图层，右击，在弹出的快捷菜单中选择“效果”→“模糊和锐化”→“高斯模糊”命令，在“效果控件”面板中将模糊度设置为“9.3”，如图 5-61 所示。

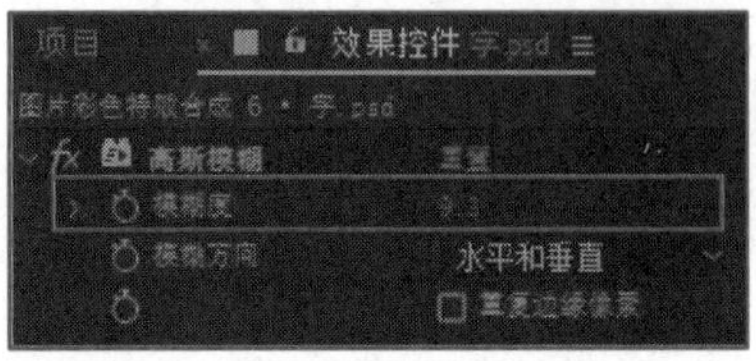

图 5-61 调整“高斯模糊”参数

至此，最终完成水墨画效果制作，如图 5-62 所示。

图 5-62 最终效果

任务四 处理噪波

创建新的合成并命名为“图片彩色特效合成 7”，导入“项目五素材”文件夹中的“雷峰塔 .jpg”图片。将素材拖到时间轴面板中。

选中对应图层，右击，在弹出的快捷菜单中选择“效果”→“杂色和颗粒”命令，设置“移除颗粒”属性的参数，如图 5-63 所示。

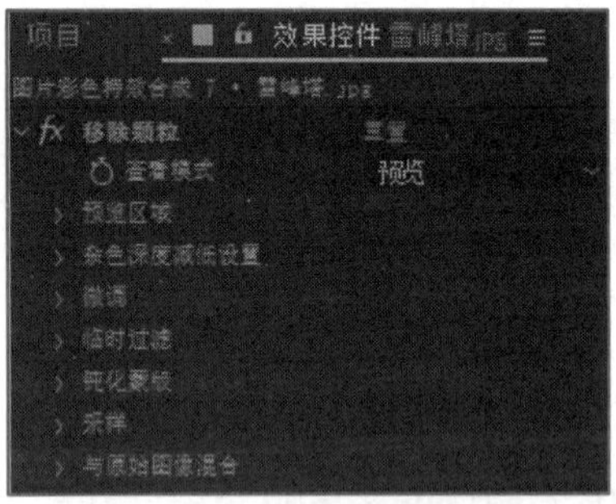

图 5-63 “移除颗粒”属性

“移除颗粒”是通过视频降噪，用调色的方法从感觉上弱化不清晰的镜头，使其变得清晰，减轻噪波。

这个插件的使用通常分两个步骤：

① 检测噪波。在“效果控件”面板中把查看模式改为“杂色样本”，如图 5-64 所示。展开“采样”属性，样本选择设置为“手动”，其他参数设置如图 5-65 所示。

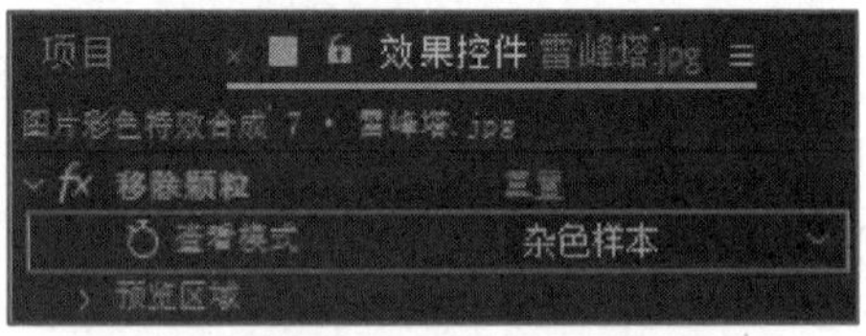

图 5-64 调整“查看模式”参数

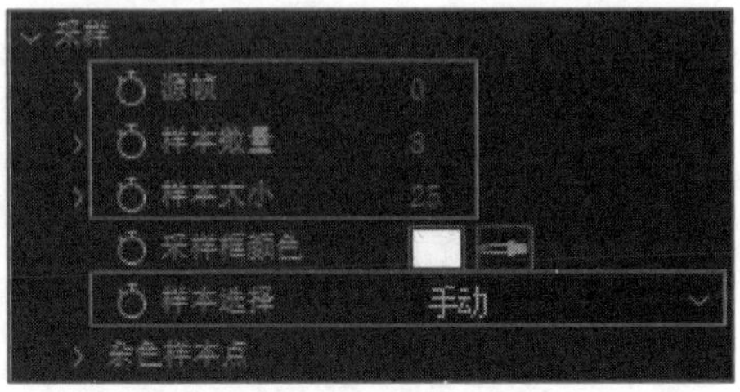

图 5-65 调整检测方式

② 选择相关参数然后去除噪波。展开“杂色深度减低设置”属性，将减少杂色深度调整为“0.8”。展开“采样”属性，样本大小设置为“25”。查看模式设置为“最终输出”模式，如图 5-66 所示。

图 5-67 所示为图像降噪调整前后效果对比。

降噪是指消除数字噪点。噪点是指图片形成过程中将光线作为信号接收并输出时所产生的图像中的粗糙部分，即图像中不该出现的外来像素，通常由电子干扰产生。

图 5-66　调整各参数说明

提示

每张图的噪波消除要具体问题具体分析，不断积累自己的制作经验。

图 5-67　图像降噪调整前后效果对比

任务五　制作气泡特效

步骤 1：制作气泡

在任务四完成作品的基础上，进行任务五的制作操作。

在时间轴面板上，右击，在弹出的快捷菜单中选择“新建”→“纯色”命令，如图 5-68 所示，新建纯色图层并命名为“气泡”。

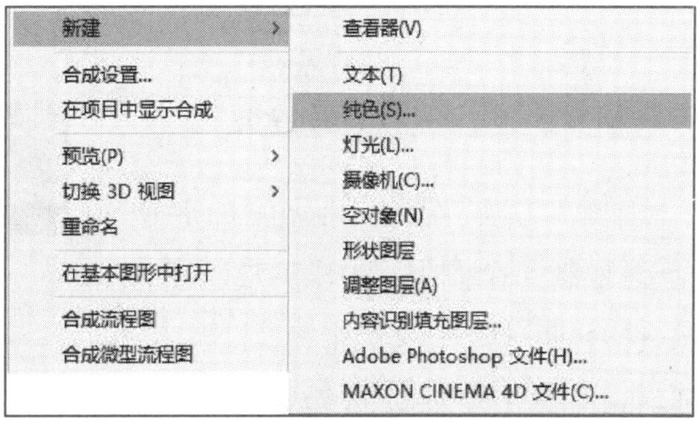

图 5-68　新建纯色图层

选择“气泡”纯色图层，右击，在弹出的快捷菜单中选择“效果”→“模拟”→“泡沫”命令，弹出“效果控件”面板，进行“泡沫”属性参数设置。“视图”属性设置为“已渲染”，同时通过参数设置改变泡沫的发射点为画面下方，让泡沫从下面发射，产生上升的效果，如图 5-69 所示。

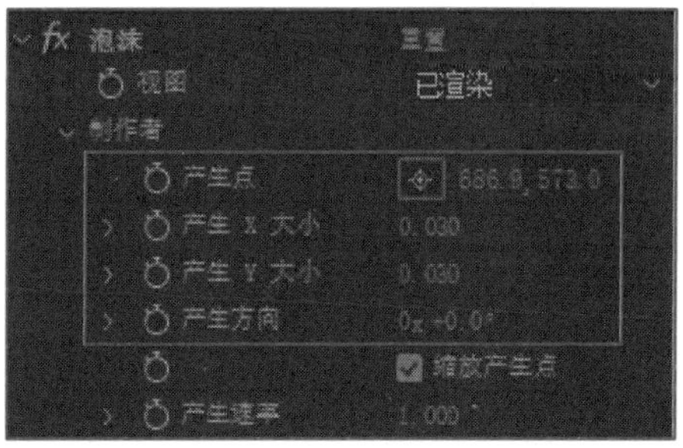

图 5-69　添加“泡沫”特效

展开“气泡”和“物理学”属性，如图 5–70 所示，设置气泡的大小、寿命及物理学的相关属性。展开“正在渲染”属性，设置参数如图 5–71 所示。

“泡沫”是气泡效果插件，一般用于开场画面效果，通过气泡的大小、寿命及物理学的相关属性设置，可产生梦幻般的效果。

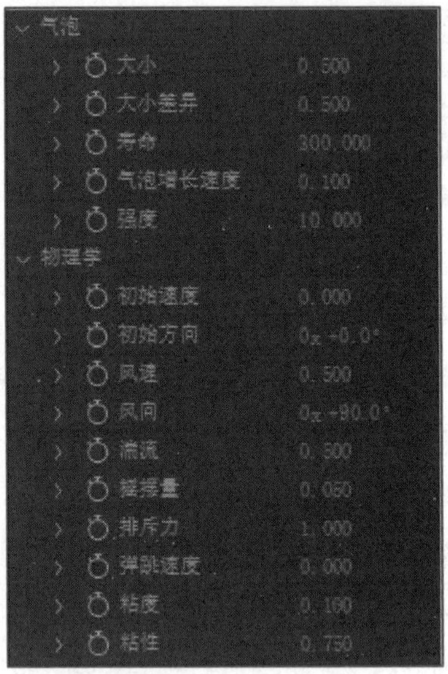

图 5–70 调整各参数

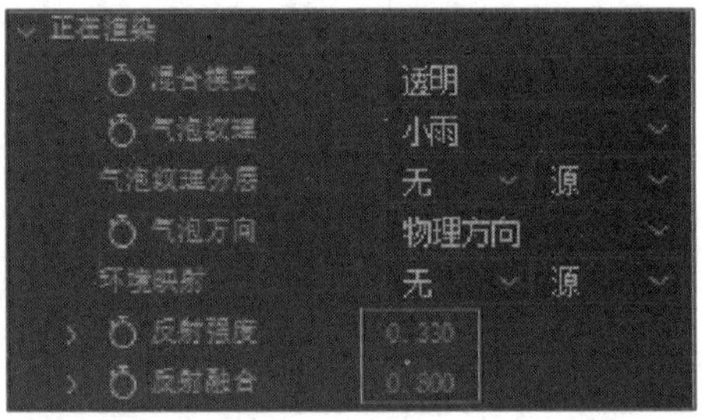

图 5–71 调整制作气泡参数

步骤 2：制作气泡上升效果

选择“气泡”纯色图层，按 Ctrl+D 组合键复制一个图层，如图 5–72 所示。

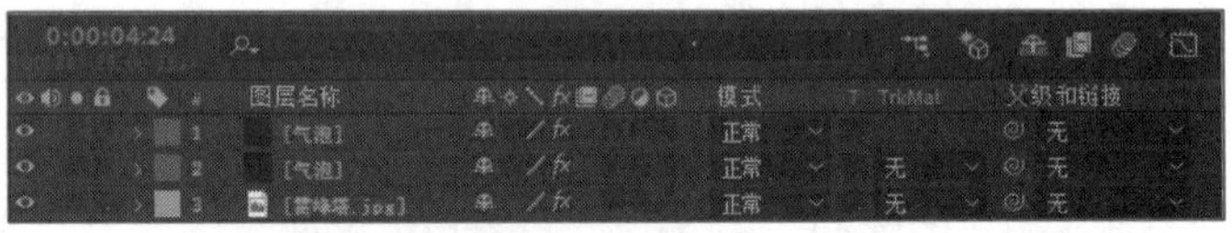

图 5–72 复制“气泡”图层

选中两个“气泡”纯色图层，按 Ctrl+Shift+C 组合键进行重组，在“预合成”对话框中命名为“气泡”，如图 5–73 所示。

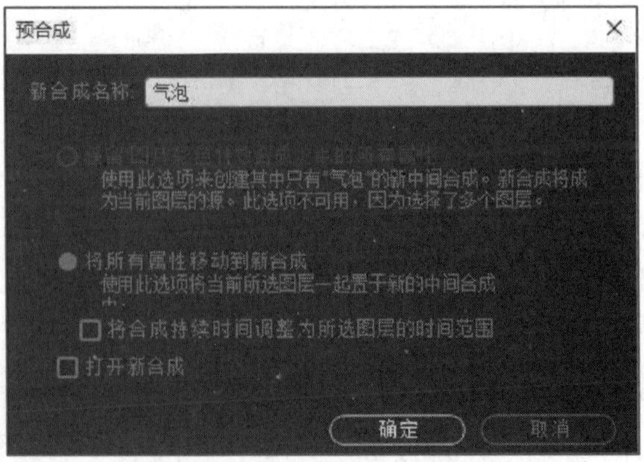

图 5–73 “预合成”对话框

修改完成后，按空格键进行预览，发现产生气泡上升的效果，如图 5-74 所示。

图 5-74　预览效果

步骤 3:加入文字

在做好的素材上加入主题文字“跟我一起游中国！”。

参考配套资源中“项目五作品”文件夹中的视频文件，添加主题文字并制作特效。添加的插件特效如图 5-75 所示。

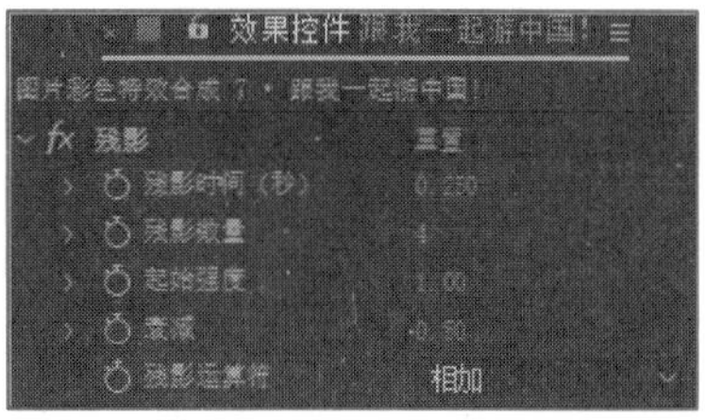

图 5-75　文字动画效果

最终预览效果如图 5-76 所示。

图 5-76　预览效果

任务六　拼合与渲染输出

步骤 1:拼合合成

创建新的合成并命名为“图片彩色特效合成 8”，作为渲染输出合成。分别把“图片彩色特效合成 1”～“图片彩色特效合成 7”拖入“图片彩色特效合成 8”合成中，如图 5-77 所示。

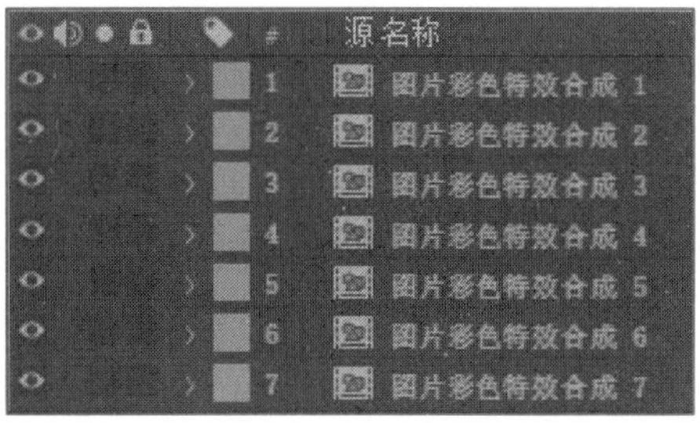

图 5-77　拖入合成

按照播放顺序，分别调整“图片彩色特效合成 1”～“图片彩色特效合成 7”的顺序，如图 5-78 所示。

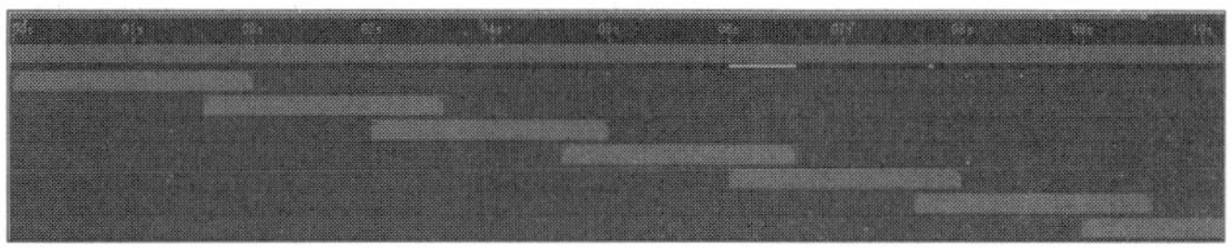

图 5-78　调整合成顺序

步骤 2:设置转场

淡入淡出转场设置。在“图片彩色特效合成 1”与“图片彩色特效合成 2”之间设置透明度的关键帧,达到淡入淡出的效果,如图 5-79 所示。

图 5-79 淡入淡出关键帧设置

通过预设滤镜可以实现多种转场效果,将图片有机衔接起来,播放时达到动画的效果。

选择“窗口”→“效果和预设”命令,显示“效果和预设”面板,如图 5-80 所示,展开“动画预设”→“Transitions-Movement”特效组,其中特效均可作为转场特效。

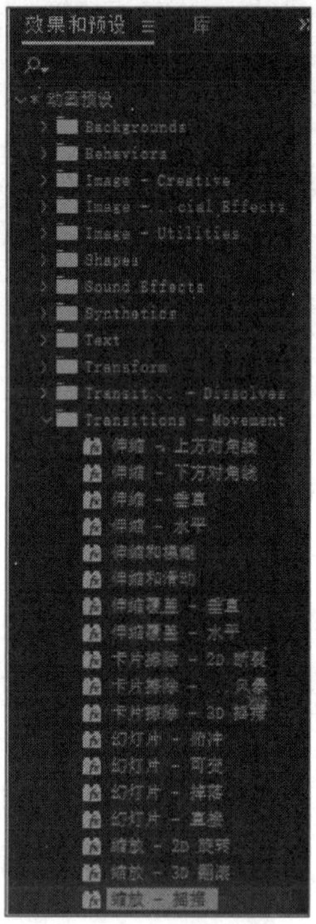

图 5-80 转场特效

在“图片彩色特效合成 3”上应用“缩放 - 摇摆”特效,实现由小变大进入画面的效果,如图 5-81 所示。

图 5-81 转场插件效果 1

在“图片彩色特效合成 4”上应用“滑动主控”特效,实现由侧面滑入画面效果,效果如图 5-82 所示。

图 5-82 转场插件效果 2

色彩转场就是利用前后两个画面色彩的融合,达到转场的效果。

利用色阶完成“图片彩色特效合成 5”与“图片彩色特效合成 6”之间的转场。选中“图片彩色特效合成 5”,在“效果控件”面板中选择“颜色校正”→“色阶”命令,通过效果控制属性设置实现转场。

如图 5-83 所示,在“图片彩色特效合成 5”快结束的时候设置“直方图”关键帧,在 7 s 14 帧处将输出黑色设置为“0.0”,在 7 s 24 帧处将输出黑色设置为“221.6”,最终效果如图 5-84 所示。

通过以上对“图片彩色特效合成 5”的调节,实现与“图片彩色特效合成 6”的水墨效果自然衔接转场。

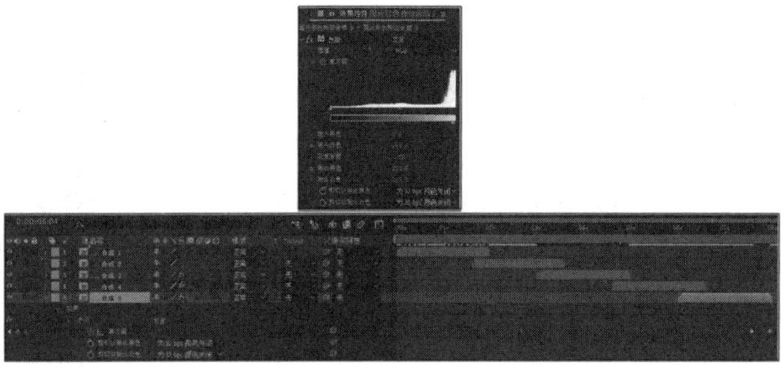

图 5-83　“色阶”参数调整

图 5-84　色阶调整效果

提示

转场效果多种多样,根据风格不同的影片设置不同的转场效果,希望初学者多加尝试,灵活运用。

步骤 3:渲染输出

选择时间轴面板中的“图片彩色特效合成 8”,选择“合成”→“添加到渲染队列”命令。系统自动打开“渲染队列”面板。可以看到队列中已经添加了合成,如图 5-85 所示。

单击队列“图片彩色特效合成 8”旁的三角形按钮,展开渲染选项,根据需要设置参数。

图 5-85　渲染队列

单击“输出模块”右侧蓝色文字，弹出“输出模块设置”对话框，如图5-86所示，在“格式”下拉列表框中选择“AVI”。勾选“调整大小”复选框，“调整大小到”参数选择“PAL D1/DV宽银幕方形像素”。勾选“锁定长宽比为175:96(1.82)”复选框，视频大小会自动调整到“1 050×576”。其他选项采用默认值，单击“确定”按钮，返回到“渲染队列”面板。

单击“输出到:”右侧的蓝色文字，在弹出的对话框中选择影片的存储路径和名称，然后单击“保存”按钮返回到“渲染队列”面板。

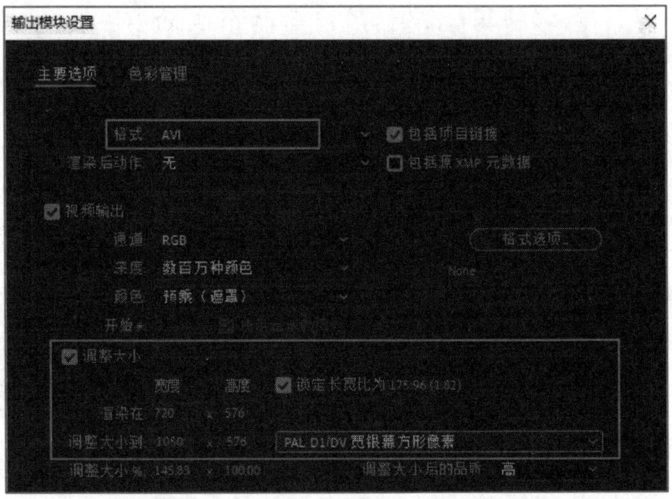

图5-86 “输出模块设置”对话框

提示

在项目制作过程中，要养成随时保存的习惯，由于渲染将占用较多的系统资源，随时保存文件可以避免丢失文件。

单击“渲染”按钮，开始渲染。文件渲染期间，在“渲染队列”面板中显示进度条，如图5-87所示。完成渲染后，After Effects会发出报警音提示。

图5-87 渲染进度

小结与训练

小结

通过本项目的学习是否对图像色彩特效制作有了深入的了解？图像的预设特效可以和色相、饱和度、亮度等图像的基本调色方式同时使用。初学者在刚开始调整图像色彩时往往只关注图像效果本身，而忽略了整体的色调。图像色彩特效的应用要配合主题及素材的需求，不是越绚丽越好。初学者要通过不断实践来摸索色彩搭配的规律。

思考题

1. 制作图像色彩特效包括哪几个基本步骤？
2. 各个调色插件有何异同？
3. 制作图像色彩特效的方法有哪些？

训练题

1. 根据“项目五训练”的图片素材和目标图片，完成图像色彩调整。
2. 以“桂林山水”素材为例，独立完成水墨画效果。
3. 选取自己相册中的一些照片，根据本项目的步骤，完成“我的旅游”视频作品。

项目六　电子相册制作
——影像滤镜特效

项目简介

如今数码技术已经在生活中运用得非常广泛，平时我们用数码相机拍摄的照片，如果配上动态效果和背景音乐在家中的大屏幕电视、计算机或者自己的个人主页中播放，相信是非常赏心悦目的一件事情。

本项目是一个综合项目，制作过程中包含图片的处理、文字的处理及背景音乐的添加，通过给图片素材添加边框、阴影等特效让图片素材更有层次感，运用位移、旋转、缩放效果给图片增添的运动效果也使电子相册更具动感。制作时重点关注各类特效的综合运用及图层之间的协调处理。通过学习，使读者对 After Effects 制作完整作品有一个较直观的认识，增强特效制作能力，同时对前面一些项目中学习过的文本、图片特效制作技能进行拓展，以强化与提高制作技能。

效果截图

任务一　校正照片颜色

步骤 1:新建合成组

选择“文件”→“新建”→“新建项目”命令,新建一个项目。

选择“合成”→“新建合成”命令,弹出如图 6–1 所示的对话框。将合成命名为“图像处理”,在“预设”下拉列表框中选择“PAL D1/DV”,分辨率为“720 px×576 px”,时间长度为“1 min”,其他参数取默认值。

选择“文件”→“导入”→“文件”命令,在弹出的对话框中选择“项目六素材”文件夹中的“图片”文件夹,单击“导入文件夹”按钮,把“图片”文件夹导入到“项目”面板中。拖动文件夹中的“荷 .jpg”文件到时间轴面板中,建立一个图层。

步骤 2:校色图片

在时间轴面板中单击“荷 .jpg”图层,按 Ctrl+D 组合键复制“荷 .jpg”图层,选中新复制的图层,在时间轴面板中的“模式”选项中将叠加方式设置为“柔光”,如图 6–2 所示。

利用 After Effects 自带的“曲线”滤镜给图片素材进行校色。

选中图层,右击,在弹出的快捷菜单中选择“效果”→“颜色校正”→“曲线”命令,调整“荷 .jpg”图层的色彩曲线,如图 6–3 所示。

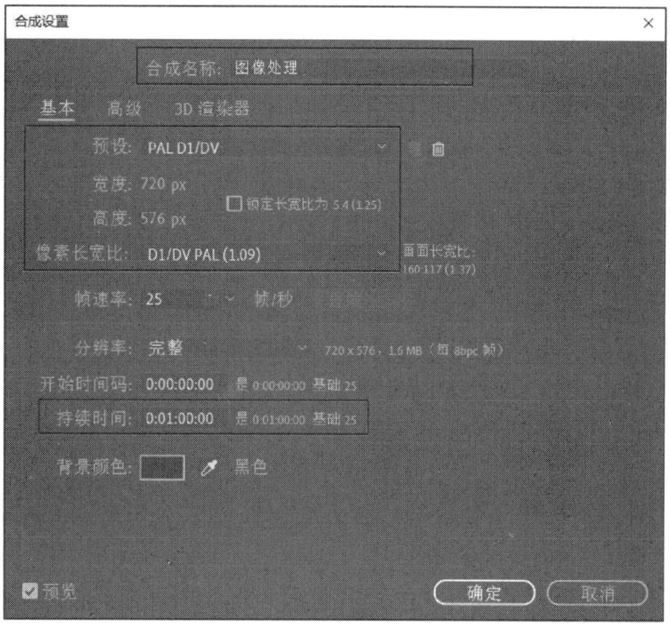

图 6–1　新建合成

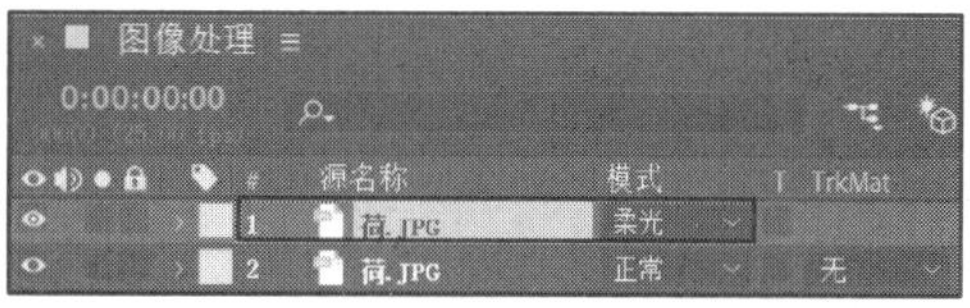

图 6–2　叠加模式

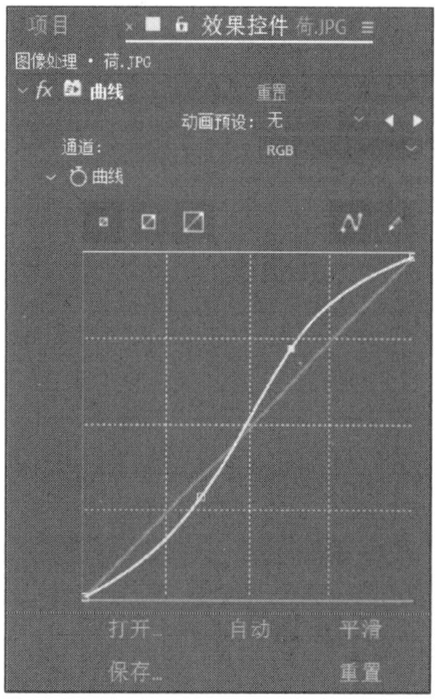

图 6–3　色彩曲线调节

提示

“曲线”是 After Effects 校色滤镜中的一种,它用曲线图形的方式来表示“RGB”三原色的比重。

调节前后图片效果如图 6–4 所示。调节后的画面色彩饱满、对比强烈、色彩层次丰富，与调节前的原图形成了鲜明的对比。

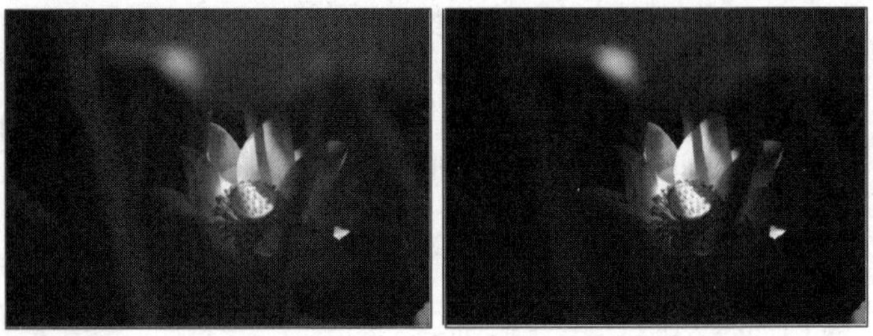

图 6–4　色彩曲线调节前后图片效果

提示

从原理来讲，在远焦点和近焦点前后各有一个容许弥散圆，这两个弥散圆之间就叫景深，也就是说在对焦点前后，其影像仍然有一段清晰范围，而被摄体的前后纵深，控制了在感光元件上的影像的模糊度。光圈、镜头及拍摄物的距离是影响景深的重要因素。光圈越大景深越小，光圈越小景深越大。镜头焦距越长景深越小，反之景深越大。主体越近，景深越小，主体越远，景深越大。要凸显被摄物，可以选择小的景深。要拍风景，就会建议选择大的景深。

在时间轴面板左侧空白处右击，在弹出的快捷菜单中选择“新建”→“调整图层”命令，新建一个调整图层，如图 6–5 所示。

可以在“调整图层”上面加特效、调整颜色等，产生的效果只对它下面的图层起作用。

图 6–5　新建调整图层

选择工具栏中的钢笔工具，在“合成”面板中的视图区域绘制图 6–6 所示的蒙版，将需要突出的主题“荷”框选入蒙版内。

图 6–6　绘制蒙版

添加高斯模糊特效。选择图层，右击，在弹出的快捷菜单中选择“效果”→“模糊和锐化”→“高斯模糊”命令，如图 6-7 所示。

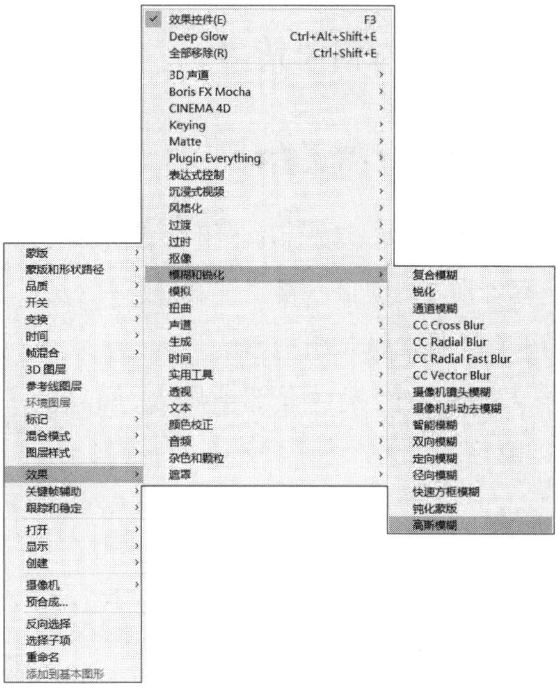

图 6-7　添加“高斯模糊”特效

“高斯模糊”用于模糊和柔化图像，可以去除杂点，图层的质量设置对高斯模糊没有影响。高斯模糊能产生更细腻的模糊效果，尤其是单独使用的时候。

在“调整图层 1”中展开“蒙版”属性，将蒙版羽化设置为(319.0，319.0 像素)，蒙版不透明度设置为“80%”，勾选“反转”复选框，展开“效果”属性，将“高斯模糊”属性中模糊度设置为“3.0”，如图 6-8 所示。

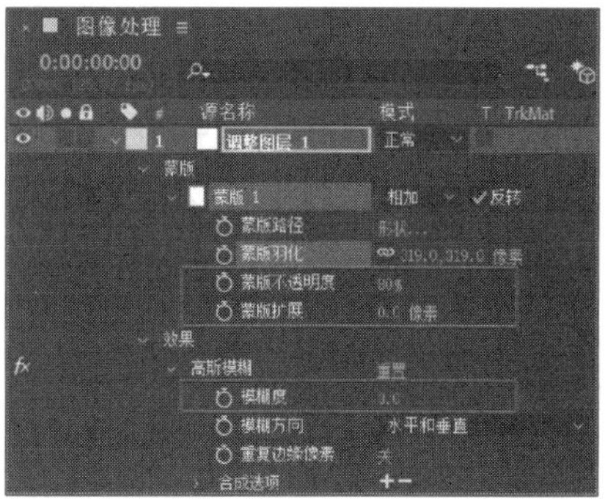

图 6-8　调节参数

为图中添加遮罩，使遮罩层覆盖在整张图片之上。此时已经完成了图片颜色校正，如图 6-9 所示，可对比调整好的图片与原始图片之间的差别。

图 6-9　调整后最终效果

提示

每一张静态或动态素材校色方法都是不同的，并没有万能的方法，首先要分析原图的画面层次感、色调、对比度等，再利用 After Effects 特效滤镜来调节。

任务二　制作相册背景

步骤 1:导入素材

导入文件夹。按 Ctrl+I 组合键导入配套资源中“项目六素材”文件夹中的“电子相册素材”文件夹。

文件夹中的素材全部被导入,如图 6-10 所示。

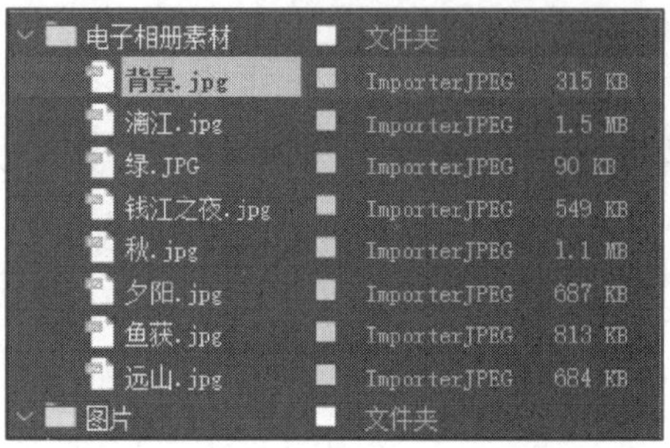

图 6-10　导入电子相册素材

提示

在“预览”面板中单击背景层,会出现一个可调节的框,用鼠标调节控制点使其与视频框匹配。

步骤 2:制作背景

新建合成。选择“合成”→“新建合成”命令,弹出“合成设置”对话框,如图 6-11 所示。在“合成名称”文本框中输入“运动特效制作”,在“预设”下拉列表框中选择“PAL D1/DV”,画面分辨率设置为“720 px × 576 px”,时间长度设置为“1 min”。

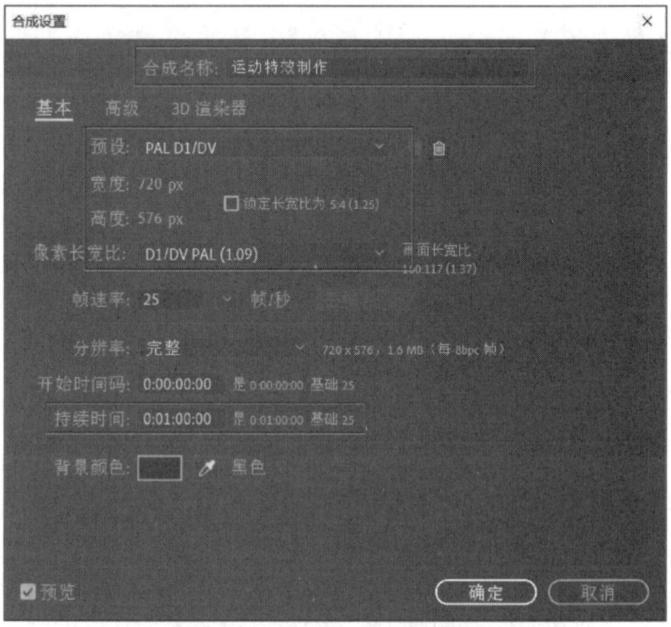

图 6-11　新建合成

将“项目”面板“电子相册素材”文件夹中的“背景”素材拖入时间轴面板中,在“预览”面板中单击“背景”素材会出现该素材的调节框,调整素材的长宽比例,使其宽高分别为 720 px、576 px,如图 6-12 所示。

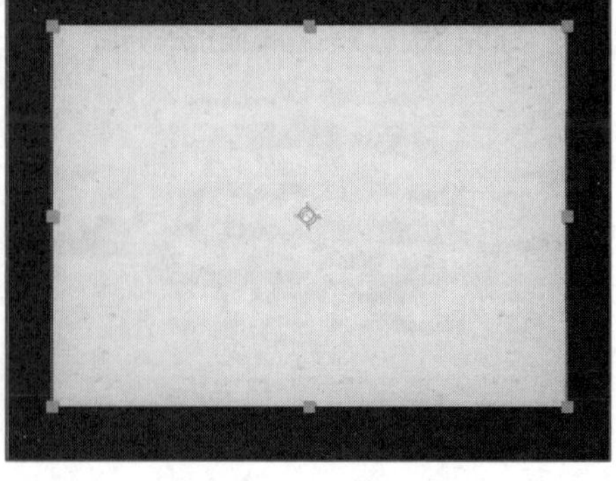

图 6-12　调整背景

新建调整图层，如图 6–13 所示，在时间轴面板中右击，在弹出的快捷菜单中选择“新建”→“调整图层”命令。

右击新建的“调整图层”，在弹出的快捷菜单中选择“效果”→“颜色校正”→“亮度和对比度”命令。

图 6–13　新建调整图层

提示

此步骤中仅仅是调整方式的一种，在前面学过的图形滤镜也可以用于颜色校正中。

如图 6–14 所示，在“亮度和对比度”属性中调整亮度为“–49”，调整对比度为“48”。

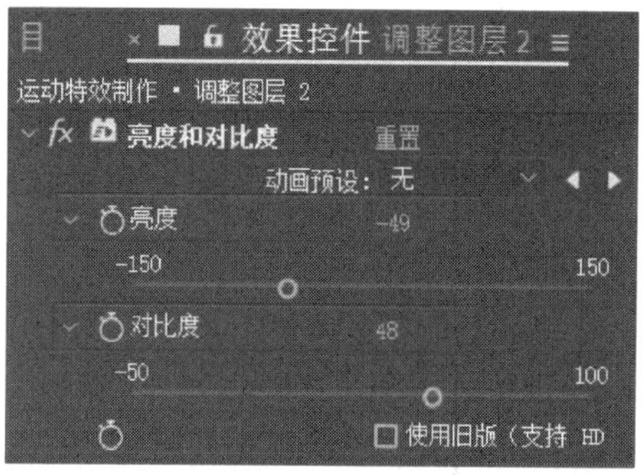

图 6–14　调整亮度和对比度参数

“亮度和对比度”有两个参数可供调整，主要用于加强素材的对比度和调整材质的明暗度，使素材层次更加清晰。

步骤 3：制作照片特效

将图片“夕阳 .jpg”拖入时间轴面板中，按 S 键，调整数值，把图片缩放到合适大小。

右击，在弹出的快捷菜单中选择“蒙版”→“新建蒙版”命令，为图层添加一个蒙版，如图 6–15 所示。

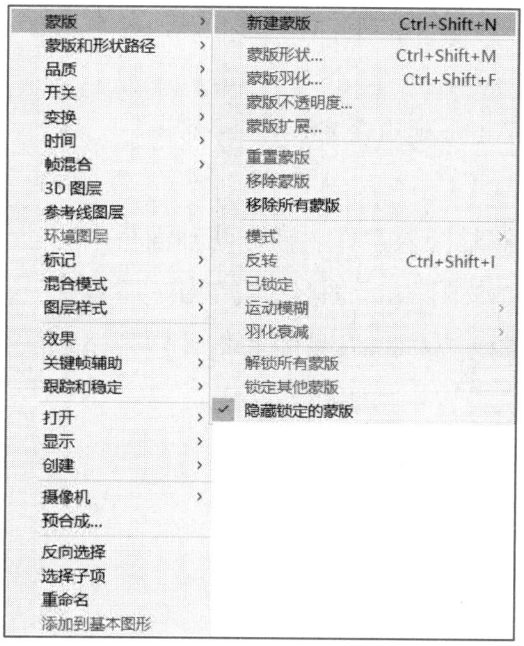

图 6–15　新建蒙版

右击，在弹出的快捷菜单中选择“效果”→“生成”→“描边”命令，在“效果控制”面板中选择路径为“蒙版1”，调整画笔大小为“30.0”、画笔硬度为“100%”，如图 6-16 所示。

“描边效果”可以沿路径或遮罩产生边框，可以模拟手绘过程。常用于给图像添加边框，制作沿路径的线段等效果。

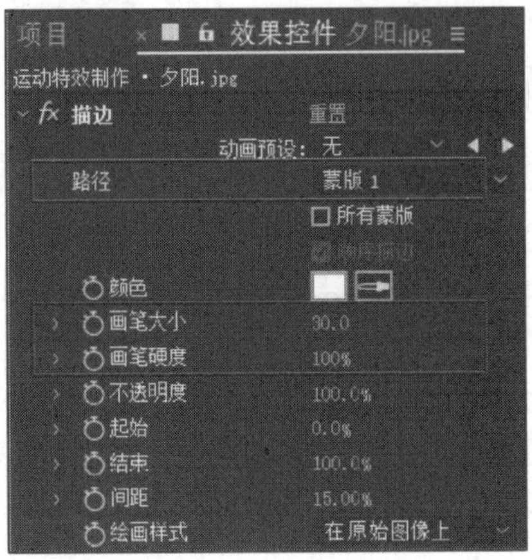

图 6-16　“描边”参数设置

提示

“变换”属性可以通过快捷键打开。按 P、R、T、S 键可以分别打开“位移”“旋转”“透明度”“缩放”属性，再次按相应字母键可关闭相应属性。

给图片素材添加阴影。右击，在弹出的快捷菜单中选择“效果”→“透视”→“投影”命令。在“效果控件”面板中设置阴影距离为“0.0”、柔和度为“120.0”，效果与参数如图 6-17 所示。

“投影”用于产生投影效果，是在图层的后面产生阴影。产生阴影的形状由 Alpha 通道决定。

图 6-17　投影效果

照片淡入制作。在时间轴面板中单击“夕阳 .jpg”图层，按 T 键，设置不透明度为“0%”，将时间指针定位至 0 s 处，设置不透明度关键帧。

提示

首次设置关键帧需单击时间变化秒表按钮，当移动到第二个时间点，调整参数数值，就会自动产生一个关键帧。也可以单击两个箭头中间的菱形图标，来添加关键帧。

把时间指针定位至 1 s 处，不透明度设置为“100%”，如图 6-18 所示。

利用素材的不透明度，使素材不是突然地出现在画面中，而是慢慢地显示在画面中的过场方法，这在后期编辑中称为“淡入”。在 After Effects 2020 中也有专门用过场特效的滤镜来制作淡入效果的。

照片运动特效制作。将时间指针定位至 1 s 处，分别给属性“位置”“缩放”“旋转”添加关键帧。设置“位置”属性为(362.0，289.0)，设置“缩放”属性为(50.0，50.0%)如图 6-19 所示。

将时间指针定位至 7 s 处，调整“位置”坐标为(600.0，513.0)，缩放比例为(20.0，20.0%)，“旋转”角度为“1 x+22.0°”，如图 6-20 所示。

把“电子相册素材”文件夹中的其他图片以及“图像处理”合成拖动到时间轴面板中，重复步骤 3，调整图片及合成。将每个图层的最后关键帧的数值做相应的调整，使最后图片排列的效果显得较为自然。

调整每张图片素材在时间轴面板上出现的时间，如图 6-21 所示，最终效果如图 6-22 所示。

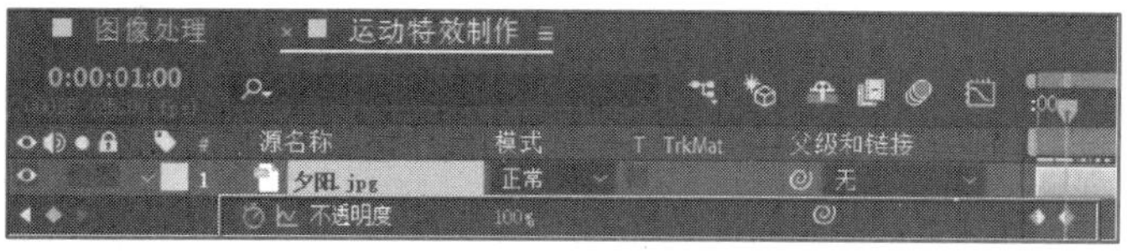

图 6-18　图片淡入关键帧

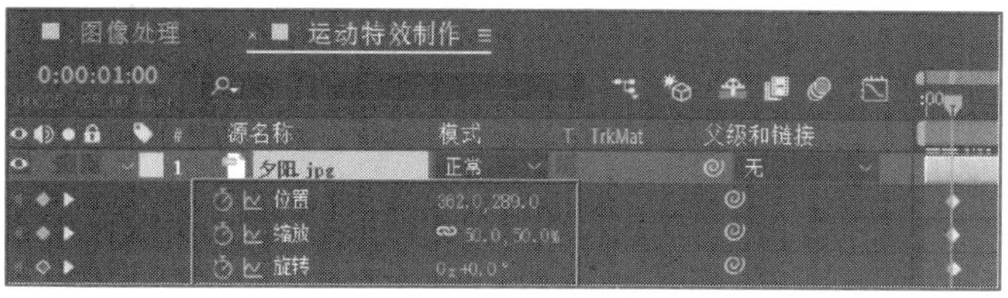

图 6-19　1 s 处运动特效参数

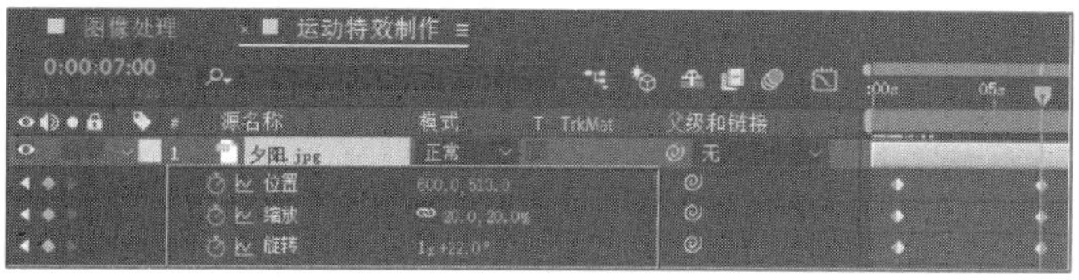

图 6-20　7 s 处运动特效参数

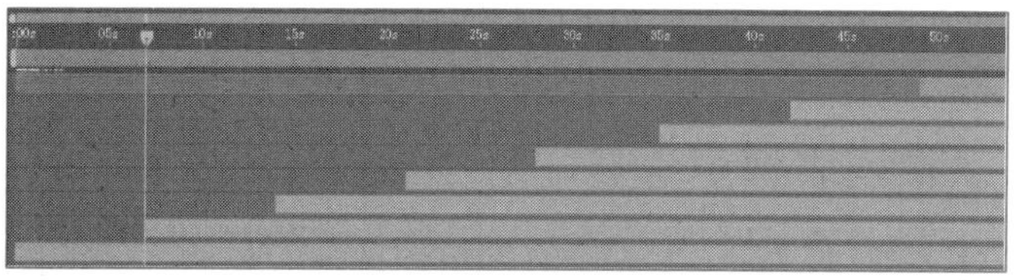
图 6-21　调整出现的时间

图 6-22　照片排列效果

至此，完成了电子相册的大部分制作工作。通过给图片素材添加边框、阴影等特效让图片素材更有层次感，运用位移、旋转、缩放给图片增添的运动效果也使电子相册更具动感。可以运用以前学习的特效制作，发挥想象，给素材增添更多的效果，让相册更具动感和个性化。

任务三　制作标题特效

步骤 1：制作消退特效

新建一个合成。选择“合成”→“新建合成”命令，在“合成名称”文本框中输入“电子相册合成”，在“预设”下拉列表框中选择“PAL D1/DV”，图像大小设为“720 px × 576 px”，“持续时间”为 1 min 13 s，如图 6–23 所示。

素材反向播放制作。将“项目”面板中的“运动特效制作”合成导入到时间轴面板中。为实现图片一张一张从画面中消失的效果，需要把上一任务中制作的“运动特效”合成倒过来播放。

选择“图层”→“时间”→“时间反向图层”命令，如图 6–24 所示。

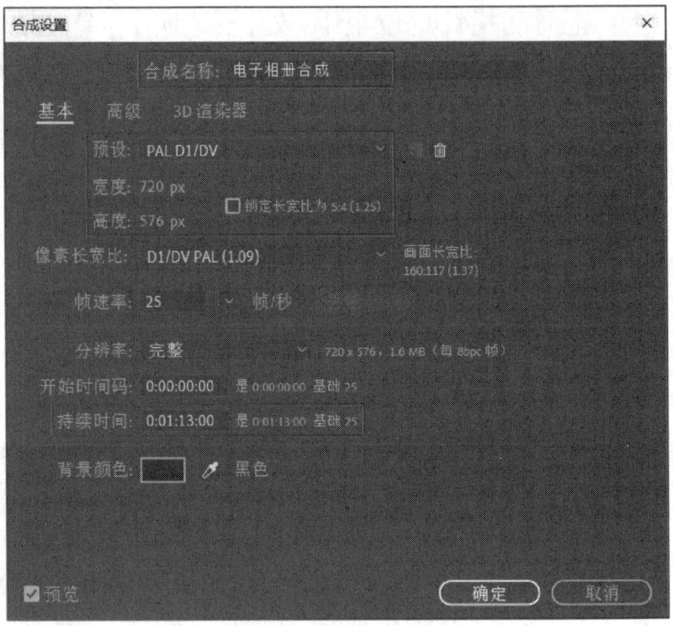

图 6–23　新建合成

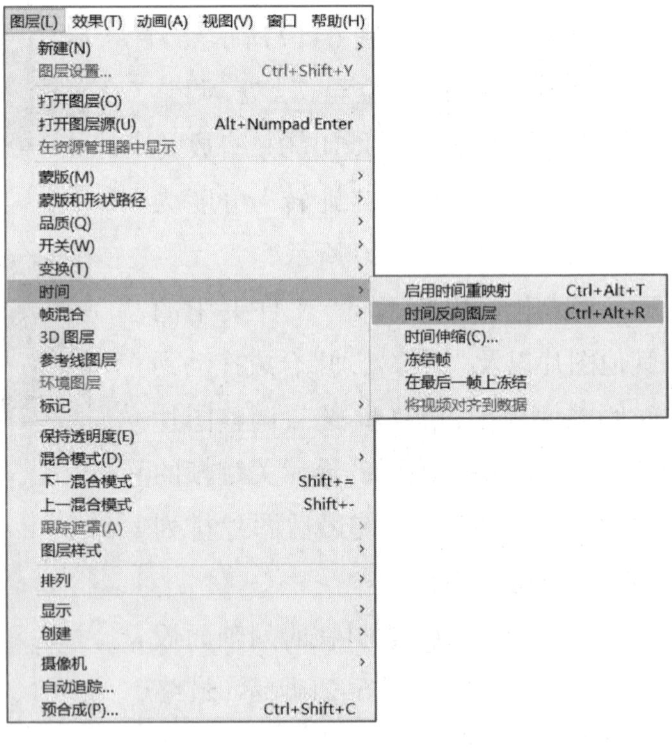

图 6–24　添加素材倒放效果

提示

“时间反向图层”命令的快捷方式为 Ctrl+Alt+R 组合键，该功能用于将编辑好的合成倒放。

步骤 2:制作快照效果

利用“运动特效”的快照制作标题的背景。

将时间指针定位至 0 s 处,选择“合成”→“帧另存为”→“文件”命令,如图 6–25 所示。

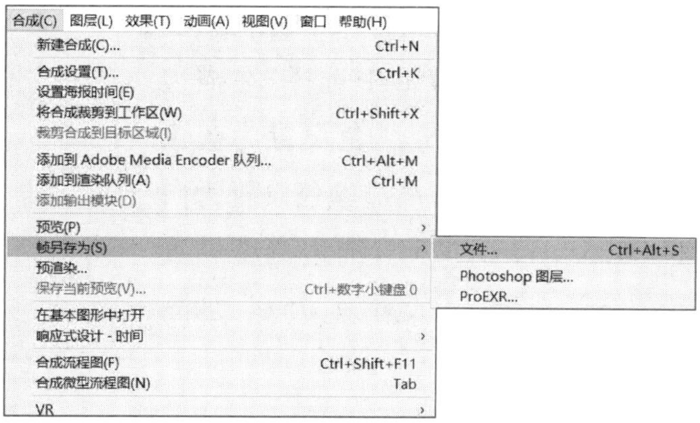

图 6–25　制作快照

弹出“渲染队列”面板,单击“输出到”右边的蓝色文字“尚未指定”,在弹出的对话框中选择快照的存储路径,设置文件名为“标题背景”,然后单击“保存”按钮,返回“渲染队列”面板,单击 渲染 按钮开始渲染,如图 6–26 所示。渲染结束后,把图片导入到“项目”面板中。

图 6–26　保存快照

步骤 3:添加标题

在时间轴面板中,新建一个纯色图层,并命名为“文字”。

选中“文字”纯色图层,右击,在弹出的快捷菜单中选择“效果”→“过时”→“基本文字”命令,如图 6–27 所示。

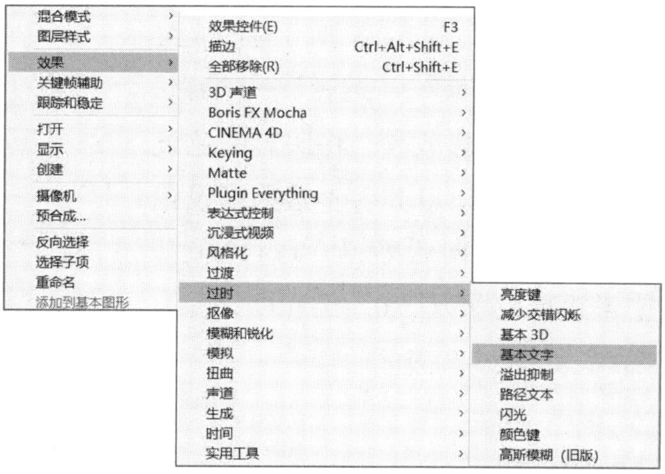

图 6–27　添加“基本文字”特效

在弹出的“基本文字”对话框的内容框中输入“我的旅行日志”,在“字体”下拉列表框中选择“SimHei”字体,如图 6–28 所示。

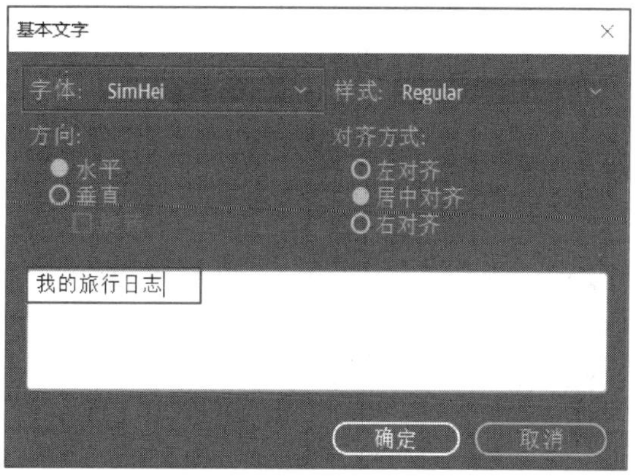

图 6–28　建立文字标题

回到“效果控件”面板，在“显示选项”下拉列表框中选择“在描边上填充”模式，填充颜色设置为蓝色（R88，G118，B154），描边颜色设置为白色（R255，G255，B255），描边宽度设置为“2.5”，文字大小设置为“75.0”，如图6–29所示。

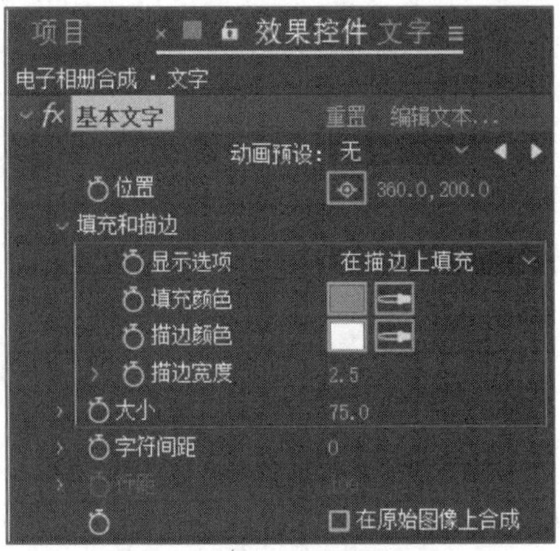

图6–29　编辑文字特效

“基本文字”命令用于生成文本，可以对该文本进行基本编辑和排版，并显示文字效果。

给标题文字添加阴影。选中“文字”纯色图层，右击，在弹出的快捷菜单中选择“效果”→“透视”→“投影”命令，制作投影效果。将阴影颜色设置为黑色（R0，G0，B0），不透明度设置为“50%”，方向设置为“0 x+13.0°”，阴影距离设置为“5.0”，柔和度设置为“0.0”，如图6–30所示。

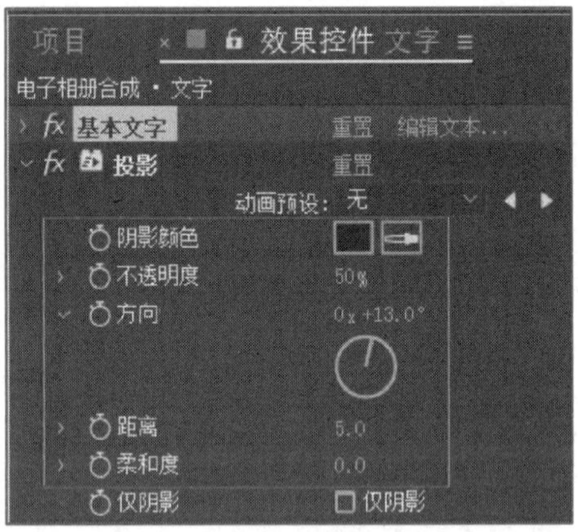

图6–30　文字阴影参数设置

添加完成后，标题效果如图6–31所示。

图6–31　文字阴影效果

调整标题素材。将“项目”面板中的“标题背景.jpg”素材导入到时间轴面板中，把光标移动到素材尾端，当光标箭头变成双箭头图标时，拖动背景素材，将素材时间控制为8 s。

用同样的方法调整“文字”纯色图层的时间长度，使之与“标题背景 .jpg”素材的时间长度相同，如图 6–32 所示。

给标题文字添加淡入淡出效果。把时间指针定位至 0 s 处，在时间轴面板中展开“文字”纯色图层左侧的小三角，展开“文字”纯色图层下的“变换”小三角，将不透明度设置为“0%”，建立关键帧。把时间指针定位至 1 s 处，将不透明度设置为“100%”。把时间指针定位至 7 s 处，将不透明度设置为“100%”，添加关键帧。把时间指针定位至 8 s 处，将不透明度设置为“0%”，如图 6–33 所示。

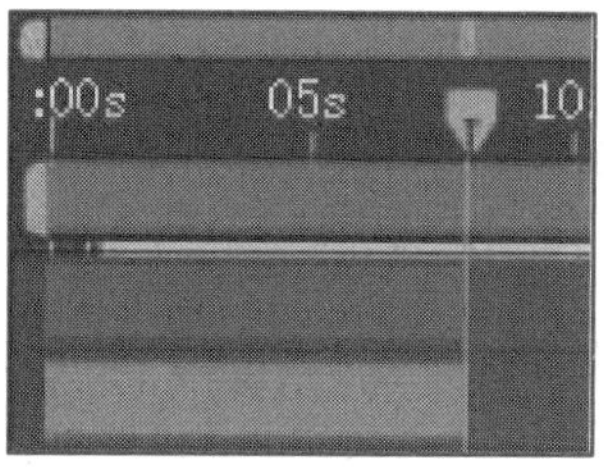

图 6–32　调整素材时间长度

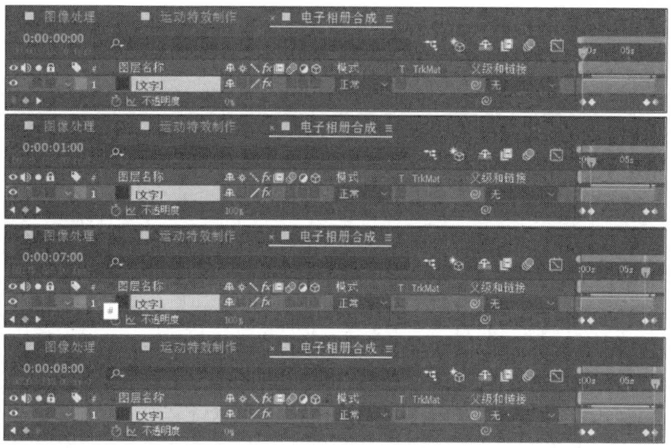

图 6–33　淡入淡出参数

“变换”效果用于在图像中产生二维的几何变换，从而增加了图层的变换属性。

标题模糊特效制作。在标题文字淡入淡出的时候配合模糊特效，营造文字缓缓渗透消失的效果。

选中“文字”纯色图层，右击，在弹出的快捷菜单中选择“效果”→“模糊和锐化”→“快速方框模糊”命令，添加快速模糊特效。

将时间指针定位至 7 s 处，为“模糊半径”属性建立关键帧，设置值为“0.0”。

将时间指针定位至 9 s 处，将模糊半径设置为“380.0”，如图 6–34 所示。

模糊效果如图 6–35 所示。

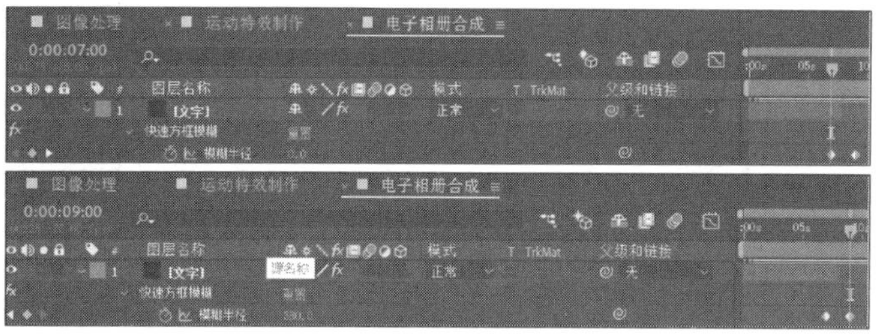

图 6–34　“快速方框模糊”属性设置

图 6–35　模糊效果

将各素材进行组合。将“项目”面板中的“运动特效制作”合成拖入时间轴中并放置于底层。调整该层与“文字”纯色层和背景层的位置关系，如图 6–36 所示。

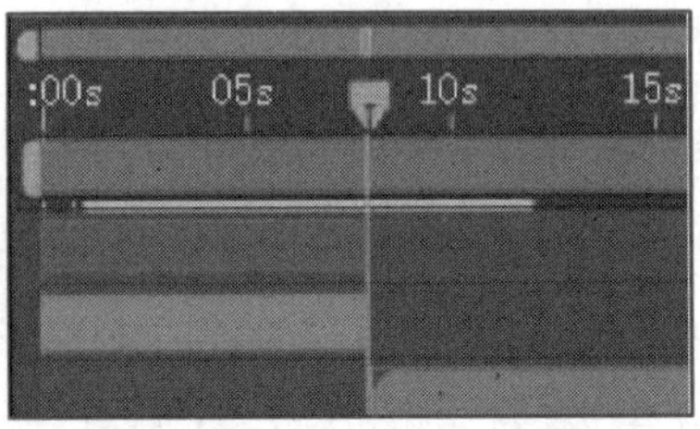

图 6–36　图层位置关系

任务四　拼合与渲染输出

步骤 1:添加背景音乐

新建合成,命名为“合成输出”,选择“PAL D1/DV”制式、图像大小为“720 px × 576 px”,设置“持续时间”长度为 1 min 13 s,如图 6–37 所示。

将“电子相册合成”合成导入时间轴面板中。

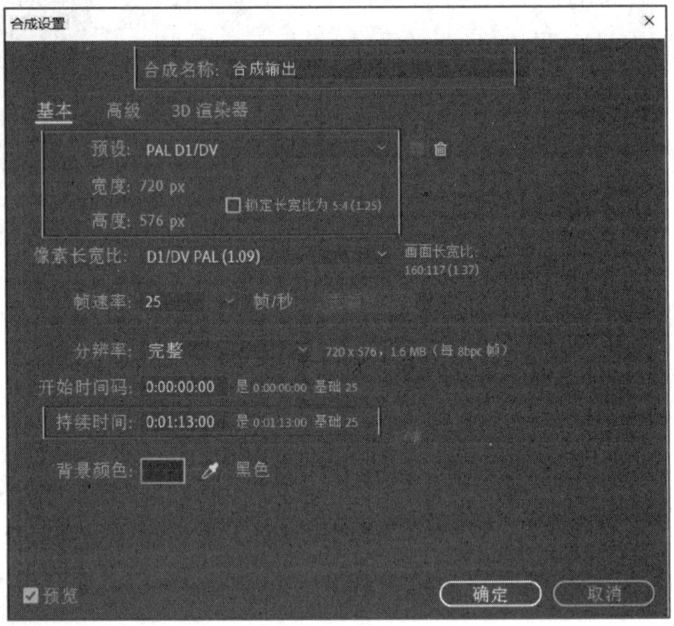

图 6–37　新建输出合成

提示

After Effects 支持的音频格式有多种,具体介绍见导论。制作时应根据需要选择格式。

导入配套资源“项目六素材”文件夹下“音乐”文件夹中的任意一首 MP3 格式的音乐至“项目”面板。并拖动音乐素材到时间轴面板中,如图 6–38 所示。

图 6–38　添加音乐图层

设置音乐淡入淡出效果。打开背景音乐时间轴，将时间指针定位至 0 s 处，展开音乐层左侧的小三角，展开“音频”属性，将音频电平设置为“-100.00”。

将时间指针定位至1 s处，展开“音频”属性，将音频电平设置为“0.00”。

将时间指针定位至 1 min 12 s 处，展开“音频”属性，将音频电平设置为“0.00”。

将时间指针定位至 1 min 13 s 处，展开“音频”属性，将音频电平设置为“-100.00”。

调整后的时间轴如图 6-39 所示。

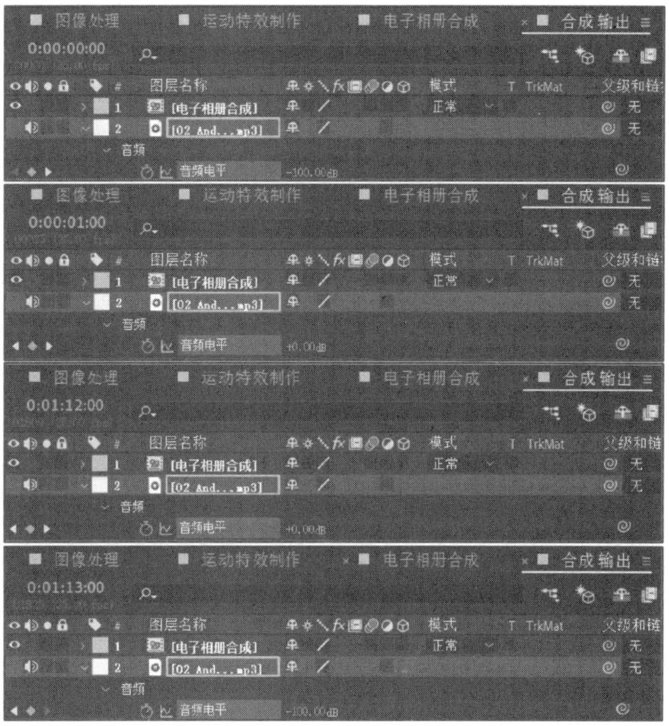

图 6-39　音乐淡入淡出

步骤 2:编辑片尾文字

单击时间轴面板中的“电子相册合成”标签，返回到该合成中；复制“文字”图层，重命名为“片尾”；展开图层属性，单击“编辑文本…”，打开“基本文字”对话框，在对话框中将文字内容修改为“完”；把图层缩短为 5 s，移动入点位置到 1∶08 s 处；展开“变换”属性，调整“不透明度”属性的关键帧值，设置文字的淡入淡出效果，如图 6-40 所示。

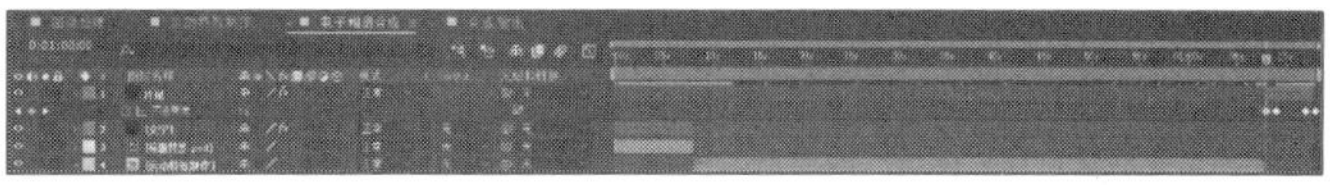

图 6-40　片尾文字

单击时间轴面板中的“运动特效制作”标签，按 Ctrl+C 组合键复制“背景 .jpg”图层，返回“电子相册合成”，按 Ctrl+V 组合键粘贴“背景 .jpg”图层，并移动图层到最底层，如图 6-41 所示。

图 6-41　设置片尾文字背景

返回“合成输出”，移动时间指针可以预览到刚才添加的片尾文字已经出现在合成中。

步骤 3：渲染输出

选择“合成”→“添加到渲染队列”命令，单击“输出模块”旁蓝色文字“无损”，弹出“输出模块设置”对话框，如图 6-42 所示。AVI 格式是默认输出的视频格式，用户可以根据自己的需求而定。

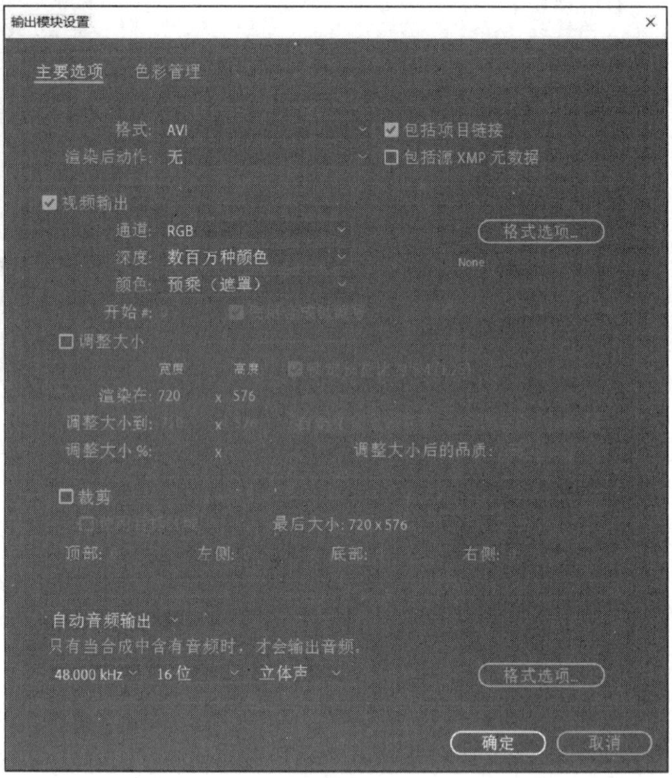

图 6-42　输出格式

在“输出模块设置”对话框中单击“格式选项”按钮，弹出“AVI 选项”对话框，选择“视频编解码器”为“DV PAL”，如图 6-43 所示，单击“确定”按钮返回“输出模块设置”对话框。

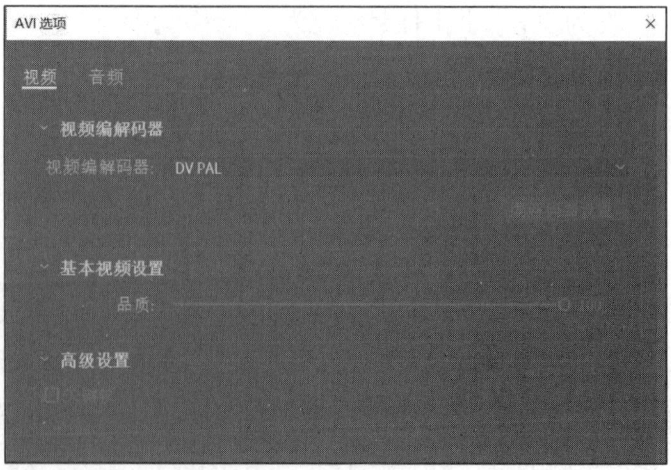

图 6-43　视频设置

在“输出模块设置”对话框中，将声音参数的输入速率设置为“44.100 kHz”，大小设置为“16 位”，选择“立体声”，如图 6-44 所示，单击“确定”按钮返回。

根据提示确定输出文件的保存路径后，开始渲染。

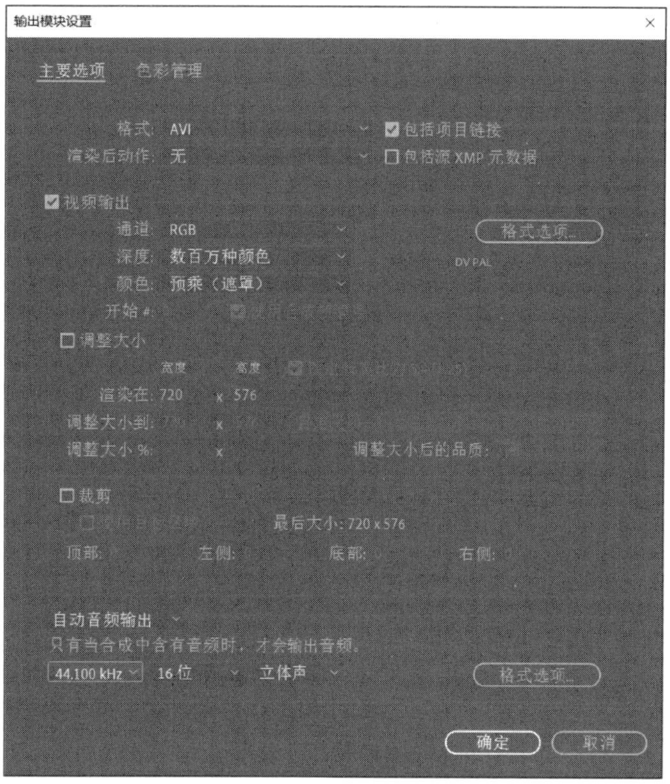

图 6-44　音频设置

QuickTime 是系统及代码的压缩包，应用程序可以用 QuickTime 来生成、显示、编辑、复制、压缩影片和影片数据，就像通常操纵文本文件和静止图像那样。QuickTime 包括影片工具箱、图像压缩两个管理器以及内置的一套组件。如果操作系统没有安装 QuickTime，通过选择“文件”→“导出”命令渲染输出，只能默认输出 Adobe Flash（SWF）、Adobe Clip Notes、Adobe Premiere pro Project 三种格式，并且支持的视频素材很有限，因此，在使用 After Effects 前需安装 QuickTime。

小结与训练

小结

本项目为较基本的综合项目，通过添加图片特效、文字特效并加以声音合成制作完成了一个较简单的作品。在制作过程中学习了通过一些常用滤镜来实现各种效果的方法，如高斯模糊、描边效果、投影效果、变换效果等，同时对声音的简单处理也提供了一些方法与技能，使读者更完整地了解 After Effects 作品的制作流程。

通过本项目的制作，既掌握了 After Effects 的一些基本技能，又掌握了电子相册制作的另一途径。

思考题

1. 素材主体不突出，与背景分不开（分不出主次，混成一片），可以用哪些滤镜来改善？
2. 在图片运动的制作中，关键帧起到什么作用？
3. 图片合成中声音的淡入淡出通过什么方法来制作？

训练题

1. 找一张日常生活中拍摄得不理想的数码相片，对其进行色彩校正。
2. 收集一次旅行的数码相片，将其制作成电子相册。要求：有明确的主题，图片不少于 10 张，有声音效果和完整的片头片尾字幕。

项目七 “舞动人生”
——片头特效合成

项目简介

片头制作是 After Effects 主要应用之一，在实际项目制作中应用较广泛。婚庆视频片头、电视栏目片头、电影片头、广告片头等的部分特效均可通过 After Effects 来制作。本项目就是通过运用 After Effects 来制作一个片头，其中用到许多 After Effects 自带特效滤镜和外挂的滤镜插件。

“舞动人生”是综合特效制作项目，通过心电图跳动、冲击波、字体运动、粒子动态等效果，结合背景音乐完成整个“舞动人生”片头的制作。通过片头的制作，了解 After Effects 综合特效制作的一般过程，并重点学习 After Effects 自带的勾画、粒子运动、快速模糊等特效滤镜，也对外挂滤镜使用进行强化训练。

效果截图

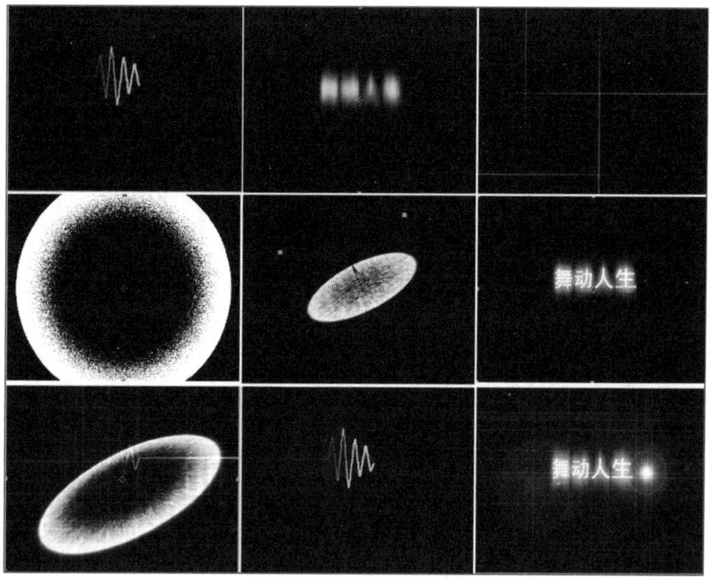

任务一 制作心电图前景

步骤 1:新建合成

运行 After Effects,单击“新建合成”按钮,在“合成名称”文本框中输入“心电图”,在“预设”下拉列表框中选择“PAL D1/DV”,分辨率设为“720 px × 586 px”,时间长度为“30 s”,其他参数采用默认值,如图 7–1 所示。

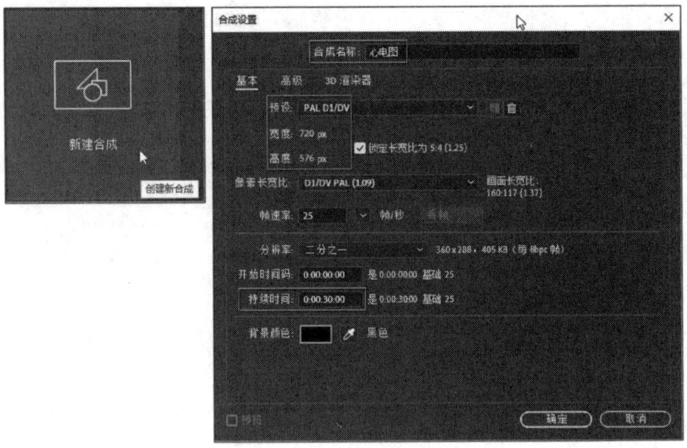

图 7–1 新建合成

步骤 2:添加描边图层

在“项目”面板中双击,导入配套资源中“项目七素材”文件夹中的“心跳 .jpg”文件,将“心跳 .jpg”文件拖入时间轴。

在“时间轴”面板中右击,通过快捷菜单命令新建一个黑色“纯色”图层,采用默认图层名,选中纯色图层,右击,在弹出的快捷菜单中,选择“效果”→“生成”→“勾画”命令,如图 7–2 所示。

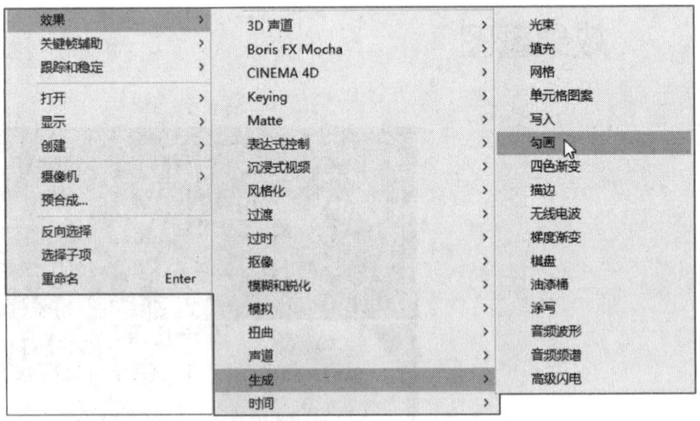

图 7–2 添加勾画特效

“勾画”是一个可以沿图像边缘或者指定的路径进行描边的特效滤镜。一般用来制作光线,它可以在物体的周围产生出一种类似于娱乐场所中的灯光效果,可以利用此特效来勾勒出物体的轮廓并通过动画效果使轮廓光绕着物体运动。

步骤 3：设置属性参数

在“效果控件”面板中设置对应的参数，如图 7-3 所示，在“描边”下拉列表框中选择描边的方式为“图像等高线”，展开“图像等高线”属性，输入图层设置为“心跳 .jpg”。调整阈值为“127.00”，容差为“0.500”，选定等高线为“1”。

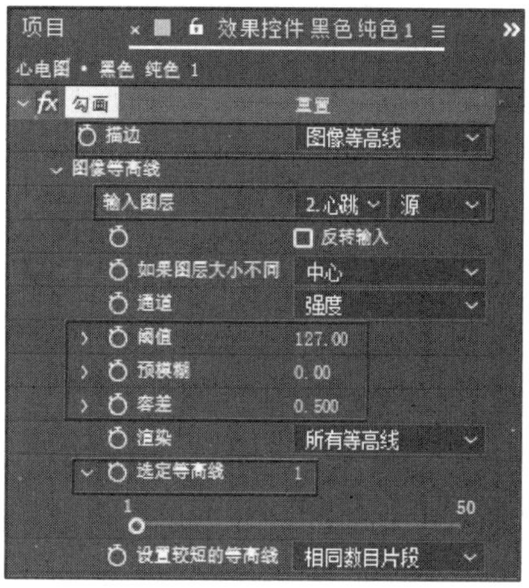

图 7-3　“效果控件”面板

提示

“勾画”是描边特效的一种，可以自动捕捉图像的暗、亮部分。因此，通常需要一张对比比较强烈的图来作为勾画插件的边界捕捉对象。

如图 7-4 所示，展开“片段”属性，设置片段数量为“1”，长度为“0.400”，在“片段分布”下拉列表框中选择“均匀分布”，设置旋转为“0 x+137.0°”，随机植入为“1”。

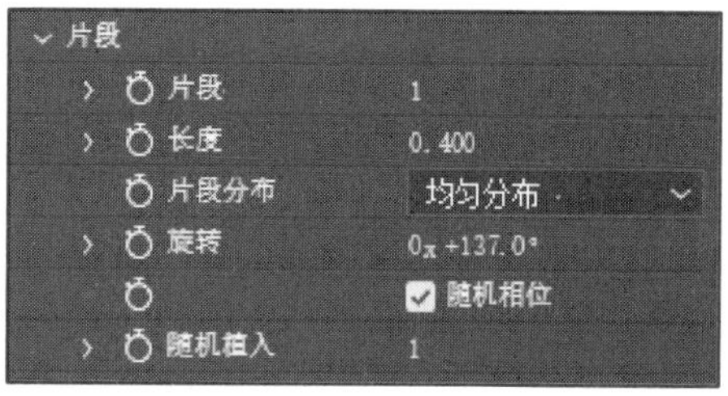

图 7-4　“片段”属性设置

展开“正在渲染”属性，修改参数如图 7-5 所示。

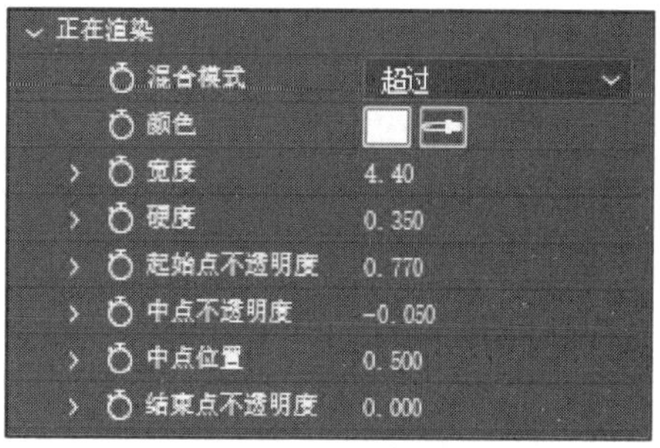

图 7-5　正在渲染参数设置

调整滤镜与当前层图像的“混合模式”选项，在当前图像中显示描边效果，即选择“超过”模式，颜色设置为(R41，G212，B219)，宽度设置为“4.4”，硬度设置为“0.35”，硬度设置较小的值可羽化轮廓边缘。描边分段的起始点不透明度设置为“0.77”，中点的不透明度设置为“-0.05”，中点位置设置为“0.5”，描边分段的结束点不透明度设置为“0”。

提示

“混合模式”选项中“超过”表示在图像以下渲染描边效果，“模板”表示以描边边缘轮廓为界，界线以外的区域透明显示，界线以内的区域为当前图像。

如图 7-6 所示，在时间轴面板中选择纯色图层，右击，在弹出的快捷菜单中选择“效果”→“扭曲”→“旋转扭曲”命令，将时间指针定位至 0 s 处并添加关键帧；将时间指针定位至 3 s 处，将旋转设置为“-184°”并添加关键帧。

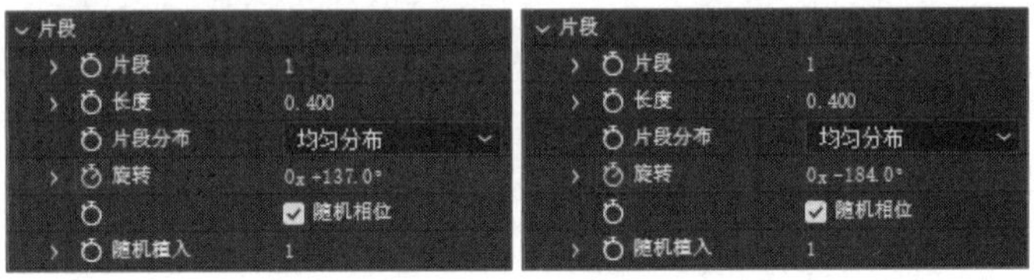

图 7-6 动画关键帧设置

预览特效，如图 7-7 所示，可看到心电图效果。

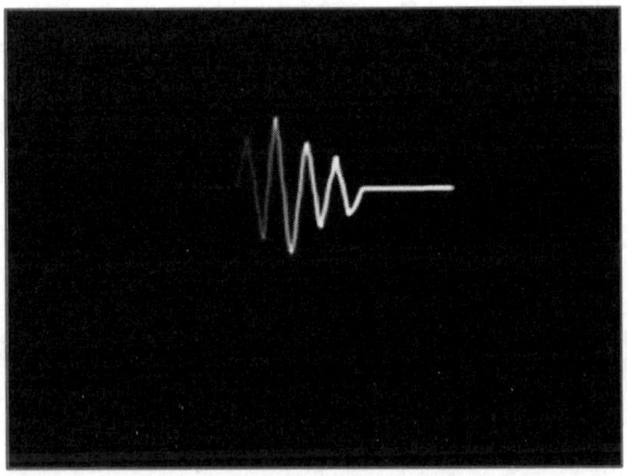

图 7-7 心电图动画展示

提示

“勾画”属性参数的不同设置会产生意想不到的效果。在制作过程中，应根据需要进行设置。

任务二　制作心电图背景

步骤 1:新建粒子特效图层

新建一个合成,命名为“心电图背景”,时间长度为“10 s”。

在时间轴中新建黑色“纯色”图层命名为“素材 1”,为“素材 1”添加粒子效果。在时间轴上右击,在弹出的快捷菜单中选择“效果”→“模拟”→“粒子运动场”命令,打开“特效控制“面板。

“粒子运动”也就是 After Effects 中的粒子效果。粒子在后期制作中的应用十分广泛,是高级后期制作软件的标志。可以用粒子系统来模拟雨雪、火和矩阵文字等。

步骤 2:设置属性参数

图 7-8 所示为“效果控件”面板,在面板中可调节“粒子运动场”特效的各类参数。

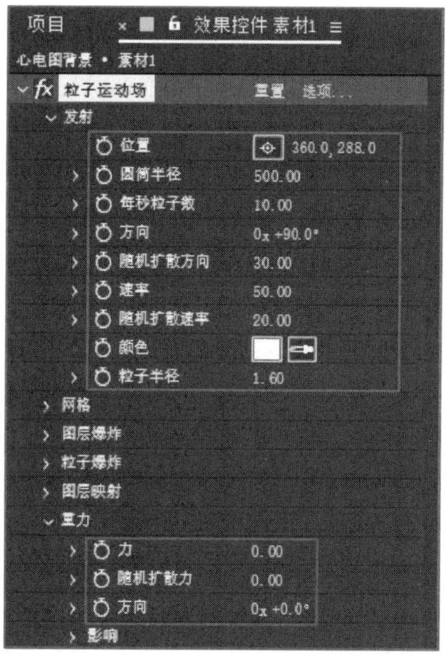

图 7-8　粒子特效参数调节

展开“发射”属性,圆筒半径设置为“500.00”,每秒粒子数设置为“10.00”,随机扩散方向设置为“30.00”,速率设置为“50.00”,随机扩散速率设置为“20.00”,颜色设置为“纯白色”,粒子半径设置为“1.60”。

提示

默认的情况下,使用“发射”属性产生粒子。如果要使用“网格”属性,则需要将“发射”属性中的每秒粒子数设为“0”,同时设置适当的“粒子交叉 / 下降”的数值。

展开“重力”属性,力设置为“0”。

选中“时间轴”面板,展开时间轴中“素材1”纯色层的“变换”属性,如图7-9所示,将缩放设置为(3 000.0, 100.0%),此时在“预览”面板中的效果发生了变化。

图7-9 调整X轴缩放值

步骤3:添加模糊特效

在时间轴面板中,选中“素材1”图层,右击,在弹出的快捷菜单中选择“效果”→“模糊与锐化”→“快速方框模糊”命令,如图7-10所示,打开“效果控件”面板,如图7-11所示,将“快速模糊”特效的模糊半径设置为“4.0”,迭代设置为“1”,将模糊方向设置为“水平”。

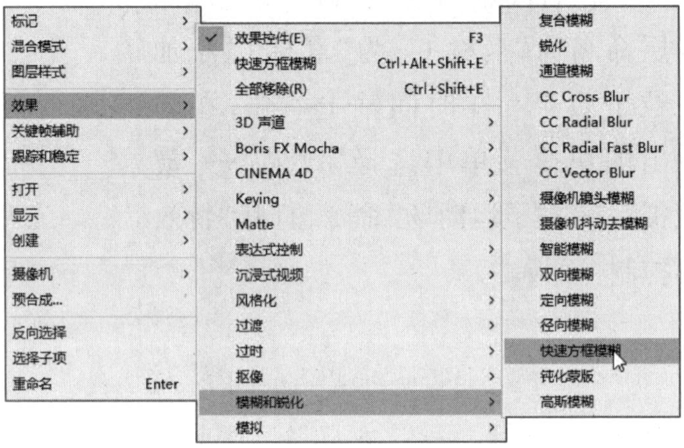

图7-10 添加快速方框模糊

提示

通过“快速模糊”特效设置,可以实现粒子拉伸效果;通过参数设置,实现模糊效果。

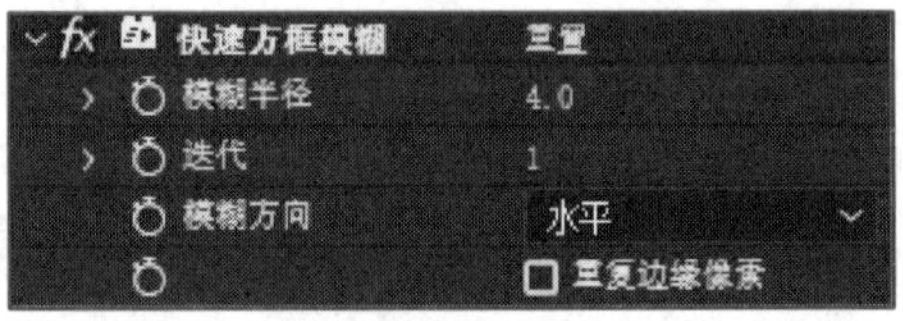

图7-11 调整快速模糊参数

提示

“模糊方向”属性选项中,“垂直”表示向垂直方向模糊,而“水平和垂直”参数表示同时向两个方向进行模糊。

提示

“快速模糊”用于设置图像的模糊程度,和“高斯模糊”十分类似,而它在大面积应用的时候速度更快。

模糊后亮度有所降低，此时需要给“素材 1”图层添加“色阶”滤镜特效增加亮度。选中“素材 1”图层，右击，在弹出的快捷菜单中选择“效果”→“颜色校正”→“色阶”命令，打开“效果控件”面板，如图 7–12 所示，进行“色阶”属性参数设置。

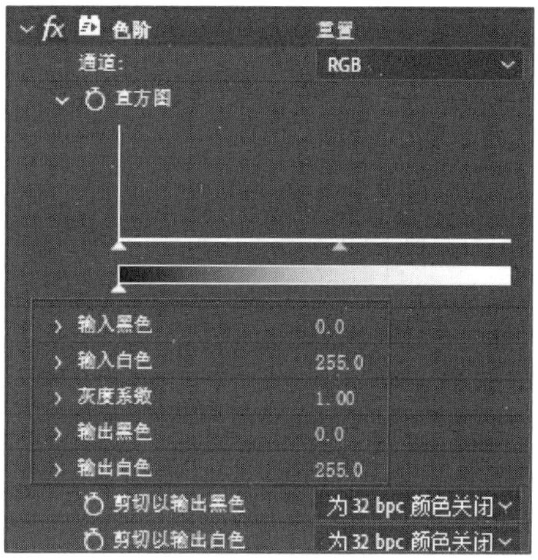

图 7–12　调节色阶数值

将输入黑色设置为“0.0”，输入白色设置为“255.0”，灰度系数设置为“1.00”，以达到一定的对比度。将输出黑色设置为“0.0”，输出白色设置为“255.0”。

再次查看预览框中的画面，会发现对比还不够强烈，需要再次应用“色阶”特效以增强画面对比。

提示

“色阶”特效是一个可以重复使用的滤镜，当画面效果不够明显，但数值又无法增大的时候可以通过重复添加该滤镜特效来增强效果。

右击“素材 1”图层，在弹出的快捷菜单中选择“效果”→“颜色校正”→“色阶”命令。

调整“色阶”参数：输入黑色设置为“0.0”，输入白色设置为“255.0”，灰度系数设置为“5.0”，以增强对比度；输出黑色设置为“0.0”，输出白色设置为“255.0”。

如图 7–13 所示，画面的对比效果明显增强，如果不足可进一步增强效果。

图 7–13　增强画面对比

为了让画面效果更为柔和，可以再次为“素材 1”图层添加“快速方框模糊”特效，以达到满意的柔和效果。

根据前面调整“快速方框模糊”属性参数方法，将模糊半径度设置为“1.0”，模糊方向设置为“水平”，如图7–14所示，达到理想的柔和效果。

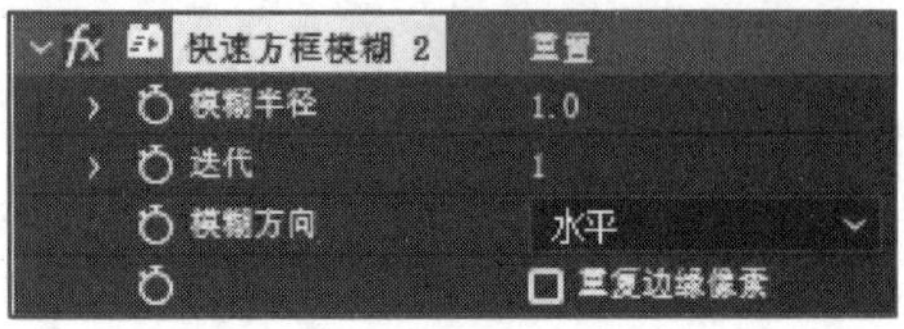

图 7–14 添加快速方框模糊特效

提示

After Effects 2020 下的模糊特效滤镜有很多，每种模糊滤镜各自有特点。在做视频特效的时候，可以采用合适的模糊滤镜特效，也可以组合使用几种不同的模糊特效滤镜。

步骤 4：制作纵向线条

通过预览，可以看到背景中有了横向线条效果。用同样的方法可以完成纵向线条的特效效果。

选中“素材 1”图层，按 Ctrl+C 组合键复制“素材 1”图层，按 Ctrl+V 组合键粘贴得到“素材 2”图层，如图 7–15 所示。

图 7–15 得到素材 2 图层

在时间轴面板中选中“素材 2”图层，如图 7–16 所示，展开图层属性，继续展开“变换”属性，设置旋转为“0 x+90.0°”。

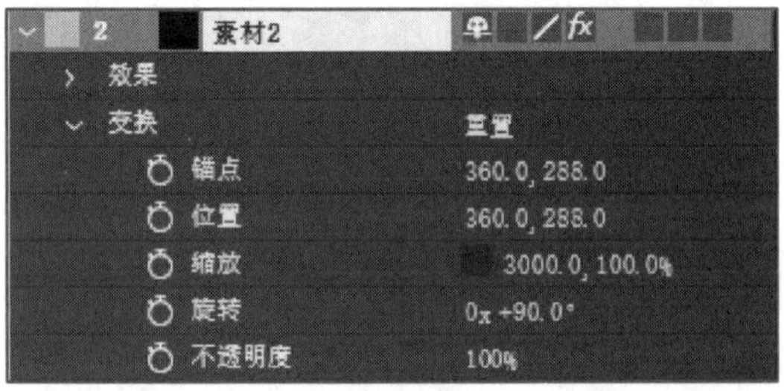

图 7–16 调节旋转参数

拖动时间线滑杆，可以在“预览”面板中看见纵横交错的线条运动效果，如图 7–17 所示。至此，完成心电图背景的制作。

“变换”效果属性用于在图像中产生位移、缩放、旋转和不透明度的特效。

图 7–17 线条运动效果

任务三　添加片头文字

步骤 1:添加文字

选择“合成”→“新建合成”命令,弹出“合成设置”对话框,如图 7-18 所示。在“合成名称”文本框中输入“舞动人生字幕”,在“预设”下拉列表框中选择“PAL D1/DV”,分辨率为“720 px × 586 px”,时间长度为“30 s”,其他参数取默认值。

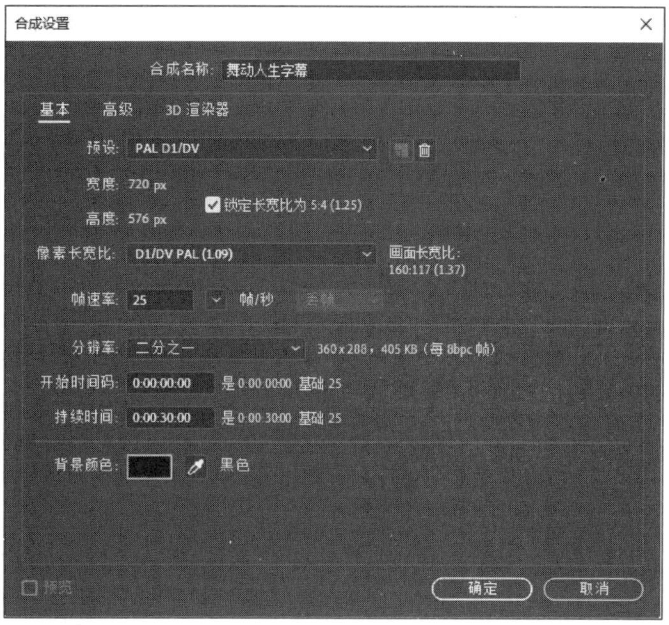

图 7-18　新建合成

在时间轴面板中,右击,在弹出的快捷菜单中选择“新建”→“文本”命令,新建文字图层,输入“舞动人生”,此时预览窗口出现了“舞动人生”的字样,完成文字图层的创建,如图 7-19 所示。

图 7-19　新建文字图层

按 Ctrl+6 组合键调出“字符”面板,如图 7-20 所示,将字体设置为“黑体”,大小设置为“56 像素”,颜色设置为“白色”,其他参数采用默认设置。

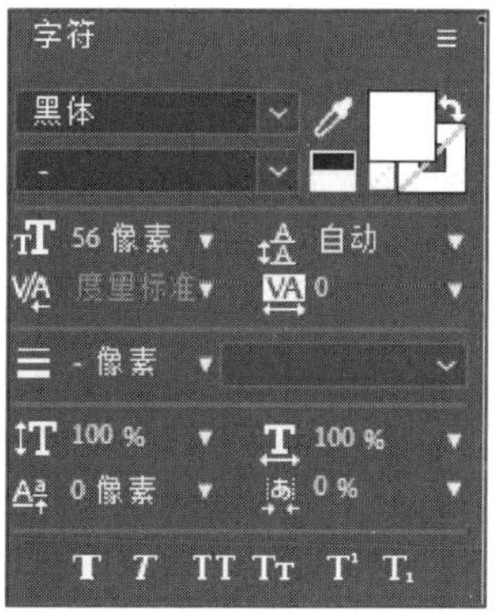

图 7-20　调节文字

步骤 2:制作文字卡片特效

通过“卡片擦除”滤镜来体现文字的卡片特效。

选中“舞动人生”图层,右击,在弹出的快捷菜单中选择“效果”→“过渡”→“卡片擦除”命令,调出“效果控件”面板,如图 7-21 所示,进行参数设置。将过渡完成设置为“16%”,过渡宽度设置为“50%”,设置“背面图层”指向“舞动人生”。在“行数和列数”下拉列表框选择“独立”。行数设置为“1”,列数设置为“20”,卡片缩放设置为“0.00”,翻转轴设置为“Y”,翻转方向设置为“反向”,翻转顺序设置为“从左往右”。调整卡片翻转时的随机时间为“0.29”,随机植入为“1”,摄像机系统为“摄像机位置”。

展开“摄像机位置”属性,设置 X、Y、Z 轴的角度为“0 x+0.0°”,X、Y 位置为(-250.0,288.0),Z 位置为“2.00”,如图 7-21 所示。在 0 s 处,分别在“卡片缩放”“X 轴旋转”“X、Y 位置”“Z 位置”处添加关键帧。调整时间指针至 4 s 处,将卡片缩放调整为“1.00”,X 轴旋转调整为“0 x+358.0°”,X、Y 位置为(360.0,288.0),Z 位置调整为“1.33”,完成文字卡片特效制作。

步骤 3:添加扩散光特效

选择“合成”→“新建合成”命令,新建一个合成并命名为“舞动人生字幕合成”,如图 7-22 所示。

提示

“卡片擦除”滤镜插件是 After Effects 的优秀插件之一,项目三中曾介绍过,该特效滤镜参数较多,深入学习后可以做出更多出色的效果。

图 7-21 “卡片擦除”滤镜参数

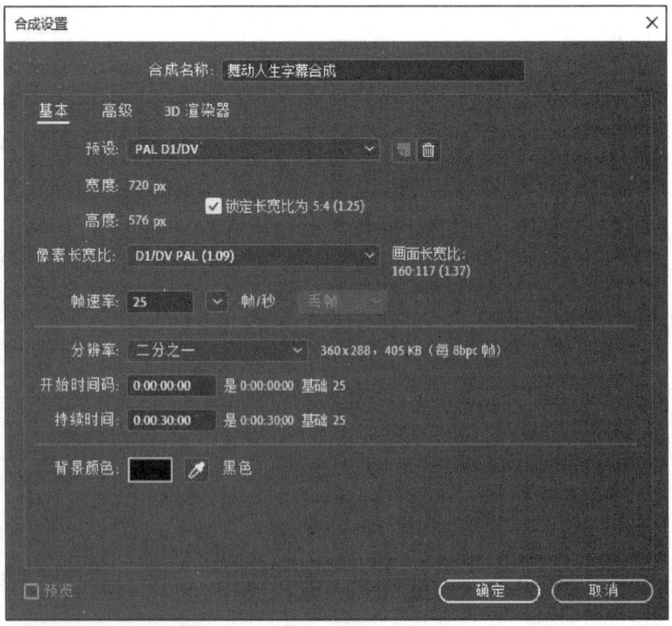

图 7-22 舞动人生字幕合成

在“项目”面板中，将“舞动人生字幕”合成拖动到时间轴上进行编辑。

选择时间轴上的“舞动人生字幕”图层，右击，在弹出的快捷菜单中选择“效果”→“风格化”→“发光”命令，如图 7-23 所示。

图 7-23　添加发光特效

提示

“发光”特效滤镜使用的时候应注意其参数的控制，当发光效果过于强的时候会产生曝光的现象，合适的参数可以让画面产生飘逸、灵动的效果，视觉上增添了些许神秘、温暖的感觉。

如图 7-24 所示，在“效果控件”面板中设置“发光”滤镜的属性。其中，发光阈值设置为“51.0%”，发光半径设置为“21.0”，发光强度设置为“2.8”，发光颜色为“A 和 B 的颜色”，A 和 B 中点设置为“50%”。设置颜色 A 为黄色（R239，G221，B0），颜色 B 为红色（R246，G52，B7）。

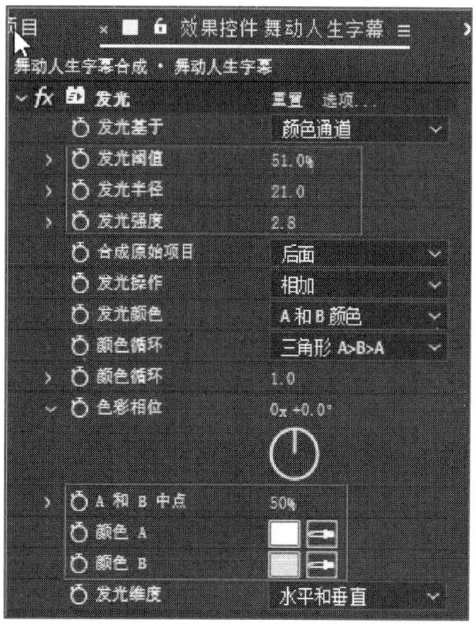

图 7-24　“发光”滤镜参数

步骤 4:添加模糊特效

在“时间轴”面板中选择“舞动人生字幕”图层,按 Ctrl+D 组合键复制该图层,重命名为“舞动人生字幕 2”。

选择新复制的“舞动人生字幕 2”图层,右击,选择“效果”→“模糊与锐化”→“定向模糊”命令,如图 7-25 所示,在“效果控件”面板中,展开“定向模糊”滤镜的属性,设置模糊长度为“71.0”,如图 7-26 所示。

此时画面也发生了较大的变化,在垂直方向上产生了模糊的效果并向上下两个方向延伸,如图 7-27 所示。

“定向模糊”特效在项目三中曾使用过,这是一种动感十足的模糊效果,可以产生任何方向的运动幻觉。当图层为草稿质量的时候,应用图像边缘的平均值;最高质量的时候,应用高斯模式,产生平滑、渐变的模糊效果。

提示

“定向模糊”,可以很好地模拟出往一个方向模糊拉伸的效果。模糊之后画面会增添动感,故又称运动模糊。

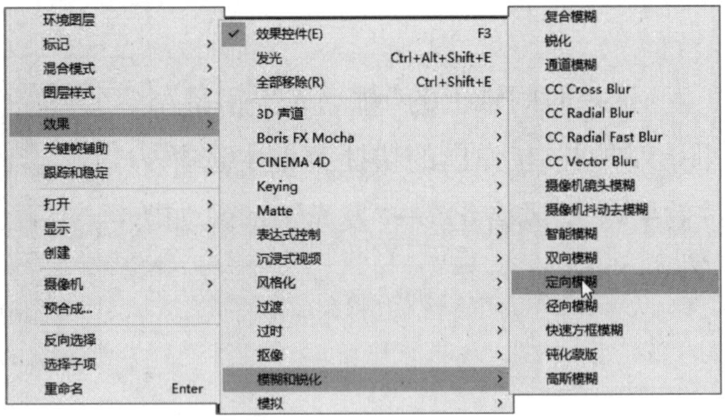

图 7-25 定向模糊滤镜

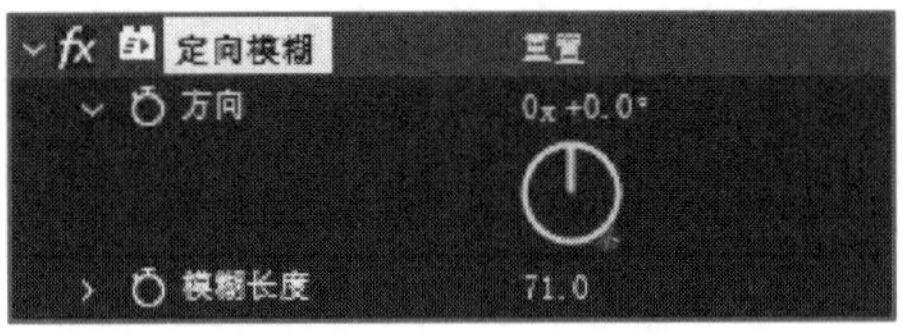

图 7-26 “定向模糊”滤镜参数

提示

“定向模糊”特效不同于时间轴面板中的动态模糊开关,动态模糊开关是针对某个图层的运动画面进行补偿的工具。

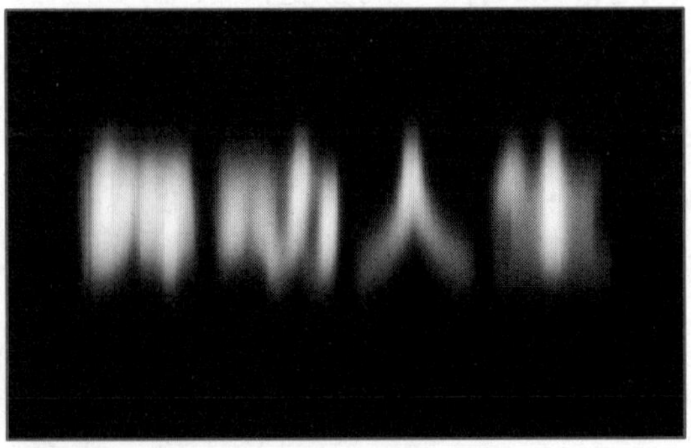

图 7-27 定向模糊后效果

增加模糊后的亮度。选中“舞动人生字幕 2”图层，右击，在弹出的快捷菜单中选择“效果”→“颜色校正”→“色阶”命令。如图 7–28 所示，调整“色阶”滤镜的属性：将输入黑色（用于限定输入图像黑色值的阈值）设置为“0.0”，输入白色（用于限定输入图像白色值的阈值）设置为“27.0”，灰度系数设置为“0.70”，输出黑色（用于限定输出图像黑色值的阈值）设置为“0.0”，输出白色（用于限定输出图像白色值的阈值）设置为“255.0”。

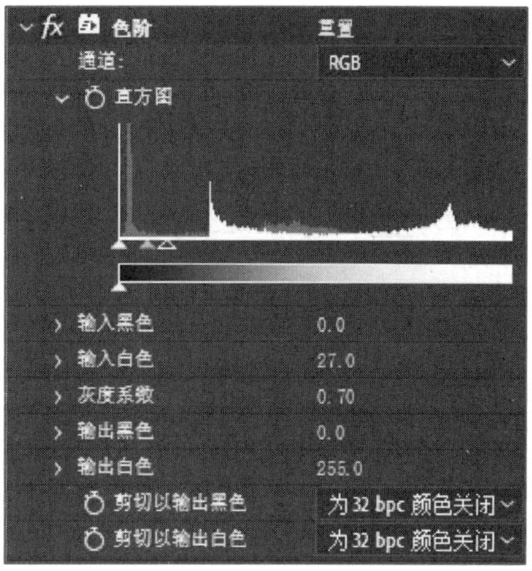

图 7–28　“色阶”滤镜参数

“预览”面板中画面发生了较为明显的变化，最终调节效果如图 7–29 所示。

图 7–29　最终效果展示

步骤 5：添加光晕特效

通过“镜头光晕”滤镜来实现光晕效果。

在时间轴面板中新建纯色层并命名为“光晕”，调整模式为“相加”模式。选中“光晕”图层，右击，在弹出的快捷菜单中选择“效果”→“生成”→“镜头光晕”命令，将时间指针定位至 5 s 处，为“光晕中心”和“光晕亮度”属性添加关键帧并将光晕中心设置为（172.0，278.0），将光晕亮度设置为“0%”，选择镜头类型为“35 毫米定焦”，与原始图像混合设置为“0%”，如图 7–30 所示。

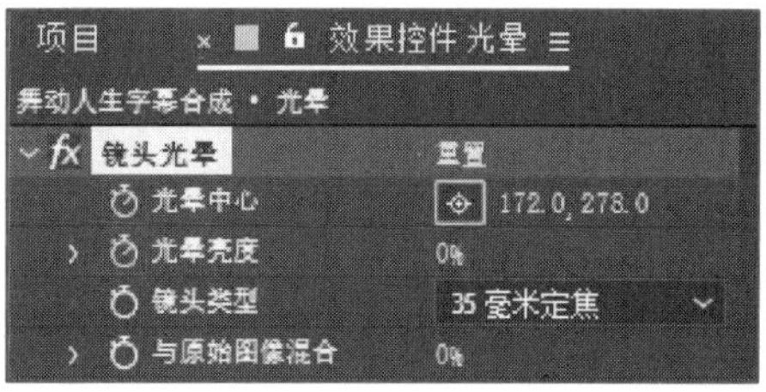

图 7–30　“镜头光晕”滤镜参数

提示

“镜头光晕”滤镜有几种不同类型的光斑效果可供选择。调节“镜头类型”下不同焦距的镜头，就可以得到不同的光斑效果。

将时间指针定位到5.5 s处，将光晕亮度调节为“87%”，并添加关键帧。将时间指针调节到7 s处，将光晕中心设置为(818.0,256.0)，添加关键帧，如图7-31所示。

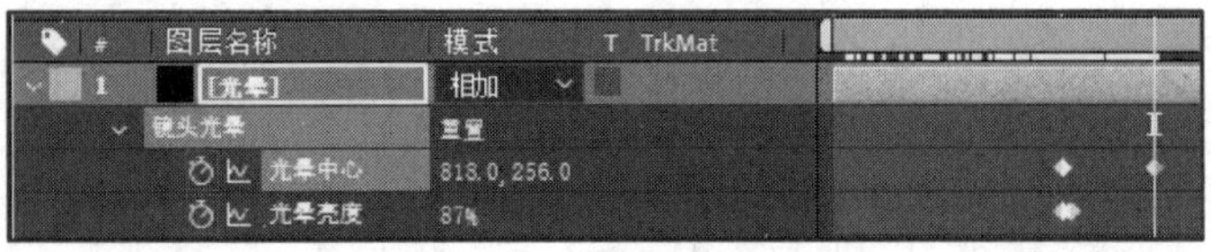

图7-31 光晕关键帧

“镜头光晕”用于模拟镜头照到发光物体上。由于经过多片镜头能产生很多光环，故成为后期制作中经常使用的提升画面效果的手段。

步骤6：添加渐变背景

在时间轴面板中新建纯色图层并命名为“背景”，将其置于最底层。选中“背景”图层，右击，在弹出的快捷菜单中选择“效果”→“生成”→“梯度渐变”命令，如图7-32所示，添加渐变特效。

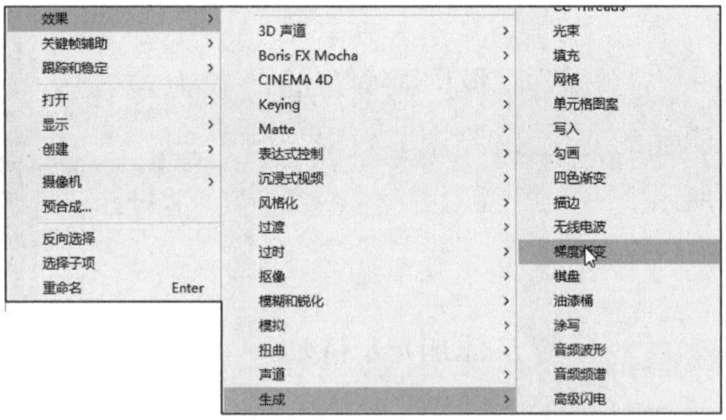

图7-32 添加“梯度渐变”滤镜

如图7-33所示，调节“梯度渐变”特效滤镜参数。渐变起点设置为(255.0,194.0)，起始颜色设置为棕色(R80,G5,B5)，渐变终点设置为(451.0,562.0)，结束颜色设置为深色(R27,G2,B2)，渐变形状选择“径向渐变”，渐变散射设置为“95.0”，与原始图像混合设置为“16.0%”。

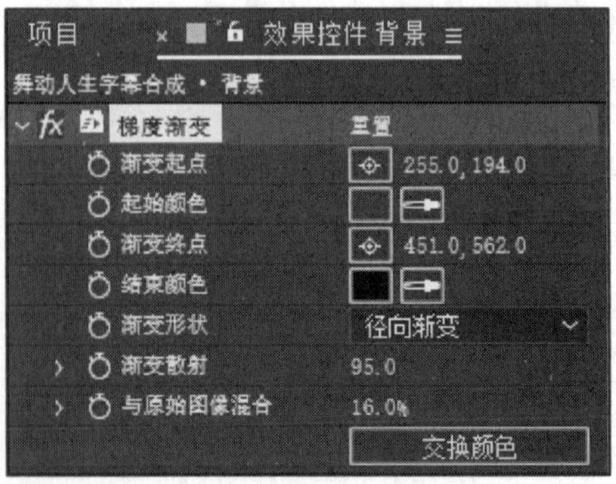

图7-33 “梯度渐变”滤镜参数

关于片头的文字部分的工作制作完成，可以通过滑动时间指针观察“预览”面板中的效果。

“梯度渐变”滤镜是通过两种色彩之间的过渡，产生一种色彩上平滑过渡的效果。在该滤镜中也有多种渐变方式，如放射状渐变、斜向渐变等。

任务四　制作冲击波效果

步骤 1：制作冲击波外轮廓

选择“合成”→“新建合成”命令，新建一个合成，命名为“冲击波”，在“预设”下拉列表框中选择“PAL D1/DV”，分辨率为“720 px × 576 px”，时间长度为 30 s，如图 7-34 所示。

在时间轴面板中新建一个名为“冲击波”的纯色图层，如图 7-35 所示，单击“制作合成大小”按钮使其与合成的尺寸相同。

提示

在做渐变背景的时候，开始颜色和结束颜色的选择是关键，通常会选择两种对比色或者同一颜色的不同明度来进行渐变背景的制作。

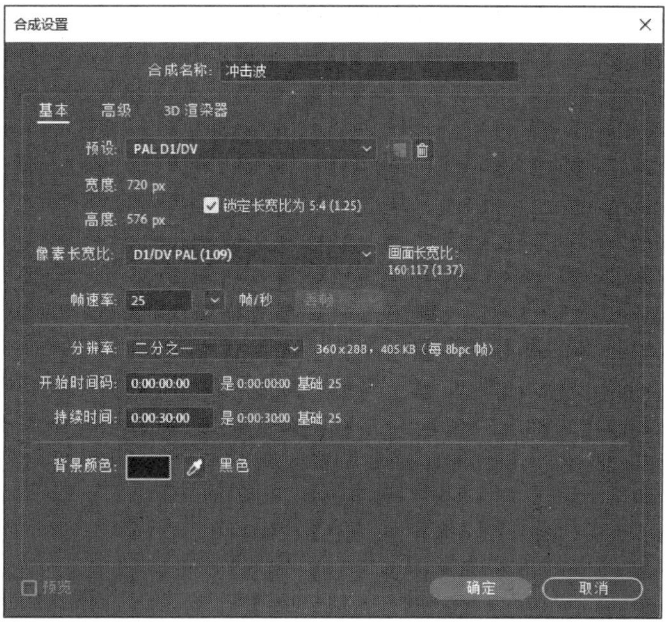

图 7-34　新建“冲击波”合成

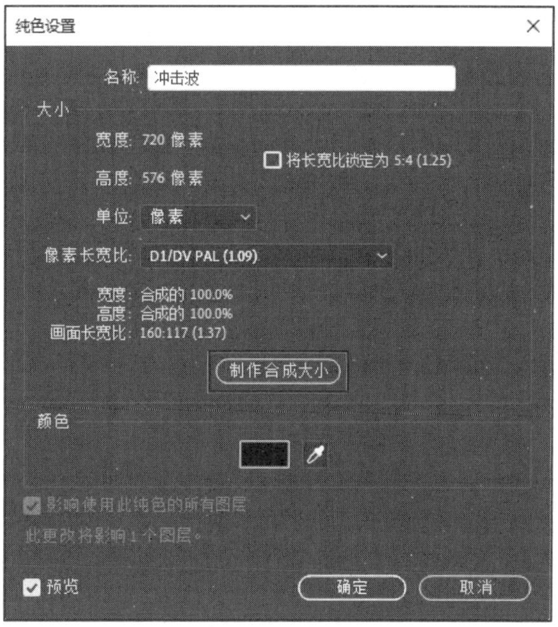

图 7-35　新建“冲击波”纯色图层

选中“冲击波”纯色图层，右击，在弹出的快捷菜单中选择“效果”→“生成”→“圆形”命令，出现“效果控件”面板窗口。将时间指针调整到 0 s 处，如图 7–36 所示，冲击波中心设置为(360.0，288.0)，半径设置为“112.0”，并添加关键帧，颜色设置为“黑色”，不透明度设置为“100.0%”。

提示

要修改已经建立好的纯色图层参数，只需要选中该纯色图层，选择“图层”→“纯色设置”命令，就可以在弹出的窗口中修改参数。

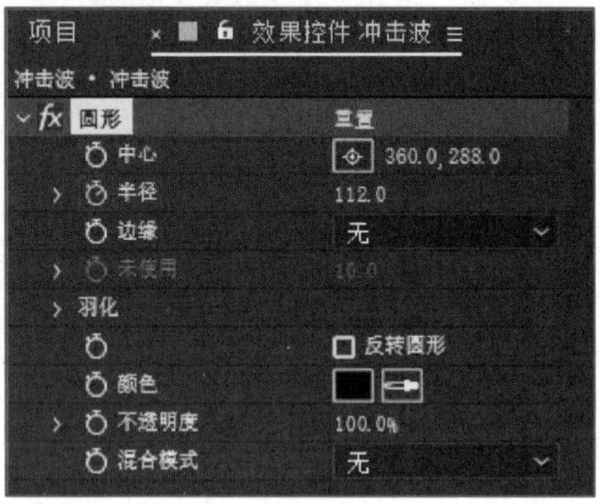

图 7–36 “圆形”滤镜参数

通过“毛边”滤镜使轮廓变粗糙。选中“冲击波”纯色图层，右键单击，在弹出的快捷菜单中选择“效果”→“风格化”→“毛边”命令，出现“效果控件”面板。

将时间指针定位至 0 s 处，按图 7–37 所示设置参数：选择边缘类型为“粗糙化”，边界设置为“222.0”，轮廓锐度设置为“10.00”，分形影响设置为“1.00”，比例设置为“10.0”，伸缩宽度或高度设置为“0.00”，偏移设置为(0.0，0.0)，复杂度设置为“2”，控制边缘的粗糙变化“演化”属性设置为“–5 x–237.0°”，并添加关键帧。

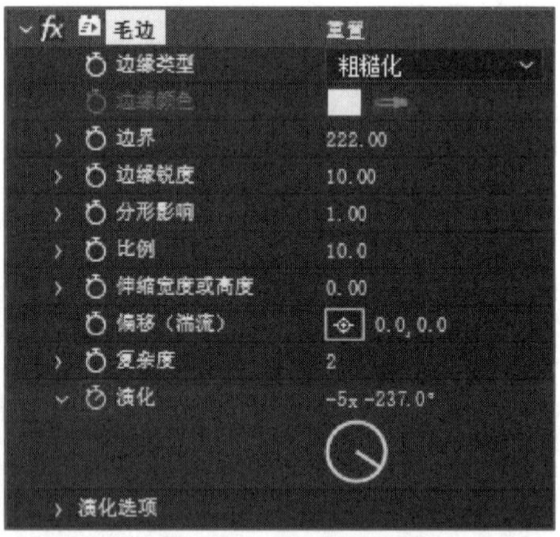

图 7–37 0 s 处“毛边”滤镜参数

“毛边”滤镜可以模拟腐蚀的纹理或融解等斑驳的效果。通常，在需要做旧效果或需要较为粗糙机理效果时可使用该滤镜。

步骤 2:制作冲击波内轮廓

复制“冲击波”纯色图层并重命名为“冲击波 2”,将其移动到下层,将“毛边”滤镜效果删除,并调整“圆形”滤镜在 0 s 处的效果,参数如图 7-38 所示,半径设置为“100.0”,颜色为“纯白色”。

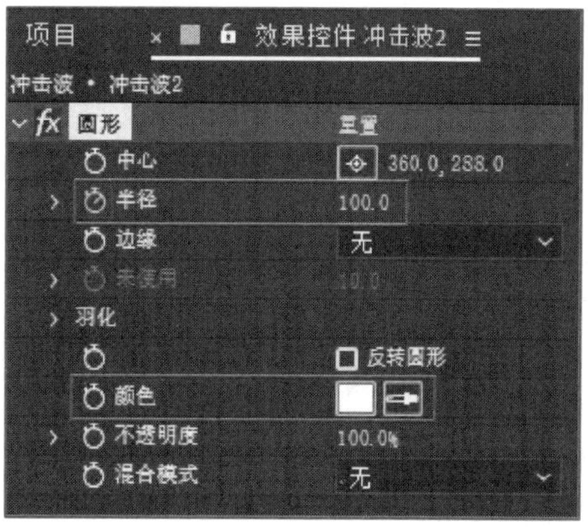

图 7-38　0 s 处“圆形”滤镜参数

提示

在制作冲击波效果时,参数的设置不是一成不变的,可以边调节参数,边查看预览效果,直至“预览”达到所需要的效果为止。

单击“冲击波”图层,将时间指针移动到 3 s 处,调整“圆形”滤镜的半径为“276.6”,如图 7-39 所示。

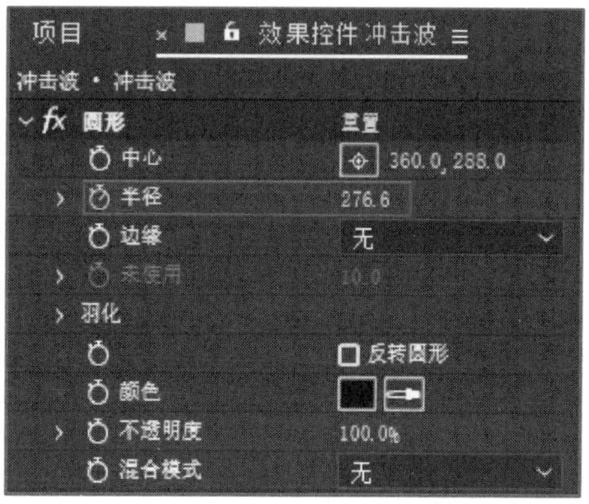

图 7-39　3 s 处“圆形”滤镜关键帧设置

同时调整“毛边”滤镜的参数并添加关键帧,如图 7-40 所示,控制边缘的粗糙变化值“演化”为“0 x+0°”。

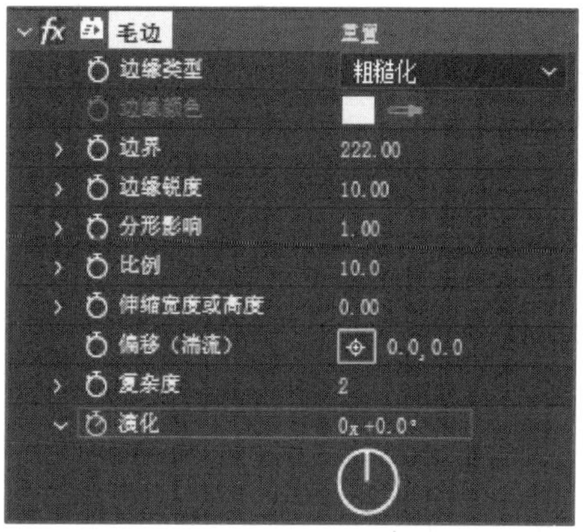

图 7-40　3 s 处“毛边”滤镜关键帧设置

单击“冲击波 2”图层,在 3 s 处调整“圆形”滤镜的半径参数为“276.6”。

调节时间指针，在“预览”面板中查看最终调整后的效果，如图 7-41 所示。

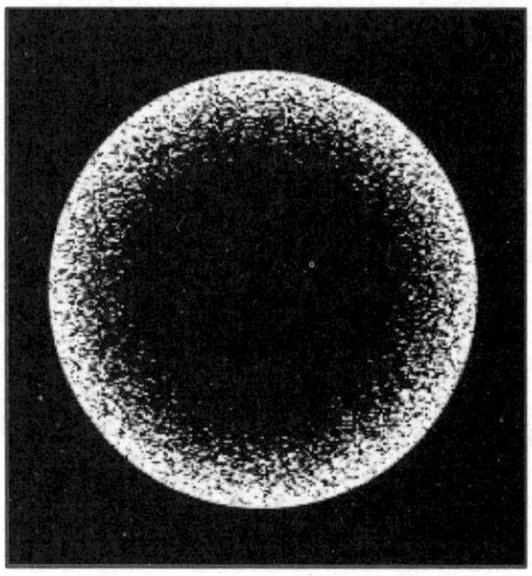

图 7-41 调整后效果

步骤 3：添加发光及立体效果

利用“Shine”滤镜产生发光效果。新建一个合成并命名为“冲击波合成”，设时间长度为 30 s。将“项目”面板中的“冲击波合成”拖动到时间轴上。

提示

“Shine”滤镜为第三方插件，如果 After Effects 软件中没有，需另行安装。

右击“冲击波”图层，在弹出的快捷菜单中选择“效果”→“Trapcode”→“Shine”命令，将时间指针调整到 0 s 处，在“效果控件”面板中，按图 7-42 所示进行设置。光芒长度为“0.3”，提升亮度为“1.0”，颜色模式为“五色渐变”，“基于”为“亮度”。各类色彩设置如下：高光色为（R255，G255，B255），中高色为（R255，G200，B0），中间调为（R255，G166，B0），中低色为（R255，G100，B0），阴影色为（R255，G0，B0），光线不透明度为“100.0”。

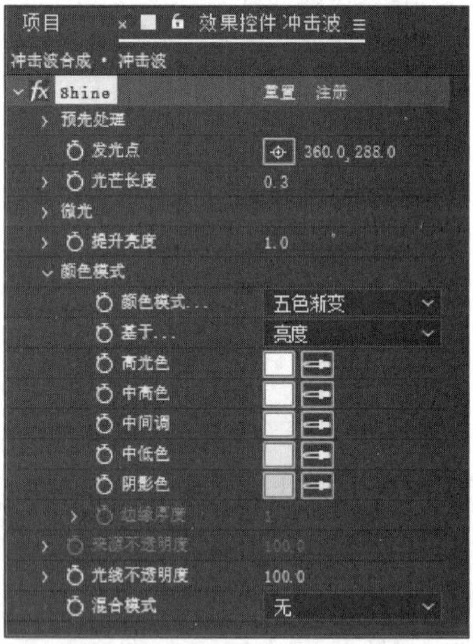

图 7-42 “Shine”滤镜参数

此时拖动时间指针，可以看到画面当中已经产生了冲击波的效果。

提示

“Shine”滤镜中的 Colorize 选项中的色彩调节是非常关键的，其中几种色彩的跳跃不宜过大。色彩的选择需要经验的积累和不断练习。

设置“冲击波”三维斜向冲击辐射的效果。如图 7-43 所示，单击“冲击波”的三维坐标按钮，使用工具栏上的旋转工具对“冲击波”图层进行调整，如图 7-44 所示。

图 7-43　添加三维坐标

提示

在三维模式下，“预览”面板中的素材就会出现三维坐标。当光标移动到相应的轴上时会显示该轴向的数值，此时做移动、旋转、缩放等操作就只能在该轴向上产生变化。

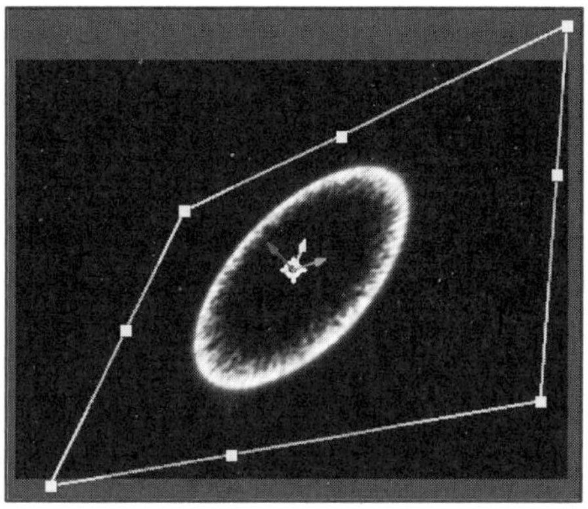

图 7-44　旋转冲击波

“Shine”滤镜是 After Effects 软件的必备第三方插件之一，通过“Shine”滤镜可以实现光线扫射、曝光、改变光线颜色等光线效果。

任务五　合成输出

步骤 1:新建渐变背景

新建一个合成并命名为“合成”，参数采用默认值。

制作渐变背景效果。在时间轴面板上新建纯色图层并命名为“背景”。选中“背景”图层，右击，在弹出的快捷菜单中选择“效果”→“生成”→“梯度渐变”命令。

调节“梯度渐变”渐变滤镜参数。按图 7-45 所示进行设置：渐变起点坐标为(360.0,0.0)，起始颜色为(R80,G5,B5)，渐变终点坐标为(451.0,562.0)，结束颜色为(R27,G2,B2)，渐变形状为“线性渐变”，渐变散射为“95.0”，与原始图像混合为“16.0%”。

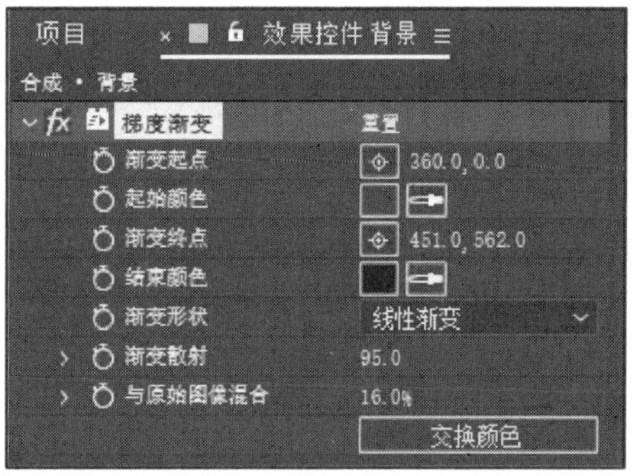

图 7-45　添加渐变背景

步骤 2:添加心电图层

将“项目”面板中的“心电图”合成拖入时间轴中,设置持续时间为 5 s,连续按 Ctrl+D 组合键 4 次,复制 4 个“心电图”图层,并将模式调整为“相加”模式,如图 7-46 所示,调整时间轴中的 5 个图层的排列顺序,拖动时间指针,查看“预览”面板中的“心电图”动画,如图 7-47 所示。

提示

图层的排列主要以画面运动顺畅为主。在设置透明度叠加时也应该注意画面之间的衔接。

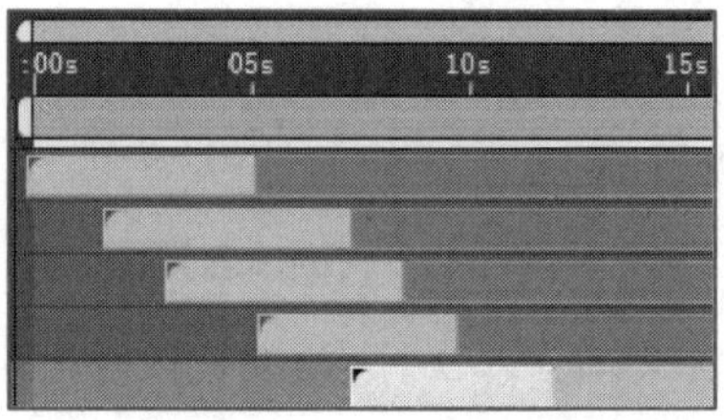

图 7-46 排列图层

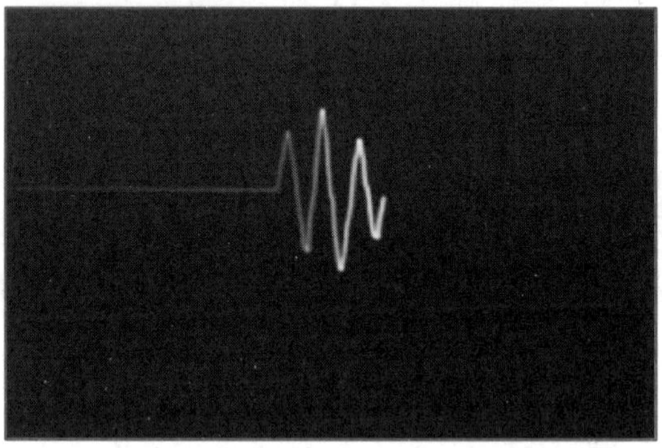

图 7-47 心电图动画

步骤 3:添加线条背景图层

将“项目”面板中的“心电图背景”合成拖入时间轴中“背景”图层上,将模式调整为“相加”模式,使其与背景相融合,拖动时间指针,在“预览”面板中可以看见添加“心电图背景”后的效果,如图 7-48 所示。

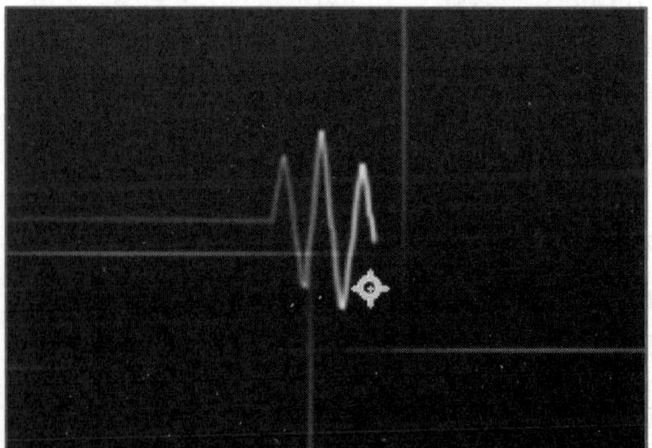

图 7-48 线条背景动画

步骤 4:添加冲击波图层

将“项目”面板中的“冲击波合成”拖入时间轴中最后一个“心电图”图层之后,将模式调整为“相加”模式,使其与背景相融合,在时间轴中将该图层调整至最后一层“心电图”图层的中间位置,如图 7-49 所示。

拖动时间指针,查看“预览”面板中的“冲击波”动画,如图 7-50 所示。

展开时间轴中“冲击波合成”图层的“变换”属性,通过设置“不透明度”属性达到淡入淡出效果:在 8 s 8 帧处将不透明度设置为“0%”,13 s 处设置为“100%”,14 s 处设置为“0%”。

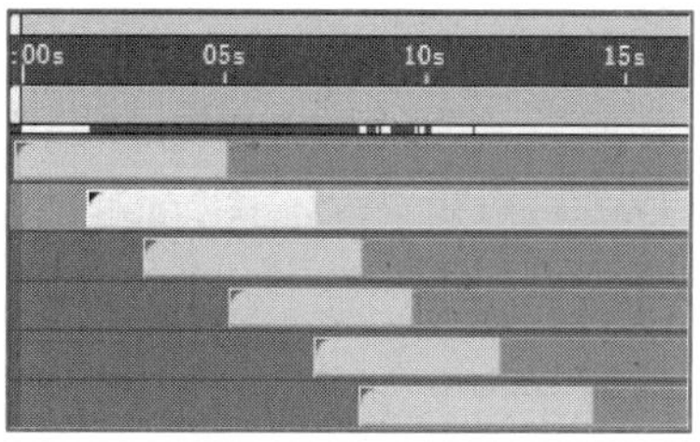

图 7-49　调整图层位置

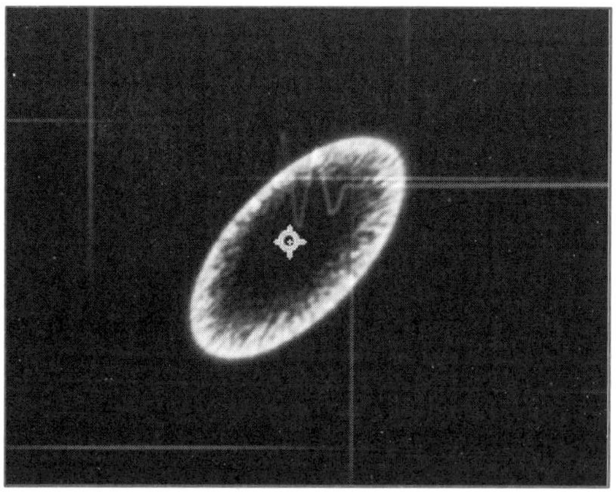

图 7-50　冲击波动画

步骤 5:添加片头文字图层

将“项目”面板中的“舞动人生字幕合成”拖入时间轴中,并放在“冲击波合成”图层之后,将模式调整为“正常”,调整“舞动人生字幕合成”图层位置如图 7-51 所示,拖动时间指针以查看“预览”面板中的动画,如图 7-52 所示。

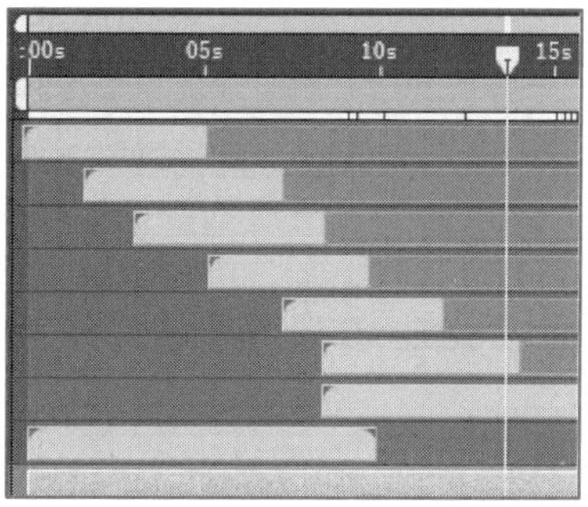

图 7-51　调整图层位置

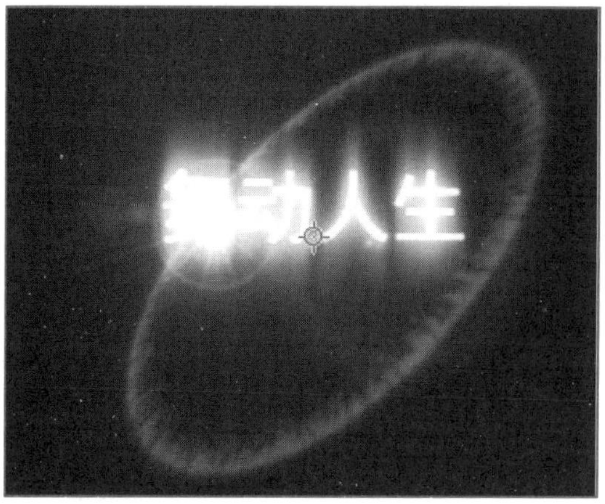

图 7-52　合成效果

选择“合成”→“合成设置”命令，弹出“合成设置”对话框，如图 7–53 所示，将“持续时间”调整为 18 s。

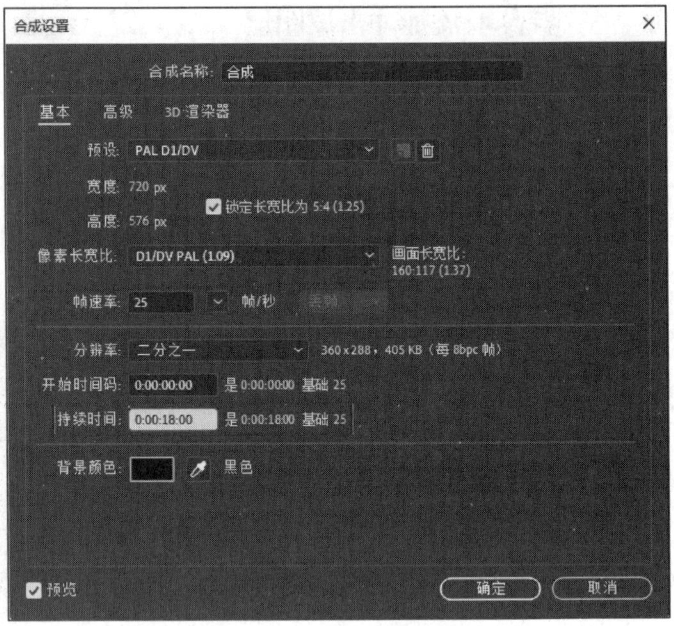

图 7–53 合成设置

步骤 6:添加背景音乐层

将配套资源中的“项目七”素材文件夹下“音乐”文件夹中的“合成背景音乐”文件导入“项目”面板中。

新建合成并命名为“输出”，持续时间设置为 18 s。

将“合成背景音乐”拖入时间轴中，将“合成”也拖入时间轴中。

调整时间线中两个图层的位置。展开“合成”图层的“变换”属性，设置不透明度并添加关键帧:0 s 处不透明度为“0%”，0.5 s 处不透明度为“100%”，17 s 处不透明度为“100%”，18 s 处不透明度为“0%”，如图 7–54 所示。

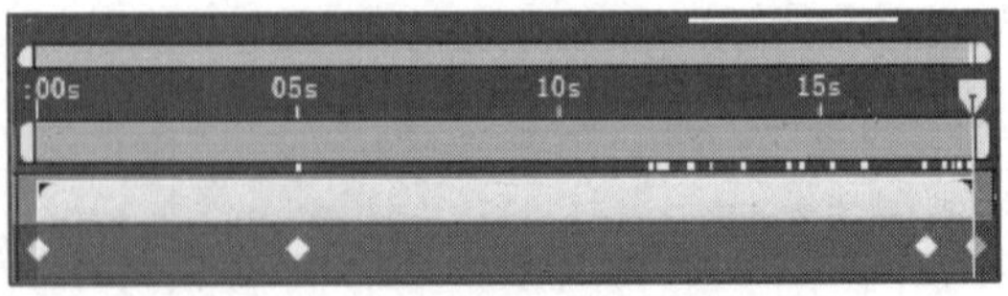

图 7–54 设置合成关键帧

步骤 7:渲染输出

选择“合成”→“添加到渲染队列”命令,单击“输出模块”旁蓝色文字“无损”,如图 7–55 所示,AVI 是选择输出的视频格式,用户可以根据自己的需求而定。

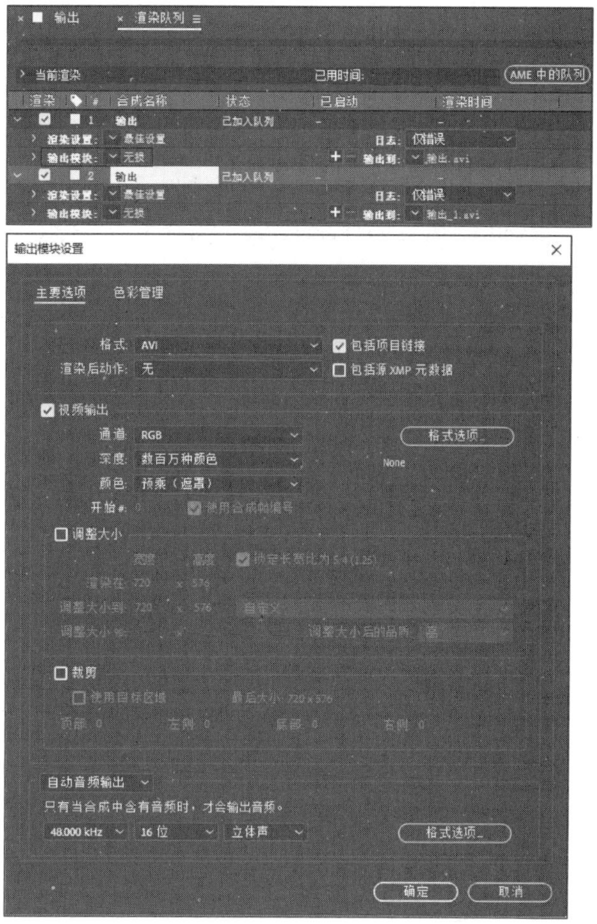

图 7–55　设置 AVI 格式

单击“格式选项”按钮,在弹出的对话框中,“视频编解码器”选择“DV PAL”,如图 7–56 所示,单击“确定”按钮返回“输出模块设置”对话框。

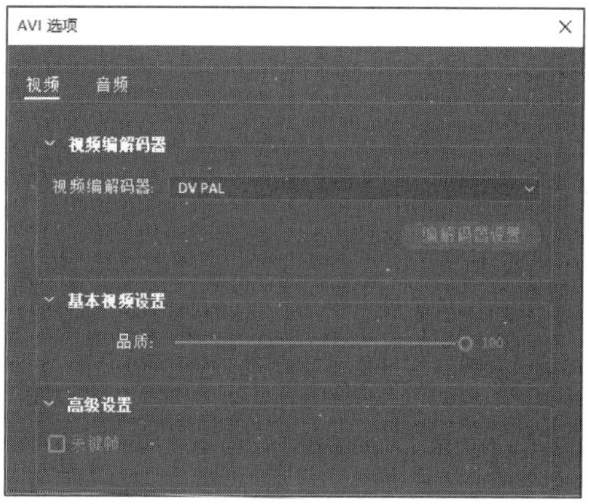

图 7–56　设置视频格式

在“自动音频输出”选项区中,将声音参数的输入速率设置为“22.050 kHz”,大小设置为“16 位”,选择“单声道”,如图 7–57 所示,单击“确定”按钮返回。

图 7–57　设置音频格式

设置完参数,指定保存路径后单击“渲染”按钮,弹出“渲染进度”对话框,等待进度条到达 100% 渲染完成。

渲染结束,单击目标文件名即可播放视频文件。

小结与训练

小结

本项目通过心电图特效、线条背景特效、字幕特效、冲击波特效的制作组合成一个完整的片头。在项目制作中除对以前项目制作中使用过的一些滤镜进行拓展学习外,新增一些常用的 After Effects 自带和外挂特效插件的学习。

通过该项目的制作,一方面明确片头的制作流程并对片头结构进行了分析,另一方面也掌握了综合运用新滤镜插件的方法。

思考题

1. 一般片头制作由哪几部分组成?

2. 制作冲击波效果的时候应用到了 Shine 插件。请思考:除了本项目中应用的效果外,该插件还可以应用到哪些方面?

3. 在项目制作中有一个任务应用到了 After Effects 中的粒子效果。粒子效果在 After Effects 中还有哪方面的应用?

训练题

1. 自选一个主题,制作一个 10 s 的简短文字片头。

2. 采用本项目中学习的“卡片擦除”滤镜特效制作一段英文卡片字幕翻转效果的视频,要求卡片从右侧进入画面,字母做翻转运动,到画面中间定格放大。

3. 制作“世界互联网大会”宣传片头,要求有突出主题的字幕特效,符合画面的声音效果,不少于 30 s,图片素材可利用配套资源中“项目七训练”文件夹中的素材。

项目八 “中华魂”
——视频特效合成

项目简介

本项目为一个综合性的 After Effects 应用训练,采用了具有代表性的中国元素进行特效设计,画面中舞动红色绸带的少女和中国山水画的背景移动效果交相呼应,灵动的书法动画效果使整个片段从内涵到形式都散发出所要表达的主题意境。

通过对本项目的制作,将学习到影像抠像技术、文字书写特效、影像校色技术等全新的滤镜特效技术,也涉及前面的项目中学习过的一些滤镜的高级应用。在本项目制作过程中,既注重灵活运用学习过的知识点,又注重特效的设计,使作品兼具技术性和艺术性。

效果截图

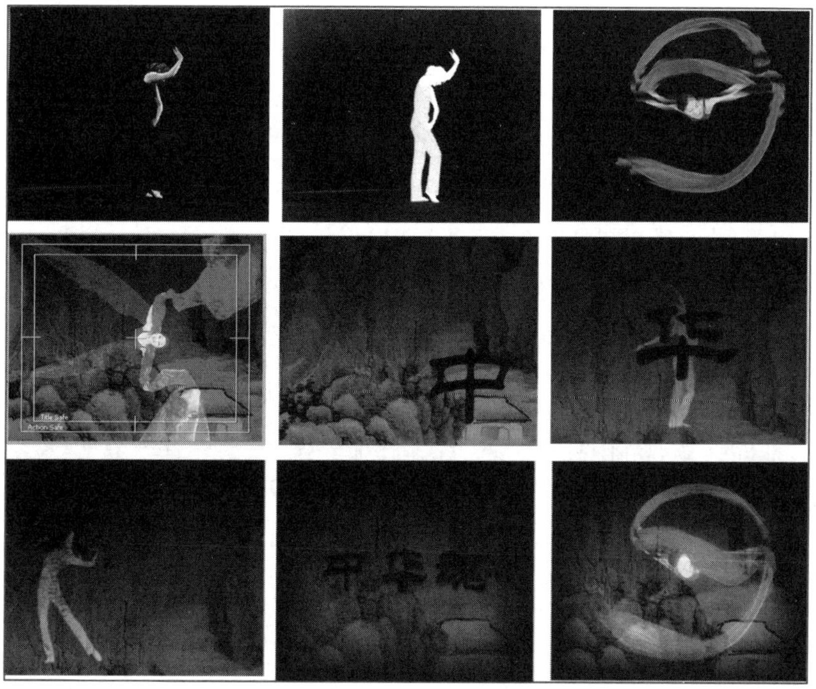

任务一 制作背景

步骤 1:新建项目

运行 After Effects,单击“新建合成”按钮,在“合成名称”文本框中输入“背景”,在“预设”下拉列表中选择“PAL D1/DV”,分辨率设为“720 px × 576 px”,时间长度为“1 min”,其他参数取默认值,如图 8-1 所示。

在“项目”面板中新建“背景”文件夹,双击面板空白处将配套资源中“背景”文件夹下的 3 张图片导入到该文件夹中,如图 8-2 所示。

分别将“背景”文件夹中的素材拖入时间轴上的“背景”合成中,复制“画 1”图层,重命名为“画 3”。将“背景”图层放在最下方,往上排列依次是“画 3”图层、“画 2”图层、“画 1”图层,如图 8-3 所示。

步骤 2:设置图层

在时间轴上将“画 1”图层的长度改为 15 s,调整模式为“叠加”模式。展开“画 1”图层在时间轴中的“变换”属性,如图 8-4 所示,将时间指针定位至 0 s 处,位置设置为(167.7,165.0)并添加关键帧,缩放设置为(100.0,100.0%)并添加关键帧,,不透明度设置为“0%”并添加关键帧;将时间指针定位至 1 s 处,不透明度设置为“100%”;将时间指针定位至 13 s 处,不透明度设置为“100%”;将时间指针定位至

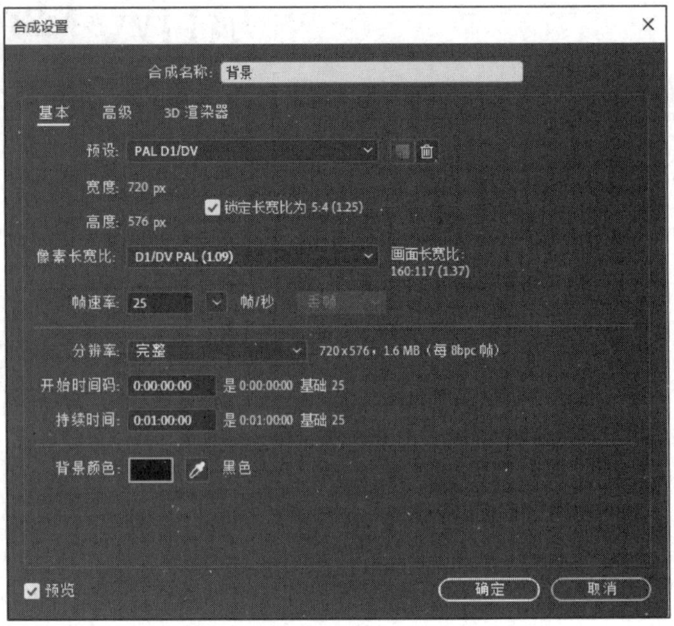

图 8-1 新建合成

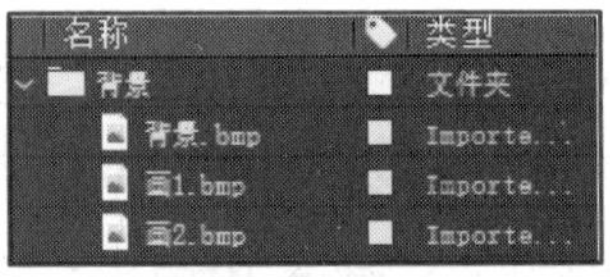

图 8-2 导入背景素材

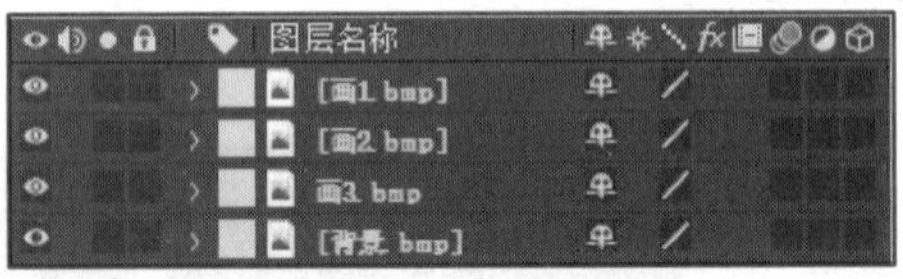

图 8-3 图层排列

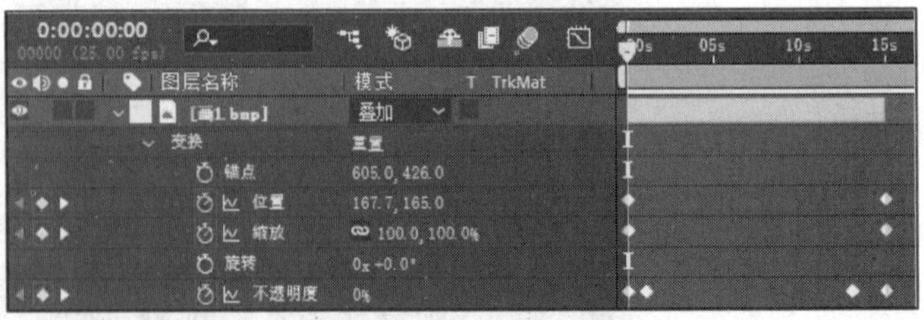

图 8-4 展开“画 1”图层“变换”属性

15 s 处，位置设置为(358.0，288.0) 并添加关键帧，缩放设置为(68.0，68.0%) 并添加关键帧，不透明度设置为“0%”并添加关键帧，如图 8-5 所示。

在时间轴上改变“画 2”图层的长度至 15 s，调整模式为“叠加”模式；将图层起始位置移动至 13 s 处。展开“画 2”图层在时间轴上的“变换”属性，将时间指针定位至 13 s 处，位置设置为(174.0，398.0) 并添加关键帧，缩放设置为(100.0，100.0%) 并添加关键帧，不透明度设置为“0%”并添加关键帧，如图 8-6 所示。将时间指针定位至 15 s 处，不透明度设置为“100%”；将时间指针定位至 26 s 处，不透明度设置为“100%”；将时间指针定位至 28 s 处，位置设置为(238.0，378.0)，缩放设置为(120.0，120.0%)，不透明度设置为“0%”，如图 8-7 所示。

在时间轴上将“画 3”图层的长度改为 15 s，调整模式为“叠加”模式；将图层起始位置移动至 25 s 处。展开“画 3”图层在时间轴上的“变换”属性，将时间指针定位至 25 s 处，位置调整为(160.0，160.0)，缩放设置为(100.0，100.0%)，并分别添加关键帧；将时间指针定位至 39 s 处，不透明度设置为“100%”并添加关键帧，缩放设置为(90.0，90.0%)，位置设置为(234.0，208.0)，将时间指针定位至 40 s 处，不透明度设置为“0%”，如图 8-8 所示。

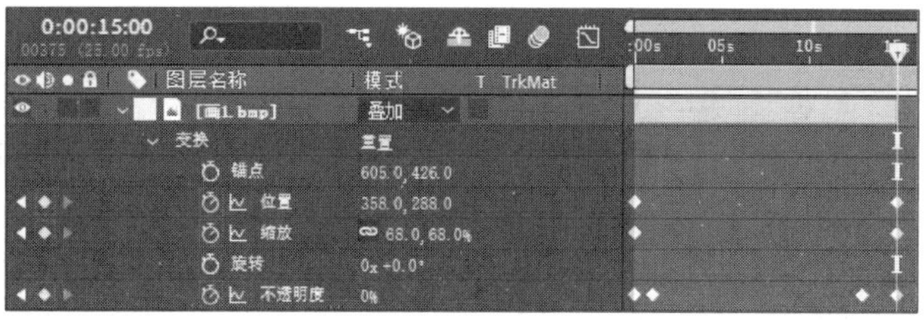

图 8-5　调整“画 1”图层“变换”属性

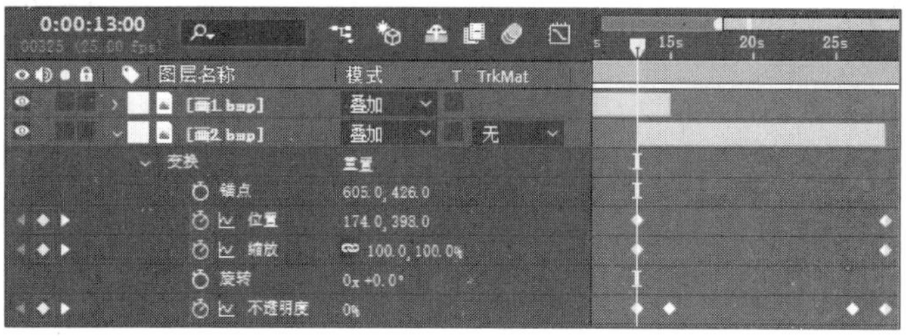

图 8-6　“画 2”图层 13 s 处设置

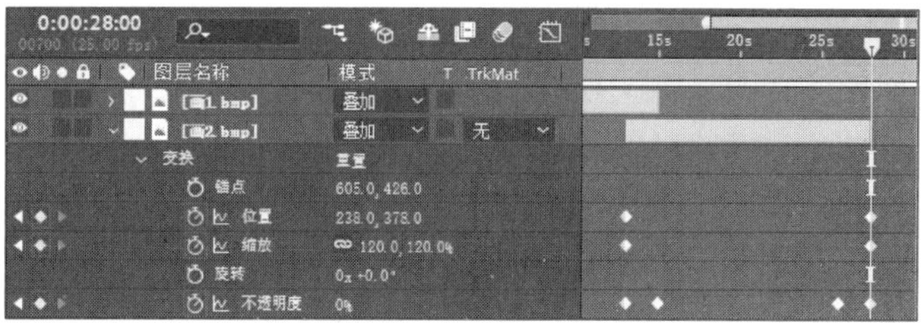

图 8-7　“画 2”图层 28 s 处设置

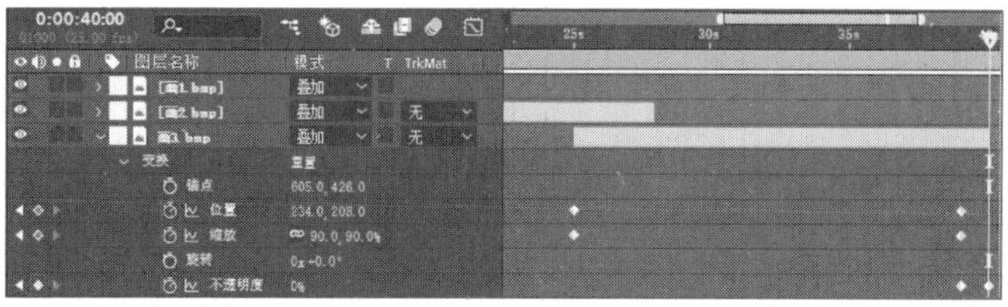

图 8-8　“画 3”图层 40 s 处设置

设置“背景”合成的时间长度为40 s，如图 8-9 所示。

图 8-9 设置“背景”合成时间

任务二 抠人物像

步骤 1：新建合成

在“项目”面板空白处双击，导入配套资源“项目八素材”文件夹中“舞蹈素材”文件夹中的 4 个序列帧素材。

新建合成并重命名为“独舞抠像”，时间长度为 30 s，其他参数同前一合成。

在“项目”面板中将导入的“单人舞”序列帧拖到“独舞抠像”合成的时间轴上，重命名为“单人舞”。

步骤 2：抠像

选择“单人舞”图层，右击，在弹出的快捷菜单中选择“效果”→“Keying”→“Keylight (1.2)”命令。

Keylight 是一款非常优秀的插件，主要用于素材的抠像制作，拥有强大的半透明抠像效果。

展开“特效控制”面板中的“Keylight”属性，如图 8-10 所示。

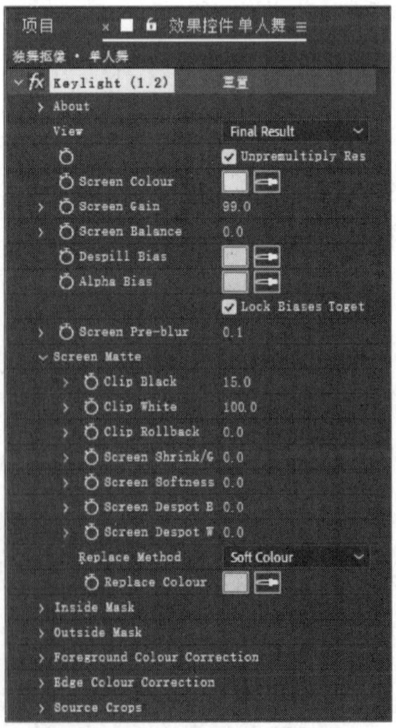

图 8-10 keylight 参数

单击“Keylight”属性中“About”属性下“Screen Colour”属性右侧的吸管按钮，单击“独舞抠像”的蓝色银幕部分，此时“预览”面板得到初步的抠像效果，如图 8-11 所示。

图 8-11　抠像初步效果

提示

Screen Colour 是通过颜色相近度来控制抠像范围的，可通过调整参数来控制与样本颜色的接近程度。

此时画面中还存有许多杂质没有抠除干净，需要做进一步的参数调节。

在“View”下拉列表框中选择“Screen Matte”模式，此时可见画面中图像以黑白画面表示，如图 8-12 所示。

图 8-12　Screen Matte 模式

提示

在 Screen Matte 模式下，黑色部分表示完全抠除，白色部分表示完全不抠除，灰色部分表示抠除成透明模式，如毛发、阴影等都将会以灰色方式显示，通过参数的调节可以控制该透明度的大小。

将 Screen Pre-blur 设置为“0.1”，展开“Screen Matte”属性，Clip Black（去除黑色）设置为“15.0”，Clip White 保持为“100.0”（即不抠除白色部分），如图 8-13 所示。此时观察“预览”面板，可以看见画面黑白分明，周围的杂色也没有了。

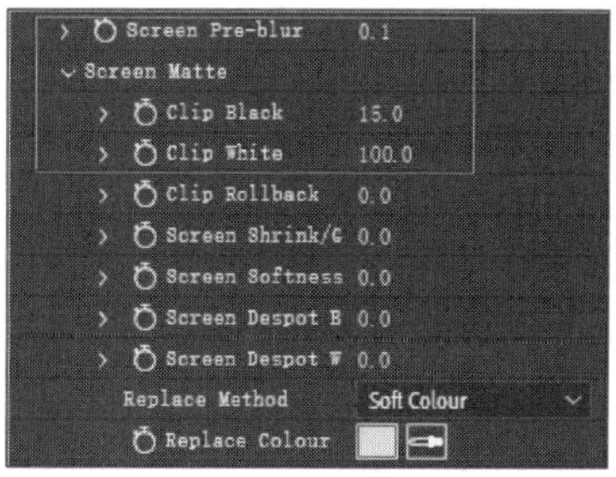

图 8-13　调整 Screen Matte 参数

提示

调节 Screen Pre-blur 参数时，将会发现参数值越大，被抠像对象的边缘越模糊，参数越小边缘则越清晰。

步骤 3：去除环境色

选择“单人舞”图层，右击，在弹出的快捷菜单中选择“效果”→“过时”→“溢出抑制”命令。

“溢出抑制”可以去除抠像后图像边缘溢出的键控色，这些溢出的键控色常常是由于背景的反射造成的。

在“效果控件”面板中，如图 8–14 所示，单击“要抑制的颜色”右侧的吸管按钮，在“预览”面板中吸取要控制的色彩，即吸取人物周围的颜色部分；抑制数值设置为“60”，以控制蓝色部分的抑制程度。

此时，观察“预览”面板中的人物抠像效果，边缘柔和且没有明显的色彩溢出，人物周围干净，如图 8–15 所示。

图 8–14 去除环境色

提示

如果使用“溢出控制”还不能得到满意的结果，可以使用效果中的“色相 / 饱和度”命令降低饱和度，从而弱化键控色。

图 8–15 抠像后效果

步骤 4：去除大块杂色

从图 8–15 中可以看出，除了左侧有一个大块色彩外，抠像画面已经符合要求。对于图像中的大块杂色，在离抠像对象较远且不影响抠像对象运动范围的情况下，可以采用蒙版工具来处理。

选择“单人舞”图层，在工具栏中选择钢笔工具，在“预览”面板中勾勒出人物活动范围框，在勾勒时将色块排除在外，如图 8–16 所示。

图 8–16 蒙版遮罩框

展开图层属性，如图 8-17 所示，将“蒙版 1”模式设置为“相加”，蒙版路径设置为“形状”，蒙版羽化设置为(0.0，0.0 像素)，蒙版不透明度设置为“100%”，蒙版扩展设置为“0.0 像素”。

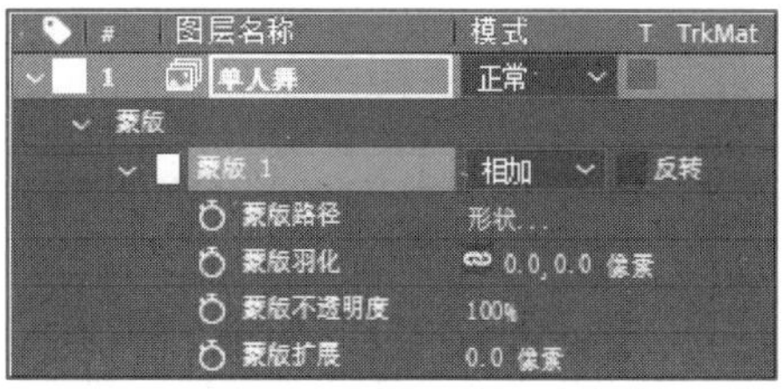

图 8-17　蒙版遮罩框参数

此时可以看见色块已经被蒙版排除在外，画面抠像效果完整且能够达到要求，抠像任务完成，如图 8-18 所示。

图 8-18　最终效果

步骤 5：其他抠像效果

分别新建合成“绸舞 1”“绸舞 2”“绸舞 3”，并导入素材，按照步骤 2~ 步骤 4 的方法完成素材“绸舞 a”“绸舞 b”“绸舞 c”的抠像任务，获得图 8-19 所示效果。

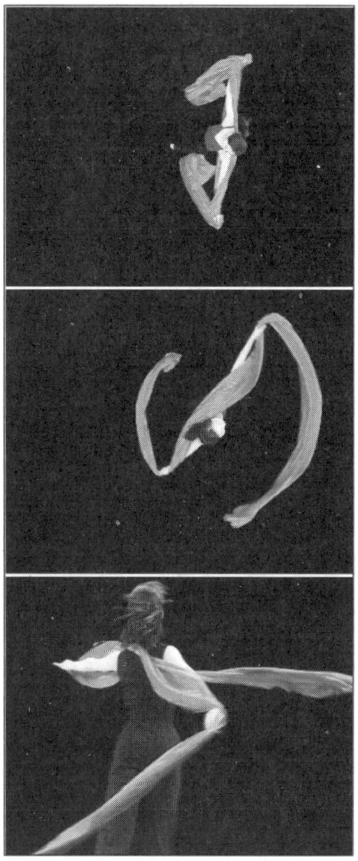

图 8-19　抠像效果

任务三 合成抠像

选择“合成”→“新建合成”命令，新建合成并命名为“抠像合成”，持续时间为“30 s”，如图 8-20 所示；将“独舞抠像”“舞蹈 3”“舞蹈 2”“舞蹈 1”合成导入到时间轴上，按图 8-21 所示排列各图层顺序。

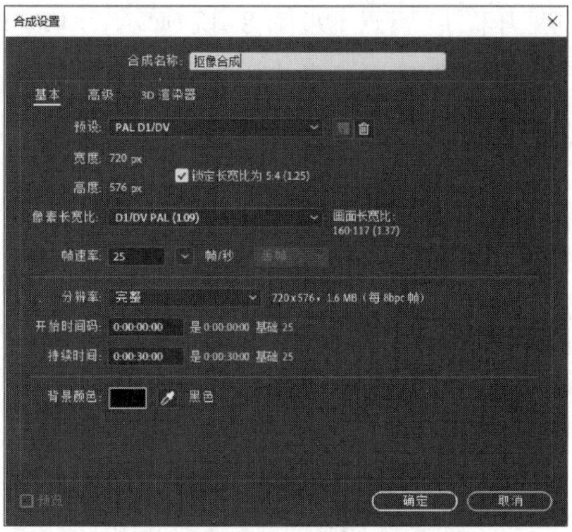

图 8-20 新建合成

图 8-21 图层排列顺序

将时间指针定位至 1 s 处，将“舞蹈 2”图层的左端点移动到 1 s 处，在时间轴上将“舞蹈 2”图层模式设置为“颜色减淡”，展开“舞蹈 2”图层下的“变换”属性，将不透明度设置为“0%”并添加关键帧，如图 8-22 所示；将时间指针定位至 2 s 处，将不透明度设置为“100%”并添加关键帧；将时间指针定位至 4 s 处，将不透明度设置为“100%”并添加关键帧；将时间指针定位至 5 s 处，将不透明度设置为“0%”并添加关键帧。

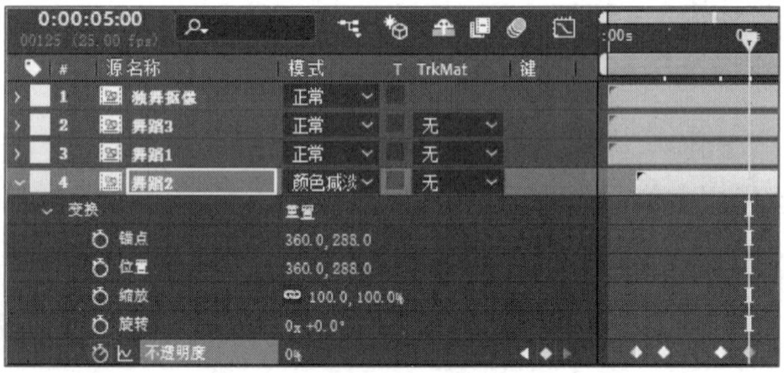

图 8-22 “舞蹈 2”图层设置

将时间指针定位至 4 s 处，将“舞蹈 1”图层左端对齐到时间指针，在时间轴上设置“舞蹈 1”图层模式为“颜色减淡”，如图 8-23 所示，展开图层“舞蹈 1”图层的“变换”属性，将不透明度设置为“0%”并添加关键帧；将时间指针定位至 4 s 20 帧处，将不透明度设置为“100%”并添加关键帧；将时间指针定位至 6 s 处，将不透明度设置为“100%”并添加关键帧；将时间指针定位至 8 s 处，将不透明度设置为“0%”并添加关键帧。

图 8-23 “舞蹈 1”图层设置

合成效果如图 8-24 所示。

调整时间指针定位至6 s 20帧处，将“舞蹈3”图层左端对齐到时间指针，在时间轴上设置“舞蹈 3”图层模式为“颜色减淡”，如图 8-25 所示，展开图层“舞蹈 3”的“变换”属性，将不透明度设置为“0%”并添加关键帧；将时间指针定位至 7 s 10 帧处，将不透明度设置为“100%”并添加关键帧；将时间指针定位至 9 s 处，将不透明度设置为“100%”并添加关键帧；将时间指针定位至 9 s 10 帧处，将不透明度设置为“0%”并添加关键帧。选择“舞蹈 3”图层，右击，在弹出的快捷菜单中选择“效果”→“颜色校正”→“亮度和对比度”命令，将对比度设置为“-100”。

将时间指针定位至14 s处，将“独舞抠像”图层左端对齐到时间指针，在时间轴上将“独舞抠像”图层模式设置为“颜色减淡”，如图 8-26 所示，展开“独舞抠像”图层的“变换”属性，将不透明度设置为“0%”并添加关键帧；将时间指针定位至 15 s 处，将不透明度设置为“100%”并添加关键帧；将时间指针定位至 24 s 处，将不透明度设置为“100%”并添加关键帧；将时间指针定位至 24 s 20 帧处，将不透明度设置为“0%”并添加关键帧。选择“独舞抠像”图层，右击，在弹出的快捷菜单中选择“效果”→“颜色校正”→“亮度和对比度”命令，将对比度设置为“-100”。

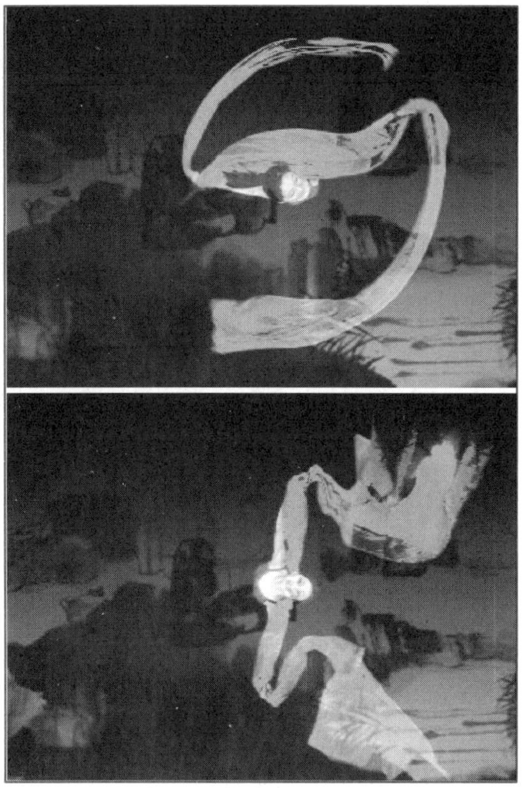

图 8-24　合成效果

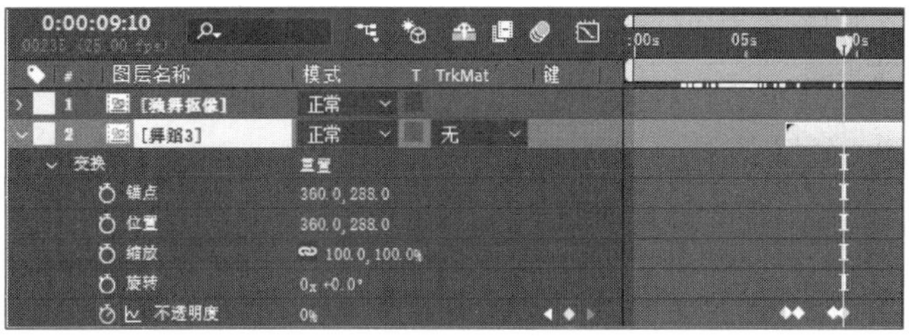

图 8-25　“舞蹈 3”图层设置

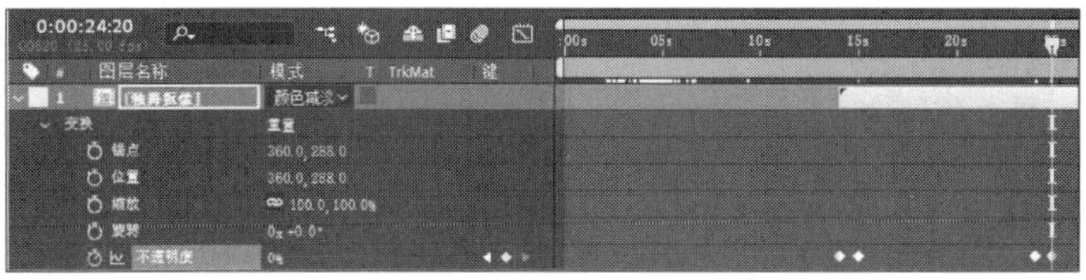

图 8-26　“独舞抠像”图层设置

任务四 书写标题

步骤 1:新建合成

选择“合成”→“新建合成”命令,新建合成,如图 8-27 所示设置参数。

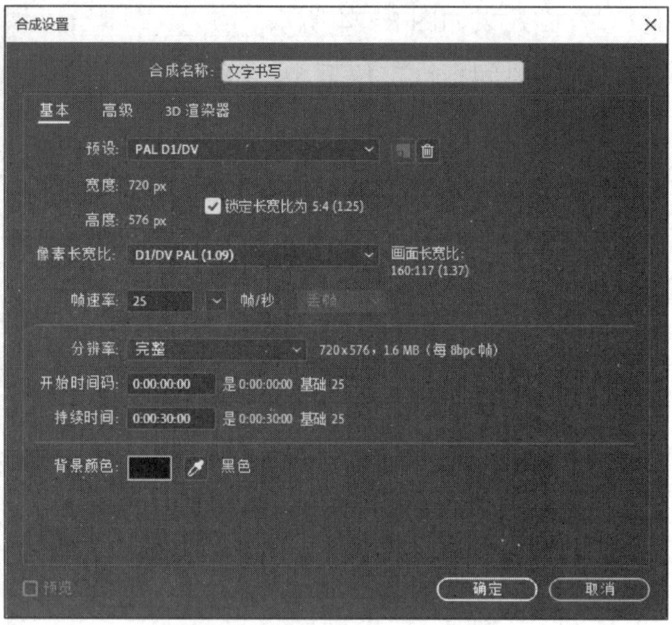

图 8-27 “文字书写”合成

在“项目”面板中新建文字文件夹,导入配套资源中“项目八素材”文件夹中的“中华魂 .psd”文件,弹出图 8-28 所示对话框,选择“合并的图层”模式,单击“确定“按钮。

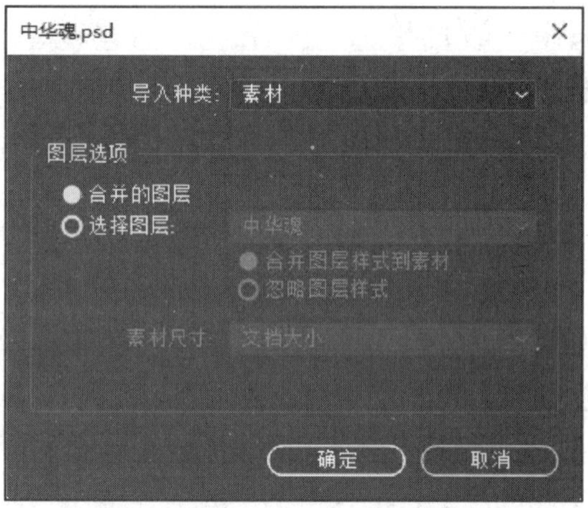

图 8-28 导入素材

将“中华魂”文件和“抠像合成”拖入时间轴上,复制两次,分别重命名为“中华魂 1”“中华魂 2”,如图 8-29 所示。隐藏“中华魂 1”“中华魂 2”图层。

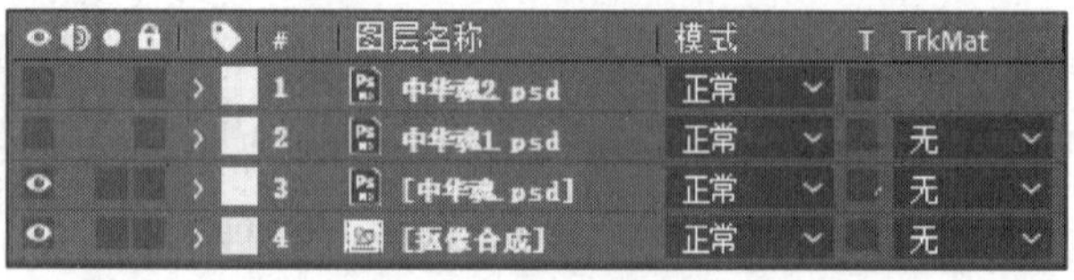

图 8-29 图层排列

调整时间指针定位至 4 s 处,将“中华魂”图层左端对齐到时间指针。

步骤 2：书写“中”

展开“中华魂”图层的“变换”属性，位置设置为（820.0，416.0），使文字处于右下方。

单击“中华魂”图层，用工具栏中的钢笔工具勾选出“预览”面板中的“中”字，完成该图层的蒙版制作，如图 8-30 所示。

图 8-30　制作蒙版

在时间轴面板中选择“中华魂”图层，右击，在弹出的快捷菜单中选择“效果”→“生成”→“写入”命令，用于制作书写字动画，如图 8-31 所示。

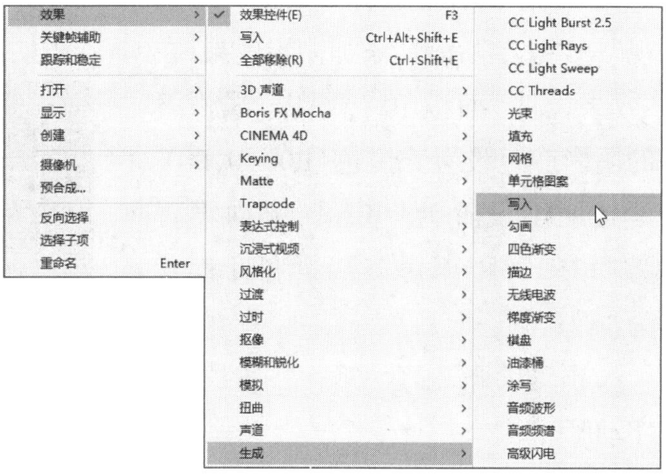

图 8-31　添加“写入”特效

写入是 After Effects 自带的一款笔刷特效工具，能够制作动态文字效果，主要用于制作手写文字等效果。

在应用“写入”命令后，调出“效果控件”面板，如图 8-32 所示，进行参数设置。将“画笔位置”设置到“中”字的左上角，将画笔大小设置为“30.0”。

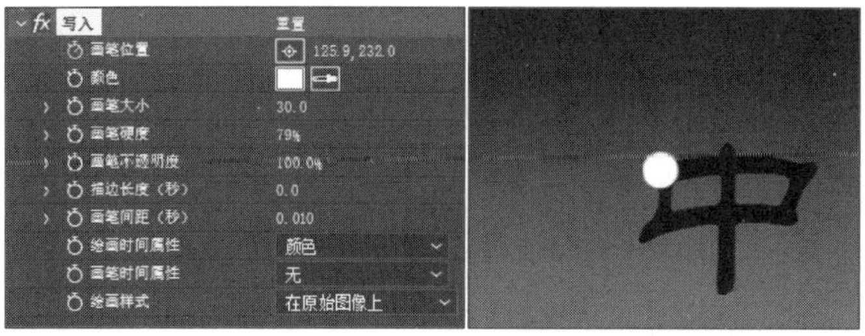

图 8-32　设置画笔位置和画笔大小

在绘制书法手写字时，按照文字笔画顺序和弯折点设置“画笔位置”关键帧，如图 8-33 所示。在完成所有笔画的书写关键帧时，预览效果如图 8-34 所示，并将绘画样式设置为“显示原始图像”，如图 8-35 所示。

将时间指针定位至 11 s 处，将不透明度设置为“100%”并设置关键帧；将时间指针定位至 12 s 处，将不透明度设置为“0%”并设置关键帧。

选择“中华魂”图层，右击，在弹出的快捷菜单中选择“效果”→“透视”→“投影”命令，添加阴影效果；在“效果控件”面板中将“投影”属性下的阴影颜色设置为黑色（R0，G0，B0），不透明度设置为“50%”，方向设置为“135°”，距离为“5”，柔和度设置为“6”。

预览动画，观察书写完成的“中”字动画。

步骤 3：书写“华”

调整时间指针定位至 12 s 处，将“中华魂 1”图层左端对齐到时间指针，显示该图层。如图 8-36 所示。

图 8-33 设置“画笔位置”关键帧

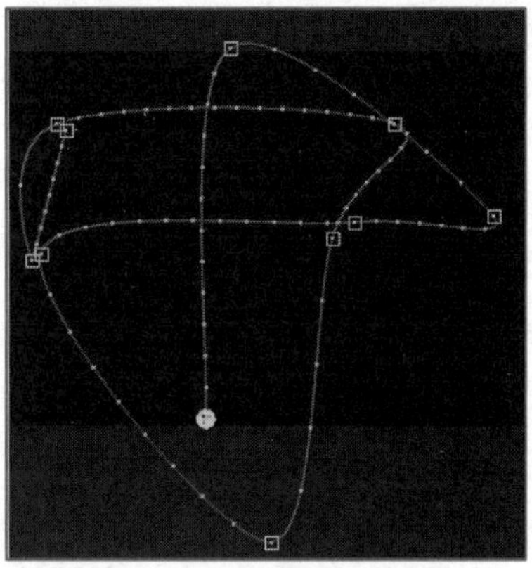

图 8-34 制作书法笔画

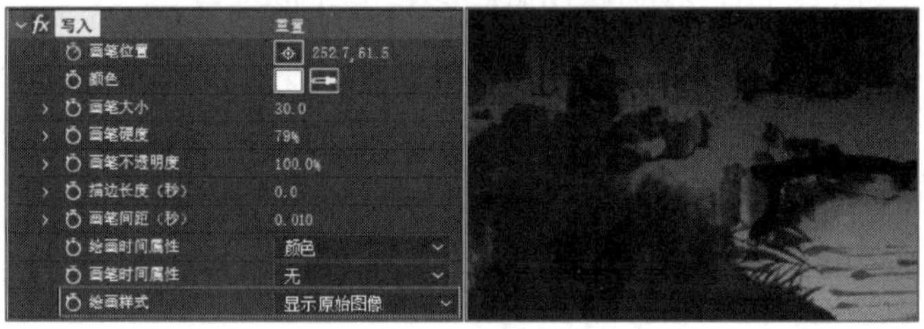

图 8-35 设置绘画样式

提示

画笔大小应该按书写字的笔画粗细进行设置，而绘画的颜色与制作书写效果无关，只要能与书写文字的颜色相区别即可。

提示

阴影特效可以在影片后面产生立体的颜色投影，如果影片含有 Alpha 通道，会与 Alpha 通道的形状作为阴影投射的效果。

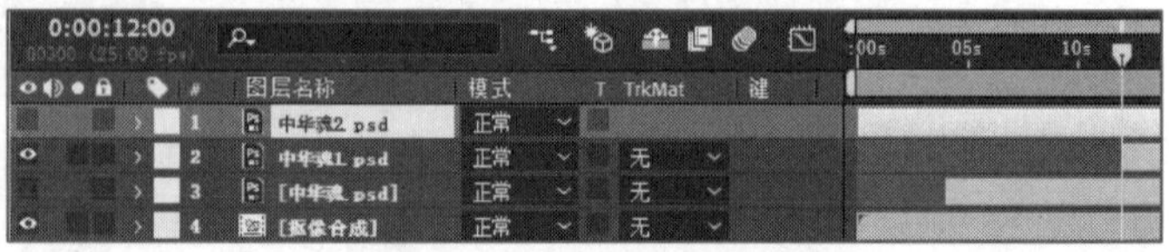

图 8-36 图层位置调整

选择“中华魂 1”图层，用工具栏中的钢笔工具框选“预览”面板中的“华”字，完成该图层的蒙版制作，如图 8-37 所示。

图 8-37 蒙版遮罩效果

其制作过程除以下几个参数不同外，与“中”字的制作过程相同：

① 文字放置于画面的中间。在展开“中华魂 1”图层的“变换”属性时，位置坐标设置为(360.0,288.0)。

② 出现时间的设置。在 16 s 10 帧处，将不透明度设置为“100%”并设置关键帧，在 17 s 处，将不透明度设置为“0%”并设置关键帧。

提示

“华”字比“中”字复杂，为使字更细腻，可以将画笔半径调小，使得效果更好，虽然会增加时间，但会减少瑕疵。

预览动画，观察书写完成的“华”字动画，最终效果如图 8-38 所示。

图 8-38 最终效果展示

步骤 4：书写“魂”

将时间指针定位至 17 s 10 帧处，将“中华魂 2”图层左端对齐到时间指针，显示该图层。如图 8-39 所示。

图 8-39 图层排列

选择“中华魂 2”图层，用工具栏中的钢笔工具框选出“预览”面板中的“魂”字，完成该图层的“蒙版”制作，如图 8-40 所示。

其制作过程除以下几个参数不同外，与“中”字的制作过程相同：

① 文字放置于画面的左上方。展开“中华魂 2”图层的“变换”属性，位置坐标设置为（–105.0，255.0）。

② 出现时间的设置。在 24 s 处，将不透明度设置为“100%”并设置关键帧，在 24 s 20 帧处，将不透明度设置为“0%”并设置关键帧。

设置完成后，播放动画，观察书写完成的“魂”字动画，如图 8-41 所示。

任务五 添加片尾文字

步骤 1：导入素材

在“项目”面板空白处双击，导入配套资源中“项目八素材”文件夹下的“中华魂 2.psd”文件，在弹出的 psd 文件导入对话框中，在“导入种类”下拉列表框中选择“合成”，图层选项设置为“可编辑的图层样式”，如图 8-42 所示。

图 8-40 蒙版遮罩示意图

图 8-41 展示效果

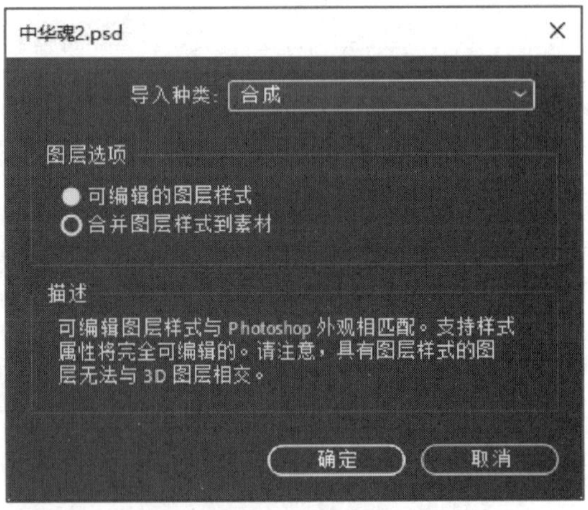

图 8-42 psd 格式图片导入设置

提示

在影片合成时，可以将不同的合成素材分别制作，然后将制作完成后的合成素材与其他的素材进行合成，这样方便素材的修改和调整。

双击“项目”面板中的“中华魂 2”合成，在时间轴面板中出现“中华魂 2”合成，选择“合成”→“合成设置”命令，弹出“合成设置”对话框，合成长度设置为 7 s，如图 8–43 所示。

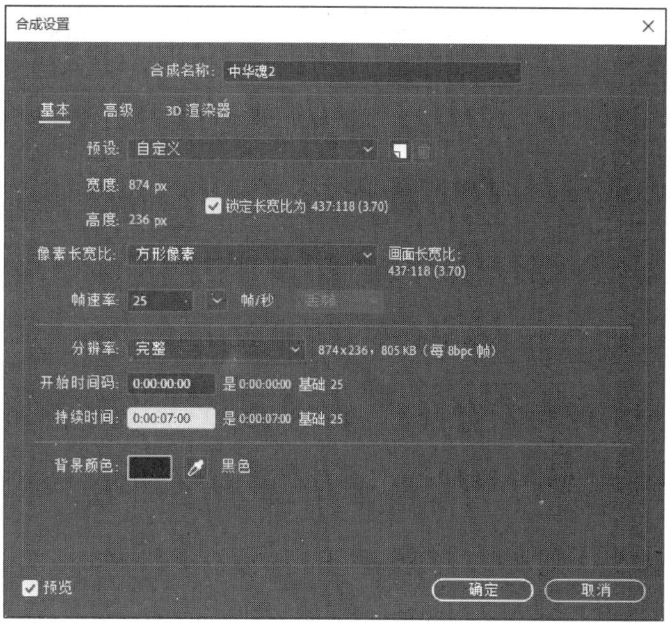

图 8–43　设置合成

步骤 2：添加运动效果

在“中华魂 2”时间轴面板上的空白处右击，在弹出的快捷菜单中选择“新建”→“纯色”命令，新建纯色图层并命名为“背景”，纯色层颜色设置为灰色（R149，G149，B149），如图 8–44 所示。

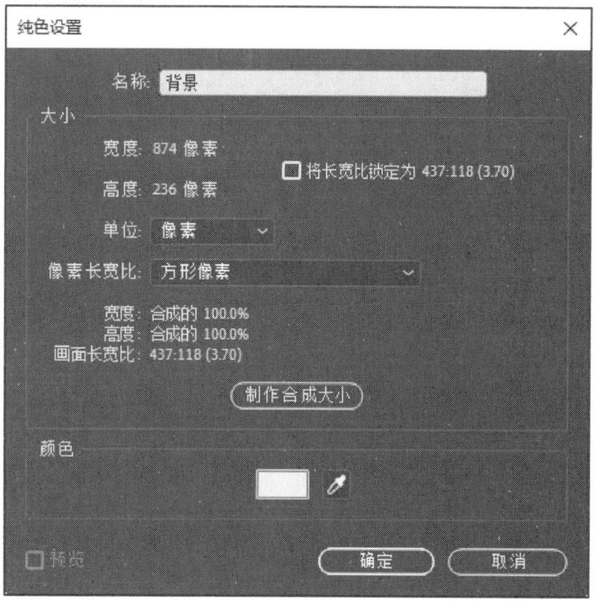

图 8–44　设置纯色图层参数

分别调整时间轴上的“中”“华”“魂”和“背景”图层的时间长度到 5 s。

选中“中”图层，将时间指针定位至 0 s 处，展开“变换”属性，将位置设置为（1643.0，118.0）并建立关键帧，缩放设置为（162.0，162.0%）并建立关键帧，如图 8–45 所示。将时间指针定位至 2 s 15 帧处，位置设置为（412.0，118.0）并建立关键帧，缩放设置为（51.0，51.0%）并建立关键帧。

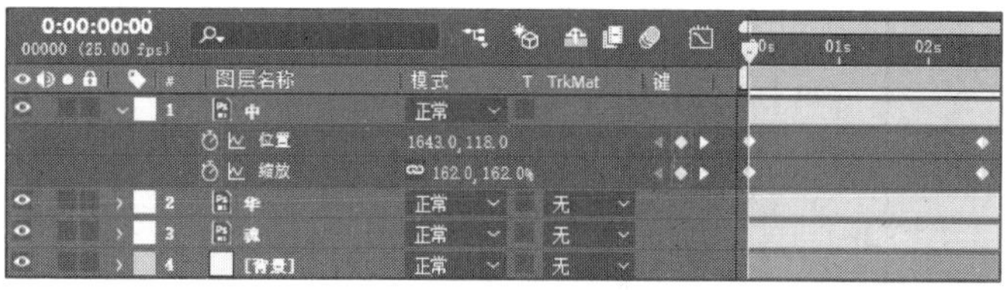

图 8–45　“中”图层参数设置

选中“华”图层，将时间指针定位至 0 s 处，展开“变换”属性，将缩放设置为(162.0，162.0%)并建立关键帧；将时间指针定位至 2 s 15 帧处，将缩放设置为(51.0，51.0%)并建立关键帧，如图 8–46 所示。

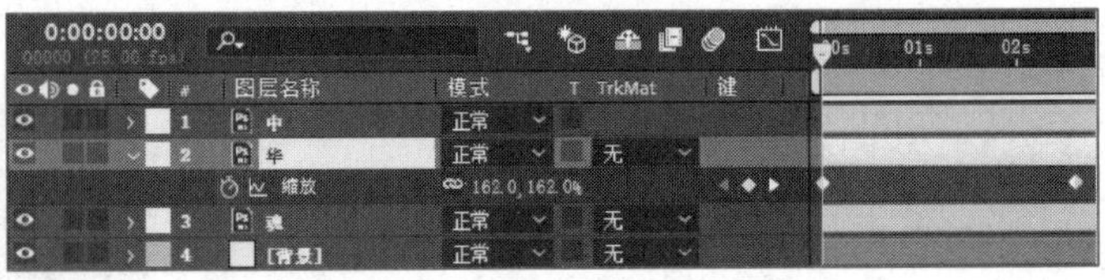

图 8–46 “华”图层参数设置

选中“魂”图层，将时间指针定位至 0 s 处，展开“变换”属性，将坐标设置为(–830.0，118.0)并建立关键帧，缩放设置为(162.0，162.0%)并建立关键键帧；将时间指针定位至 2 s 15 帧处，将位置设置为(455.0，118.0)并建立关键帧，缩放设置为(51.0，51.0%)并建立关键帧，如图 8–47 所示。

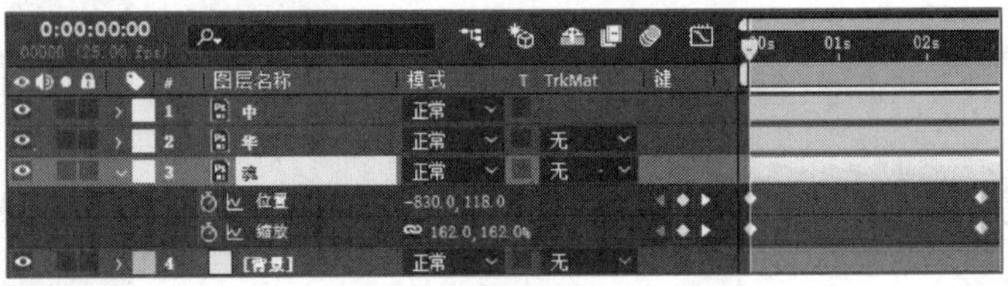

图 8–47 “魂”图层参数设置

拖动时间指针，在“预览”面板中观察文字动画效果，最终显示效果如图 8–48 所示。

删除“背景”图层。

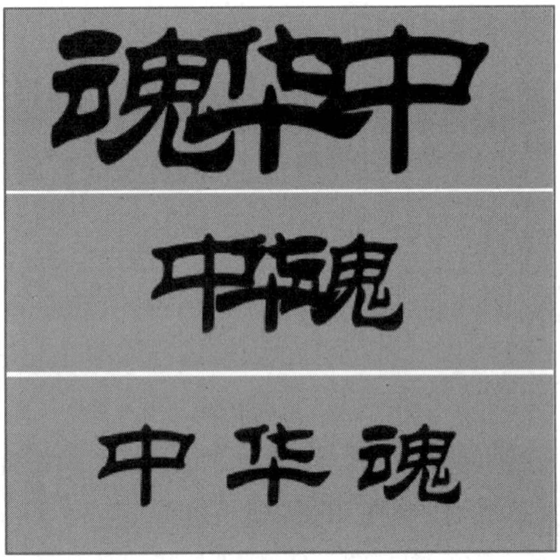
图 8–48 最终显示效果

步骤 3：添加水波效果

单击时间轴上的“文字书写”标签，将“项目”面板中的“中华魂 2”拖动到时间轴“抠像合成”图层之上，时间指针置于 24 s 处，图层左端对齐到时间指针，如图 8–49 所示。

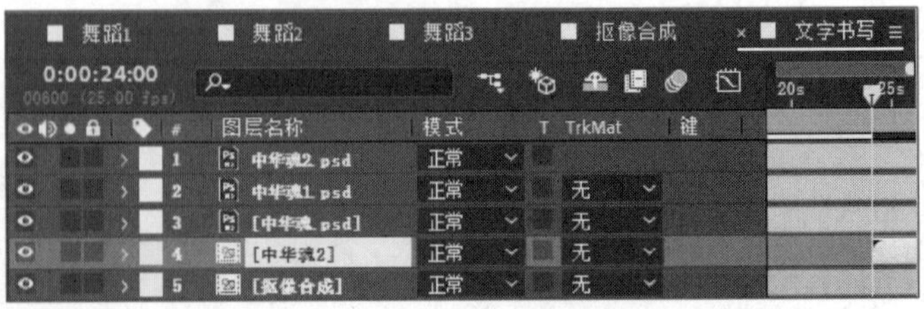

图 8–49 图层排列顺序

选择“中华魂 2”合成图层，右击，在弹出的快捷菜单中选择“效果”→“透视”→“投影”命令，在“特效控制”面板中将距离设置为“8.0”，柔和度设置为“20.0”，为文字增加艺术效果，如图 8–50 所示。

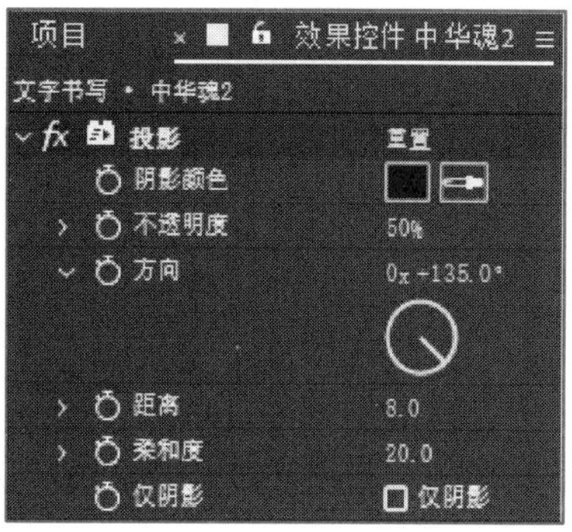

图 8–50　添加投影

选择“中华魂 2”图层，右击，在弹出的快捷菜单中选择“效果”→“扭曲”→“波纹”命令，使“中华魂 2”产生波动的效果，如图 8–51 所示。

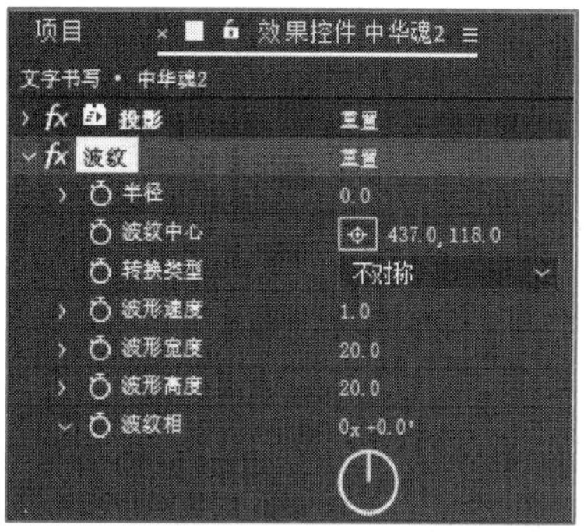

图 8–51　添加“波纹”特效

展开时间轴上“中华魂 2”图层的“效果”属性，选择“波纹”属性，在 25 s 处，单击“半径”属性前面的时间变化秒表按钮，记录半径值为“100.0”，同时也单击“波形速度”前面的时间变化秒表按钮，记录波形速度的值为“3.0”，如图 8–52 所示。将时间指针定位至 28 s 处，在时间轴面板中选择“波纹”特效，单击“半径”前面的时间变化秒表按钮，半径设置为“0.0”；同时也将波形速度设置为“0.0”，并添加关键帧。

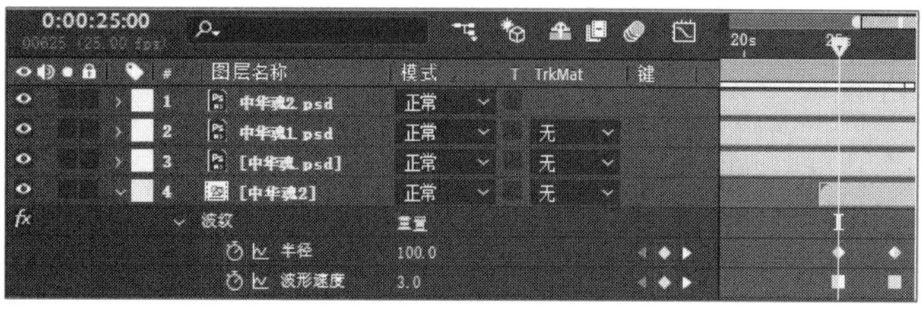

图 8–52　添加波浪关键帧

通过波纹特效的控制可以对“中华魂 2”与其镜头进行平稳过渡，避免镜头连接生硬。

提示

波纹运动的参数设置为负数时，波纹从外部向中心运动，正数时相反，波纹从中心向外部运动。

步骤 4：淡入淡出

选择“中华魂 2”图层，展开“变换”属性，将时间指针定位至 24 s 10 帧处，将不透明度设置为“0%”；将时间指针定位至 25 s 处，将不透明度设置为“100%”；将时间指针定位至 28 s 处，将不透明度设置为“100%”；将时间指针定位至 29 s 处，将不透明度设置为“0%”，如图 8-53 所示。

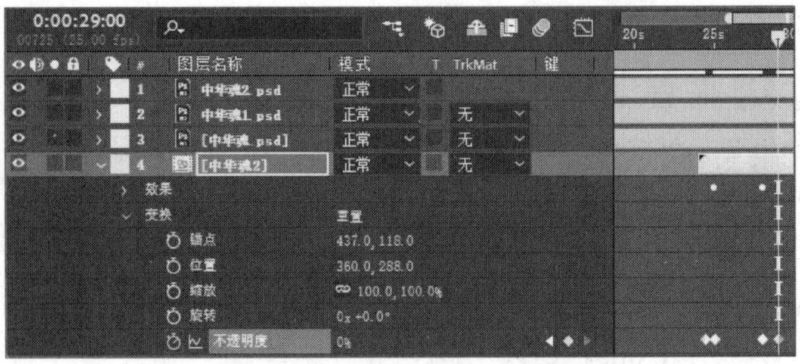

图 8-53 淡出淡入关键帧

此时已经完成了片尾文字的动画效果制作，拖动时间指针，可以观察“预览”面板中的文字动画效果，如图 8-54 所示。

图 8-54 文字动画效果

提示

在制作完成的影片顶层添加“黑边”图层并设置遮罩，可以将影片的外侧边缘交错并融合到影片中，增加画面层次感。

任务六 修饰画面

步骤 1：制作深色边框

在时间轴面板的空白处右击，在弹出的快捷菜单中选择“新建”→“纯色”命令，新建纯色图层并命名为“黑边框”，颜色设置为黑色（R0，G0，B0），如图 8-55 所示。

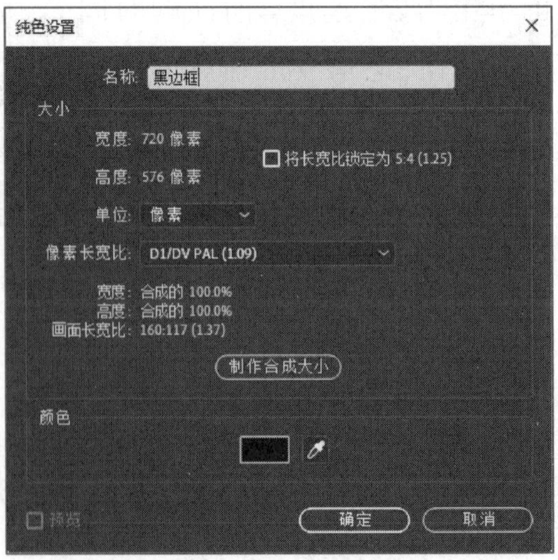

图 8-55 新建“黑边框”纯色图层

在时间轴面板中选择“黑边框”图层，然后在工具栏上选择钢笔工具，在视图中绘制选区以便将中间部分去除掉，如图 8–56 所示。

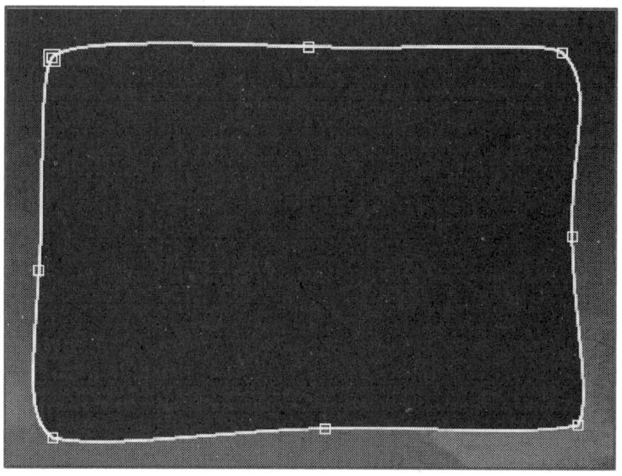

图 8–56　绘制钢笔遮罩

在“时间轴”面板中选择“黑边框”图层，展开“蒙板 1”属性，勾选叠加模式右侧的“反转”复选框，蒙板羽化的值设置为“150.0，150.0 像素”，如图 8–57 所示。

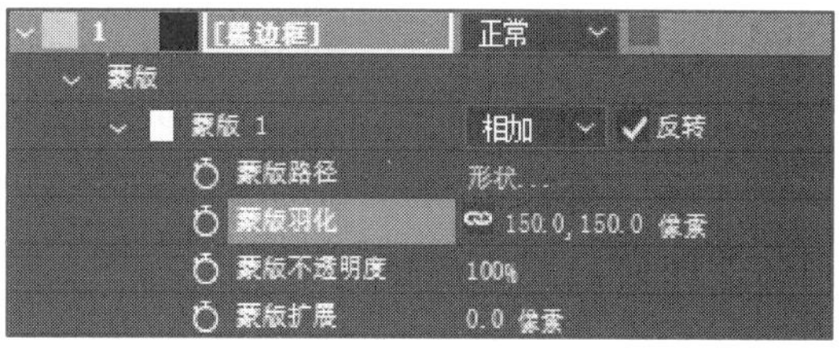

图 8–57　蒙版设置

查看“预览”面板，可以看见画面边缘区域与背景产生渐变融合的效果的黑色边框，如图 8–58 所示。

图 8–58　黑边效果

步骤 2：调整亮度对比度

在时间轴面板空白处右击，在弹出的快捷菜单中选择“新建”→“调整图层”命令，新建“调整图层 1”，将调节图层放置于最顶层，这样其下的图层会受其效果的影响。

选择“调整图层 1”图层，右击，在弹出的快捷菜单中选择“效果”→“颜色校正”→“亮度和对比度”命令，在“效果控件”面板中，将亮度设置为“–2”，将对比度设置为“8”，使画面的对比度有所增加，如图 8–59 所示。

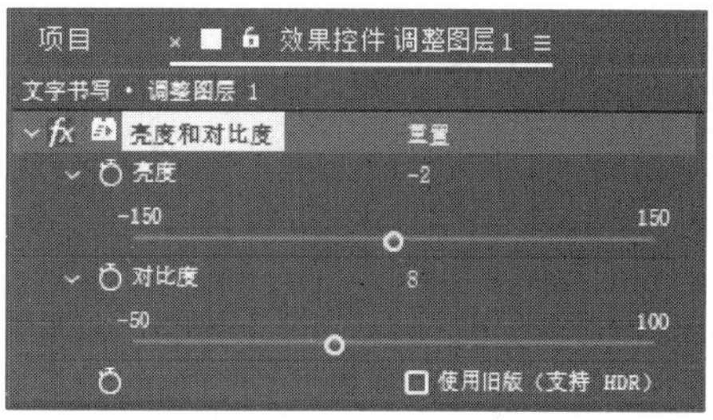

图 8–59　设置亮度和对比度

步骤 3:添加发光效果

选择“调整图层 1”图层,右击,在弹出的快捷菜单中选择“效果”→“风格化”→“发光”命令,在“效果控件”面板中,将发光阈值设置为“80.0%”,发光半径设置为“40.0”,发光强度设置为“0.5”,颜色循环设置为“1.1”,如图 8-60 所示。

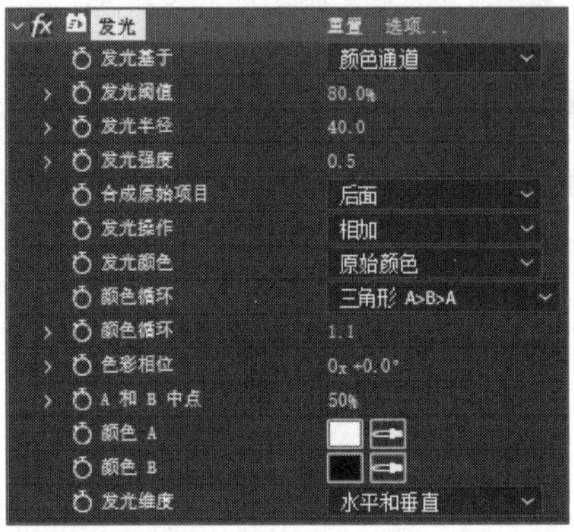

图 8-60 发光效果设置

提示

“发光”效果常用于图像中的文字和带有 Alpha 通道的图像,以产生发光效果。

拖动时间指针,观察“预览”面板中的画面效果,如图 8-61 所示。

图 8-61 发光效果

任务七 拼合与渲染输出

步骤 1:新建合成

选择“合成”→“新建合成”命令,新建合成并命名为“合成输出”,其他参数如图 8-62 所示。

将“项目”面板中的“文字书写”合成拖入时间轴上。

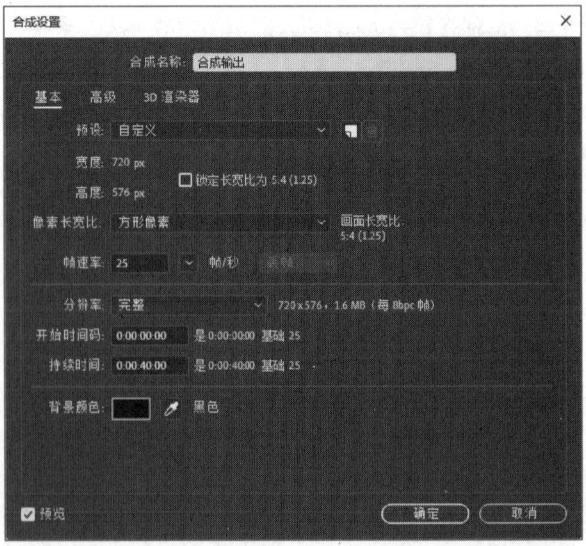

图 8-62 新建合成

为整个素材添加淡出淡入效果。展开“变换”属性，将时间指针定位至 0 s 处，将不透明度设置为“0%”并创建关键帧；调节时间滑杆到 1 s 处，将不透明度设置为“100%”并添加关键帧，如图 8-63 所示。

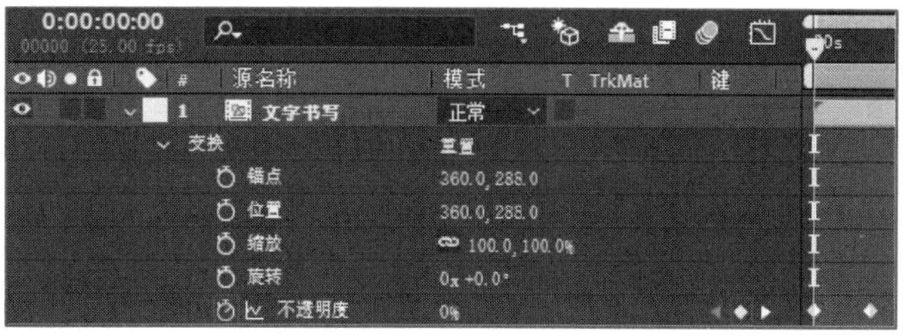

图 8-63　素材调整

步骤 2：添加背景音乐

双击“项目”面板的空白处，导入配套资源中“项目八素材”文件夹下的“背景音乐 .wav”文件。

将音乐文件拖动到时间轴面板中，调整“音频”属性下的“音频电平”参数并设置关键帧，添加声音淡入淡出效果，如图 8-64 所示。

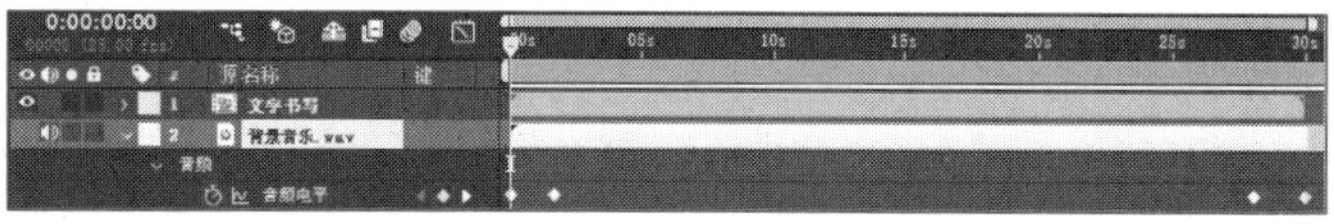

图 8-64　调整声音参数

提示

WAV 是微软推出的具有很高音质的声音软件，因为它未压缩，所以文件容量较大，大约每分钟的音频需要 10 MB 的存储空间。

步骤 3：渲染、输出

选中“合成输出”合成，将工作区结尾拖动到 30 s 处，选择“合成”→“添加到渲染队列”命令，如图 8-65 所示，准备渲染、输出。

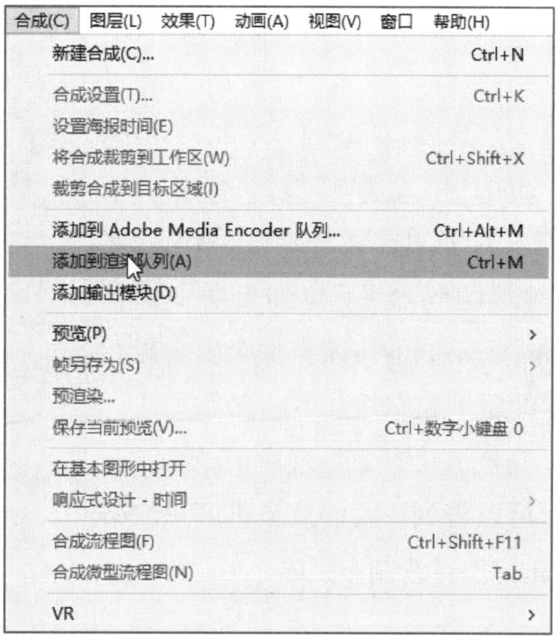

图 8-65　影片输出

在弹出的“渲染队列”面板中，单击“输出到”下拉按钮，设置输出路径和名称，如图 8-66 所示。

图 8-66 输出格式设置

单击“输出模块”旁蓝色文字“无损”，弹出“输出模块设置”对话框，如图 8-67 所示，勾选“视频输出”复选框，选择“自动音频输出”。

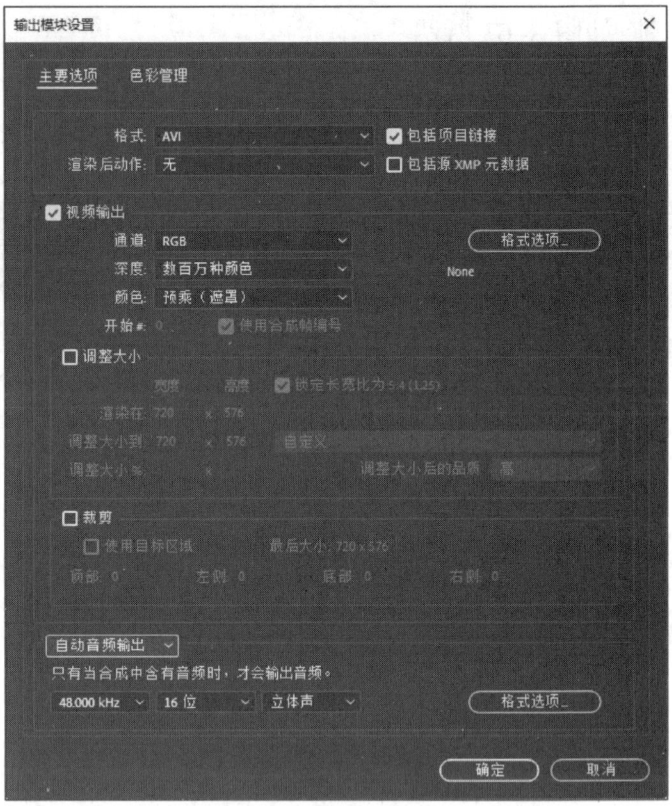

图 8-67 视频声音设置

单击“格式选项”按钮，弹出“AVI 选项”对话框，如图 8-68 所示，在“视频编解码器”下拉列表框中选择“None”。不同的压缩类型会影响影片的图像质量和文件大小。

完成渲染参数设置后，开始渲染，此时可以看到影片的渲染进度。渲染结束时，项目八制作完成。

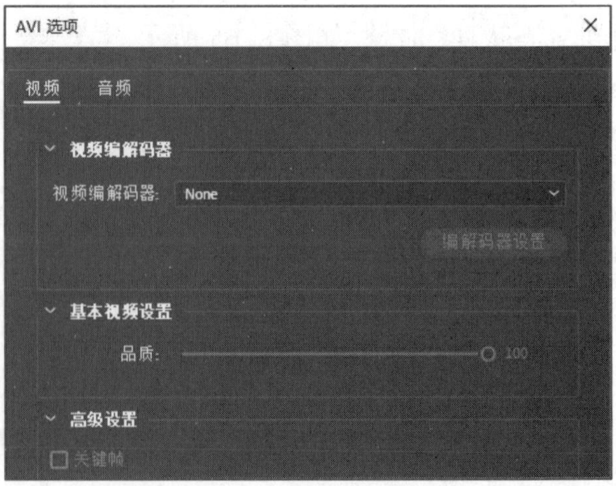

图 8-68 设置压缩类型

小结与训练

小结

本项目通过对一系列视频和图片进行特效设计与制作，表现了中国优秀传统文化。在制作美的过程中欣赏美，山水背景效果、书法动态书写效果、人物主体等要素的融合，都包含着 After Effects 图层模式、遮罩、位置、旋转和缩放等特效制作的基本概念和技能。

通过本项目制作，进一步巩固各类基本技能，并加强对各类基本技能的综合应用。

思考题

1. 在抠像过程中，如果使用“溢出控制”还不能得到满意的结果，可以使用什么特效命令来弥补这一不足？

2. 在制作书法动画特效的时候，什么参数可以改变笔画在预览或渲染中出现的时间和速度？

训练题

1. 制作一段英文字母“Together for a Shared Future”的书写动画。

2. 自由拟定素材，制作一个关于“茶”文化的短片。要求：时长不少于 30 s，能运用到抠像合成技术、文字书写动画效果，有符合画面要求的声音效果。

读者意见反馈

为收集对教材的意见建议，进一步完善教材编写并做好服务工作，读者可将对本教材的意见建议通过如下渠道反馈至我社。

咨询电话　400-810-0598

反馈邮箱　zz_dzyj@pub.hep.cn

通信地址　北京市朝阳区惠新东街4号富盛大厦1座　高等教育出版社总编辑办公室

邮政编码　100029

防伪查询说明

用户购书后刮开封底防伪涂层，使用手机微信等软件扫描二维码，会跳转至防伪查询网页，获得所购图书详细信息。

防伪客服电话　（010）58582300

学习卡账号使用说明

一、注册/登录

访问http://abook.hep.com.cn/sve，点击“注册”，在注册页面输入用户名、密码及常用的邮箱进行注册。已注册的用户直接输入用户名和密码登录即可进入“我的课程”页面。

二、课程绑定

点击“我的课程”页面右上方“绑定课程”，在“明码”框中正确输入教材封底防伪标签上的20位数字，点击“确定”完成课程绑定。

三、访问课程

在“正在学习”列表中选择已绑定的课程，点击“进入课程”即可浏览或下载与本书配套的课程资源。刚绑定的课程请在“申请学习”列表中选择相应课程并点击“进入课程”。

如有账号问题，请发邮件至：4a_admin_zz@pub.hep.cn。